# 뒤집어 보는 건축의 역사

# 뒤집어 보는
# 건축의 역사

**초판 1쇄 인쇄**  2026년 1월 27일
**초판 1쇄 발행**  2026년 2월 6일

**지은이**    김예상
**펴낸곳**    ㈜엠아이디미디어
**펴낸이**    최종현
**기 획**    김동출
**디자인**    한미나

**주소**    서울특별시 마포구 양화로 161, 820호
**전화**    (02) 704-3448
**팩스**    (02) 6351-3448
**이메일**    mid@bookmid.com
**홈페이지**  www.bookmid.com
**등록**    제2011-000250호
**ISBN**    979-11-93828-31-4 (93540)

# 뒤집어 보는 건축의 역사

## 기술이 바꾼 건축의 세계

김예상 지음

MID

# 들어가면서

대학에서 설계 공부를 하는 건축학도들에게 '건축사'는 매우 중요한 과목이다. 과거로부터 건축이 어떻게 발전해왔는가를 이해함으로써 그들이 어떤 설계를 해야 하는지를 배울 수 있으며, 미래의 건축을 만들어 가는 데에도 도움이 되기 때문이다. 또 요즘은 전공자가 아니어도 많은 사람에게 '건축사'가 큰 관심거리가 됐다. 해외여행이나 매스컴을 통해 세계 곳곳에 있는 유명한 건축물을 볼 기회가 많아진 덕이다.

그런데 대학에서 가르치는 건축사 교과서를 보든, 방송 콘텐츠를 보든, 항상 아쉬운 점이 있다. 주로 건물의 생김새나 공간 구성을 설명하는 데에 집중하고, 건축가의 관점에서 건물과 역사를 다루고 있다는 것이다.

그러면 건축의 역사는 무엇을 다뤄야 하는가. '건축사'를 사전에서 찾아보면 "건축기술, 건축양식, 건축미, 건축문화 따위의 변천 과정에 대한 역사. 또는 그것을 연구하는 분야"라고 나온다. 그러나 이 정의의 첫 번째 항목인, '건축기술'에 대한 역사는 들어본 적이 별로 없지 않은가. 건축가들의 설명에도 기술의 비중은 매우 작다.

사람들은 멋진 건축물을 보고, "와~ 멋지다"라는 감탄을 하고, 바로 "어떻게 그 옛날에 이런 건물을 지었을까"라는 질문을 던진다. 이 질문에 대한 답을 해주는 사람을 찾기 어렵다는 것이다. 분명히 건축과 기술은 언제나 함께 해왔음에도 말이다. 아니, 오히려 기술이 건축을 이끌어 가는 경우도 많았다.

예를 들어보자.

유럽에 가면 엄청난 규모의 성당이나 교회건축을 어렵지 않게 만날 수 있다. 그런데 하늘을 찌를 듯 높이 솟은 고딕 성당이 있는가 하면, 같은 교회건축이지만, 첨탑 대신 웅장한 돔이 압도적인 르네상스 성당도 있다. 건축을 아는, 건축사를 배운 사람이라면 이 건물들을 놓고, 건축의 배경은 무엇이며, 누가 설계했는지, 건물 안의 공간과 평면은 어떻게 생겼으며, 시대에 따라 양식과 장식이 어떻게 변했는지를 설명할 것이다. 그런데, 건축가가 뾰족한 지붕이나 둥근 돔을 도면에 그렸다고 해서, 그것이 바로 실현되지는 않는다. 그 도면을 건물로 완성할 수 있었던 것은 그 당시 때에 맞는 적합한 건축기술이 있었기 때문이다. 아니면 그런 기술을 함께 만들어냈거나.

인류는 건축기술의 발전 덕분에 예전엔 상상할 수 없었던 타워와 첨탑, 그리고 돔 건설이 가능했다. 그렇지 않았다면, 그런 설계는 한 폭의 그림에 불과했을 것이다. 현대에도 마찬가지다. 100층이 넘는 초고층 빌딩과 첨단 건축물이 들어선 도시는 몇십 년 전만 해도 만화에서나 볼 수 있는 공상 속의 세계였지만, 지금은 우리 옆에 버젓이 서 있다. 그것을 지을 수 있었던 것도 기술이 있었기 때문이다.

그러니까 건축기술의 역사를 빼놓고는 건축의 역사를 설명할 수 없다. 이것이 이 책에서 이야기하려는 것이고, 그래서 건축의 역사를 기술의 관점에서 뒤집어 보려는 것이다.

이 책은 건축과 건축기술의 역사를 풀어 가면서 서양건축사에 초점을 맞추고 있다. 대학에서 배우는 건축사는 크게 서양건축사, 동양건축사, 한국건축사로 구분된다. 이외의 지역에도 화려한 문명과 건축이 있었겠지만, 정보의 한계 때문인지, 크게 필요하지 않아서인지 세상의 모든 건축을 다루지는 않는다. 이 중에 동양건축이나 우리 전통건축에 관심 있는 독자들도 많겠지만, 우리 주위의 현대 건축물 대부분이 서양건축에서 왔기 때문에 서양건축의 이야기가 더 와닿으리라 생각했다.

또 시대별로 건축기술을 열거하기보다, 건물의 형태를 발전시키는 데 기여한 대표적인 건축요소들, 즉, 아치, 볼트, 기둥, 돔, 트러스 등을 주제로 선정하고 그런 구조물을 만들어낸 건축기술의 변화를 시대별로 설명했다. 그리고 그 과정에서 우리가 잘 알고 있는 서양건축의 대표적인 사례들을 사례로 삼았다.

서양건축에선 시대별로 독특한 특징들이 건축을 돋보이게 한다. 그러나 눈에 보이는 형태와 장식이 전부가 아니다. 건축에 변화를 가져오고 과거에 없었던 형태를 구현할 수 있었던 비결은 따로 있었다. 이 책은 그 비결, 바로 과거와 오늘의 건축을 있게 한 '건축기술'에 대한 이야기이다.

# PART I

# 서양건축사 리뷰

# PART II

## 건축을 바꾼 건축기술

# PART
# I

## 서양건축사 리뷰

건축사의 뒷면을 보려면 그 전에 해야 할 일이 있다. 본래 모습이 어떤지를 알아보는 것이다. 우리가 알고 있거나 학교에서 배우는 건축의 역사를 다시 보고 다음 장으로 넘어가면, 머리말에서 이야기했던 이 책의 의도와 메시지가 더 명확해질 것이다.

다만, 전제해 둘 것이 있다. 건축사의 범위는 아주 넓고 깊다. 서양건축사의 한 시대만 놓고 봐도 몇 권의 책으로 모자랄 정도다. 거기에 현재 진행형인 현대 건축은 별개다. 이렇게 내용이 방대한 데다, 이 분야를 전공으로 하는 학자들이 계시니 어설프게 다루면 실례가 되는 일이기도 하다.

그래서 여기서는 건축사의 흐름을 대략 이해할 수 있는 정도로만, 시대별 주요한 건축양식을 알아보려고 한다. 간단한 역사적 배경도 첨가했다. 건축양식의 변화는 역사의 흐름과 떼려야 뗄 수 없는 관계이기 때문이다. 건축사를 잘 알고 있는 독자라면 복습하는 기회가, 생소한 독자라면 더 많은 관심을 갖는 계기가 되었으면 한다.

괴베클리 테페(상), 예리코(중), 최탈 휘윅(하)의 유적

# 인류 문명과
# 함께 한 고대 건축

인간이 지구상의 다른 어떤 동물과 비교될 수 없는 점은 재료와 연장을 사용해 집을 짓고 살았다는 것이다. 학자들에 의하면 원시인들이 '집'을 짓고 살았던 것이 30~40만 년 전부터이고, 인류의 조상 호모 사피엔스의 작품으로는 약 3만 년 전의 집터가 체코의 돌니 베스토니체(Dolni Vestonice)에서 발견되기도 했다. 도시의 흔적으론 BC 9100년경의 예리코(Jericho, 팔레스타인), BC 7500년경의 최탈 휘윅(Catal Huyuk, 튀르키예), BC 7000년경의 메르가르(Mehrgarh, 파키스탄) 등이 있고, 최근에 유명해진 사회적 또는 종교적 중심지라 추정되는 괴베클리 테페(Göbekli Tepe, 튀르키예)는 BC 9500~BC 8000년경에 만들어졌다고 한다.

고고학자들에게는 의미가 크겠지만, 이런 유적에 남아 있는 것은 형체를 간신히 알 수 있는 돌무더기에 불과하므로, 그 당시의 인류가 어떤 건축 형태와 기술을 가지고 있었는지는 판단하기 어렵다. 건축재료가 벽돌이나 돌이었겠구나, 이런 평면이었겠구나, 하는 정도가 아닐까. 이 유적의 집터를 기준으로 건축기술을 논하기에는 학자들의 상상력과 그 실체를 구분하기가 쉽지 않다.

그러다 문명이 시작됐다. 그리고 그들의 집은 이제 '건축'이란 이름으로 불릴 만큼 제대로 된 형태를 갖추기 시작했으며 인류의 문명은 위대한 건축을 만들어 간다.

# 위대한 시작, 메소포타미아와 고대 이집트

## 지구라트의 메소포타미아 건축

지금까지 알려지기로 가장 오래된 문명의 출발지는 '메소포타미아 Mesopotamia'다. 현대의 이라크 대부분과 크게는 시리아 북동부, 이란 남서부, 쿠웨이트, 튀르키예의 일부까지 상당히 넓은 지역에 걸쳐 형성된 문명이자, 위에서 언급된 인류 최초의 도시가 있었던 지역과 크게 다르지 않다.

이 지역의 비옥한 땅에 사람이 모여들어 후기 신석기 문화를 형성한 것이 BC 7000~6000년경이고, BC 5500~5000년경에는 본격적인 농경 사회가 시작됐다. BC 3200년경부터는 강력한 힘을 가진 도시국가들이 등장해 문명화가 가속화됐고, 그중 가장 세력이 강했던 우르Ur가 BC 2900~2350년까지 '수메르 문명'을 이끌어 간다. 이후에 아카드, 아시리아, 바빌로니아, 히타이트 등이 메소포타미아 지역에서 패권을 다퉜고, 페르시아 아케메네스 제국Achaemenid Empire의 키루스 대왕Cyrus the Great(BC 600~530)이 BC 539년 신바빌로니아를 정복하면서 유구한 메소포타미아 문명도 막을 내리게 된다. 우르 왕조부터만 따져도 그 역사가 거의 2,400년이나 된다.

인류 최초의 문명지라는 점에서 이 지역의 건축물 역시 대단한 가치를 가질 것 같은데, 의외로 실제 보존되고 있는 건축물은 그리 많지 않다. 예를 들어, 세계 7대 불가사의 중 하나로 언급되는 '공중정원Hanging Gardens of Babylon(BC 605~BC 562 추정)'도 기록만 있을 뿐, 그 실체도 정확하지 않다. 여

··· 바빌론의 공중 정원 상상도

러 도시국가나 왕조의 궁전도 마찬가지다. 이 지역에선 주로 점토벽돌을 건축재료로 사용했기 때문에 건축물이 긴 세월을 견디기가 어려웠고, 어느 한 나라가 다른 나라를 정복하면, 그 나라의 도시를 그대로 남겨두지 않았다. 심지어 같은 나라, 같은 왕조라 해도 새 왕이 수도를 옮기기가 일쑤였다. 그 결과, 도시와 건축물은 폐허가 되어버렸고, 제대로 된 옛 건축물을 찾기가 어렵게 된 것이다.

그래도 메소포타미아를 대표하는 건축물이 있다. 지구라트Ziggurat다. 이 지구라트는 이집트의 피라미드보다 약 1,400년 정도 앞선 기원전 4000년부터 지어지기 시작했고 정상에 신전을 둔, 종교적인 건축물이었다. 현재까지 대략 25개가 발굴되었고, 메소포타미아의 왕들이 나라를 세울 때마다, 수도를 옮길 때마다 지구라트 건설을 첫 번째 과제로 삼았기 때문에

··· 아칼 쿠프 지구라트

··· 초가 잔빌 지구라트의 현재 모습과 상상도

a. 발굴 당시 모습
b. 현재 복원된 모습
c. 원형 지구라트의 상상도

··· 우르의 대지구라트

아직 많은 지구라트가 땅속에 묻혀 있을 가능성이 크다.

아쉬운 것은 지구라트 역시 모두 점토벽돌로 지어져, 원형 그대로 발굴된 것이 하나도 없다는 것이다. 현재까지 가장 높은 것으로 알려진 아칼 쿠프 지구라트Ziggurat of Aqar Quf(BC 1400년경)는 발굴 시 높이가 약 52m였지만, 원래 총 6단에 80m는 됐을 것으로 추정되며, 초가 잔빌 지구라트 Chogha Zanbil Ziggurat(BC 1250년경)의 경우도, 지금은 약 24m 정도만이 남아 작은 구릉처럼 보이지만, 원래는 높이가 53m 정도였을 것이라고 한다. 1980 년대 이라크의 사담 후세인이 일부 복원해 유명해진 우르의 대지구라트 Ziggurat of Ur, Great Ziggurat(BC 21세기)는 꼭대기의 신전을 제외한 본래 높이가 21~30m였다.

메소포타미아는 수없이 많은 인류 최초의 발명품을 남긴 문명이다. 건축 역시 예외일 수 없고 그들의 건축 또한 인류의 건축사에 큰 영향을 미쳤을 것이다. 아직 메소포타미아 건축에 많은 비밀이 숨겨져 있지만, 그 베일이 하나둘 벗겨지면 건축의 역사를 다시 고쳐 써야 할지도 모른다.

# 신전과 피라미드의 이집트 건축

우리에게는 메소포타미아보다 홍해를 건너 나일강 유역의 고대 이집트 문명이 더 익숙하다. 중동 지역에 비하면 여행도 자유롭게 갈 수 있고 볼 것도 무궁무진하다.

이집트는 모든 면에서 누가 먼저인가를 다툴 만큼 메소포타미아와 비교되고, 또 메소포타미아 못지않게 오래된 문명이다. 이집트에서 문명이라 부를 만한 변화가 일어난 것은 BC 6000~5500년 사이 나일강 주변과 계곡에 작은 부족들이 형성되면서부터로, BC 4000년경 전성기를 이루었던 바다리안 문화Badarian culture와 나카다 문화Naqada culture(BC 4400~3000)를 거쳐 강력한 도시 중 하나였던 티니스Thinis의 메네스Menes(재위 BC 3200~3000년 사이)가 BC 3150년 이집트의 통일을 이뤄낸다. 그로부터 수없이 많은 왕조를 거쳤지만, 이집트는 하나의 국가 체제를 유지할 수 있었기 때문에 역사 보전의 관점에서 메소포타미아보다 훨씬 유리했다.

고대 이집트의 건축을 이야기하자면, 신전과 피라미드가 거의 모든 것을 설명한다 해도 과언이 아니다. 신전 중에는 이집트의 황금기라 평가되는 람세스 2세Ramesses II(BC 1303~1213) 때 지어진 아부심벨Abu Simbel 신전, 람세스 2세 본인을 숭배하기 위해 지어진 라메세움Ramesseum 신전, 그리고 람세스 2세를 포함해 몇 대를 이어 건축된 카르나크Karnak 신전 등이 대표적이다. 람세스 2세는 이집트 역사상 가장 위대하고 강력한 파라오 중 한 명이었으며, 특히 그가 남긴 이러한 건축적 업적은 현재의 이집트인들에게 큰 축복이 되고 있다.

피라미드에는 비밀이 많다. 당시에 어떻게 이런 거대한 구조물을 지을

··· 이집트의 아부심벨 신전, 라메세움 신전

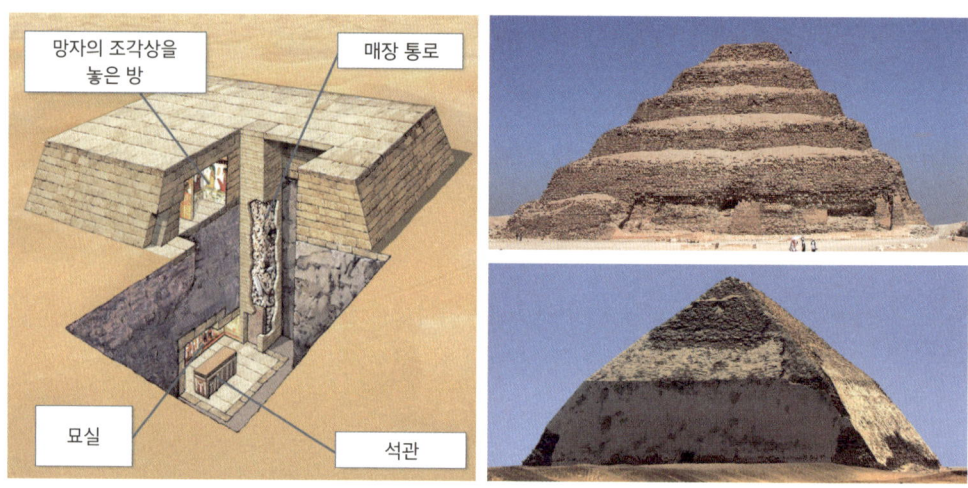

··· 마스타바 단면(좌), 조세르의 계단식 피라미드(우측 상단), 스네프루의 굴절 피라미드(우측 하단)

수 있었는지, 어떻게 그렇게 먼 곳에서 돌 블록을 운반해왔는지 등을 많은 학자가 연구하고 이런저런 아이디어를 제안하지만, 아직도 확인되지 않은 것이 많다. 어쨌든 피라미드는 파라오의 무덤이란 것이 정설이고, 선왕조 시대(BC 4700년경)에 분구묘墳丘墓, tumulus로 시작해서 선왕조시대 말기부터 고왕국시대 전반에 걸쳐 '마스타바mastabas'로 발전했다가, 파라오 조세르Djoser(재위 BC 2668~BC 2649)의 계단식 피라미드Step Pyramid(BC 2670~BC 2650경)로 본격적인 사각뿔 형태를 갖추기 시작했다. 그 후, 스네프루Sneferu(재위 BC 2613~BC 2589) 때 굴절 피라미드Bent Pyramid를 거쳐 마침내 세대로 된 사각뿔 모양의 '붉은 피라미드Red Pyramid'가 완성된다. 이후 피라미드는 신왕국 1대 파라오 아흐모세 1세Ahmose I(재위 BC 1550~BC 1525)까지 계속됐지만, 도굴 등의 문제로 파라오의 무덤을 '왕가의 계곡The Valley of the Kings'으로 옮기게 된다.

피라미드의 절정은 이집트를 소개하는 사진에 단골로 나오는, 스네프루의 아들 쿠푸Khufu(재위 BC 2589~BC 2566, 또는 BC 2551~BC 2528)의 피라미드다. 이 피라미드는 이집트 피라미드 중 가장 규모가 크고 보존 상태가 뛰어나 '대피라미드Great Pyramid, Pyramid of Khufu(BC 2570)'라고 불리며 일 년에 1,400만 명의 관광객이 방문할 정도로 유명하다. 최초 높이가 146.6m, 정사각형 밑변의 길이가 230.3m, 경사각 51.52도로 지어진 이 피라미드에는 무게 2~15톤, 평균 2.5톤의 돌 블록 230~250만 개가, 내부에는 화강암 블

··· 기자의 대피라미드(중앙)

··· 왕가의 계곡 하트셉수트의 장제전Mortuary Temple of Hatshepsut

록 8,000톤이 사용됐다. 이렇게 돌을 건축재료로 삼을 수 있었던 것은 나일강 유역 주변이 거대한 석회암, 화강암, 사암 지대였기 때문이고 이집트인들은 돌을 다루는 데 뛰어난 기술을 가지고 있었다. 그들은 그 기술로 많은 신전을 건축했으며, 석회암 절벽을 깎고 파내서 '왕가의 계곡'도 만들었다.

이런 건축을 이뤄낼 만큼 막강했던 이집트는 알렉산드로스 대왕에게 정복되고 서서히 힘을 잃어가기 시작한다. 그러나 유럽과 가까웠던 이집트는 오래전부터 그리스와 교류를 가져왔고, 그 관계는 더 끈끈해졌다. 그 뿐인가. 이집트에는 불행이었지만, 로마가 이집트를 속주로 삼아버리면서 두 나라는 거의 한 몸이 되어버린다. 이 과정에서 오랜 역사의 이집트 문화와 문명이 유럽 본토로 건너갔고, 특히 이들 건축의 지혜와 기술은 서양 건축에 큰 영향을 미치게 된다.

# 서양건축의 고전, 고대 그리스와 고대 로마

## 서양건축의 시작, 고대 그리스 건축

역사를 시대별로 나누자면 크게 선사시대, 고대, 중세, 근대, 현대로 나눌 수 있다. 그런데 여기서 '고대 그리스'와 '고대 로마'의 분류는 좀 애매하다. 그래서 이 두 나라의 시대를 묶어 '고전시대Classical Period'라 하고, 이때의 건축양식을 '고전시대 건축Classical Architecture'으로 분류하기도 한다. 음악계에서 이야기하는 고전음악 시대(1750~1820)와는 다른 이야기다.

역사적으로 보면 둘의 기원도 만만치 않게 고대로 거슬러 올라간다. 먼저 고대 그리스의 기원은 BC 3650년경 크레타섬을 중심으로 한 크레타Crete 혹은 미노스Minoan 문명(BC 3650~1170), 에게해의 그리스 군도群島를 중심으로 한 키클라데스Cycladic 문명(BC 3300~2000), 그리고 그리스 본토를 중심으로 한 미케네Mycenaen 문명(BC 1600~1100) 등, 이른바 '에게 문명Aegean Civilization(BC 3650~1100)'에 뿌리를 두고 있다.

그러나 그리스 문명이 본격적으로 시작된 것은 고대 올림피아 경기가 개최된 BC 776년 전후라 할 수 있으며, 이후 알렉산드로스 대왕(BC 356~323)이 그리스를 포함해 대세국을 완성하면서 절정에 달했디. 그리스 문명을 바탕으로 한 헬레니즘Hellenism*이 제국의 영토 구석구석까지 영향

---

* 헬레니즘은 그리스인을 뜻하는 그리스어 '헬렌Hellen'에서 유래했으며 국가나 영토의 개념이라보다 '그리스 문화'나 '그리스 정신'이라는 의미가 강하다. 정복자였던 마케도니아가 그리스의 문화를 억누르거나 말살시킨 것이 아니라, 오히려 정복지에 마케도니아보다 우월했던 그리스 문화를 퍼뜨렸고, 결과적으로 헬레니즘 시대는 그리스 역사의 한 부분이 되었다.

을 미쳤다. 고대 그리스는 146년 로마에 의해 패망하지만, 로마인들에게 그리스는 언제나 선망의 대상이었고, 그리스 문화는 시대를 불문하고 모든 방면에서 서양 문화의 근간이 되었다. 그중에서 빼놓을 수 없는 것이 건축이며, 그리스의 건축은 서양건축의 시작이었다.

그리스의 대표적인 건축으로는 공공건축을 들 수 있다. 아크로폴리스acropolis, 아고라agora, 스토아stoa 등의 시설 모두가 사람들이 모여들던 도시 중심에 만들어졌던 시설들이고, 올림픽이 치러진 스타디움이나 노천극장 등도 빼놓을 수 없다. 하지만 서양건축사에서 가장 많이 다뤄지는 것은 바로 신전건축이다.

그리스의 신전건축은 BC 9세기경부터 시작됐고, 이스트미아 신전Temple of Isthmia(BC 690~650)이 최초의 그리스 스타일 신전으로 알려져 있다. 이 신전은 그리스 신전의 모델이 됐으며, BC 432년에는 신전건축의 결정판이자 너무나 유명한 파르테논 신전이 완성됐다.* 그리스는 풍부한 석재로 신전을 건축했는데, 그들의 돌 다루는 방법, 돌 블록을 올리고 돌기둥을 만드는 방법, 그리고 최초의 기중기와 비계 시스템 등을 포함해 그들의 건축 기술은 먼 후대에까지 전수되었다.

그리스 건축에선 꼭 알고 가야 할 것이 있다. 시대를 넘어 서양건축에서 매우 중요하게 여겨지는 기둥의 '오더order'다.† 그리스의 도릭, 이오닉, 코린티안 오더는 서양건축 기둥의 기본 형식이 되었고, 관련 용어들은 시대

---

* 공사는 BC 447년에 시작되어서 BC 438년에 건물의 뼈대가, BC 432년에 외부 마감 공사가 완성됐다.

† '오더order'란 건축적인 관점에서 '특정한 형식이나 양식을 결정짓는 다양한 건축요소들의 조합'쯤으로 이해하면 된다. 흔히 '양식'이라는 말과도 같이 쓰는데, 고대 그리스 건축에서 서로 다른 오더, 양식을 구분할 때 가장 중요한 것이 기둥의 형태와 기둥 위에 올려진 캐피탈capital 혹은 주두柱頭의 모양이다.

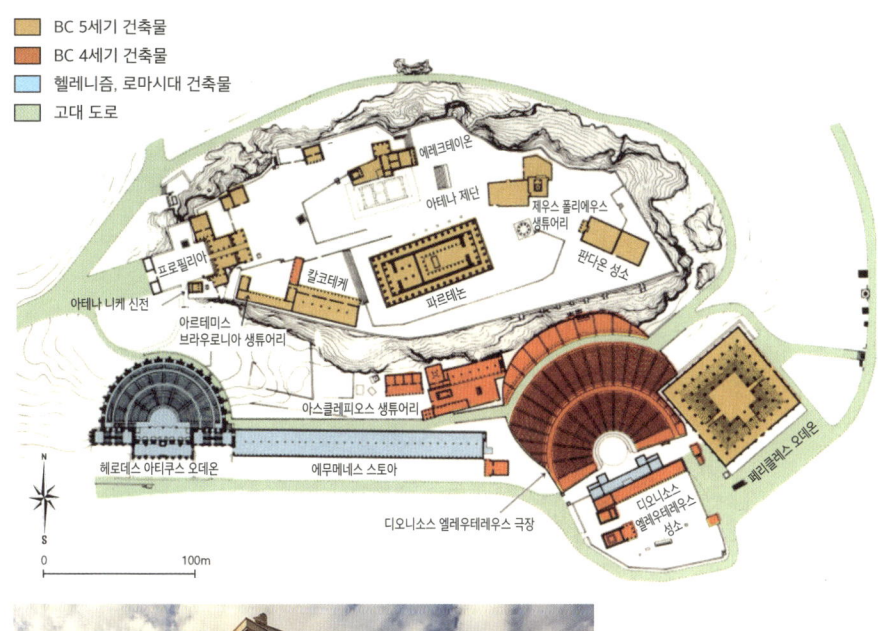

- ■ BC 5세기 건축물
- ■ BC 4세기 건축물
- ■ 헬레니즘, 로마시대 건축물
- ■ 고대 도로

에레크테이온

아테나 제단

제우스 폴리에우스
생튜어리

프로필라이아

칼코테케

파르테논

판다온 성소

아테나 니케 신전

아르테미스
브라우로니아 생튜어리

아스클레피오스 생튜어리

페리클레스 오데온

헤로데스 아티쿠스 오데온

에무메네스 스토아

디오니소스 엘레우테레우스 극장

디오니소스
엘레우테레우스
성소

N
S

0    100m

··· 아테네 아크로폴리스와
파르테논 신전

를 넘어 건축물의 특징을 이야기할 때 기의 빠지지 않고 언급된다. 그러므
로 서양건축을 알기 위해, 또 이 책의 뒤에 나오는 내용을 이해하기 위해
서라도, 기본적인 오더의 그림과 용어를 기억해 두는 것이 좋겠다.

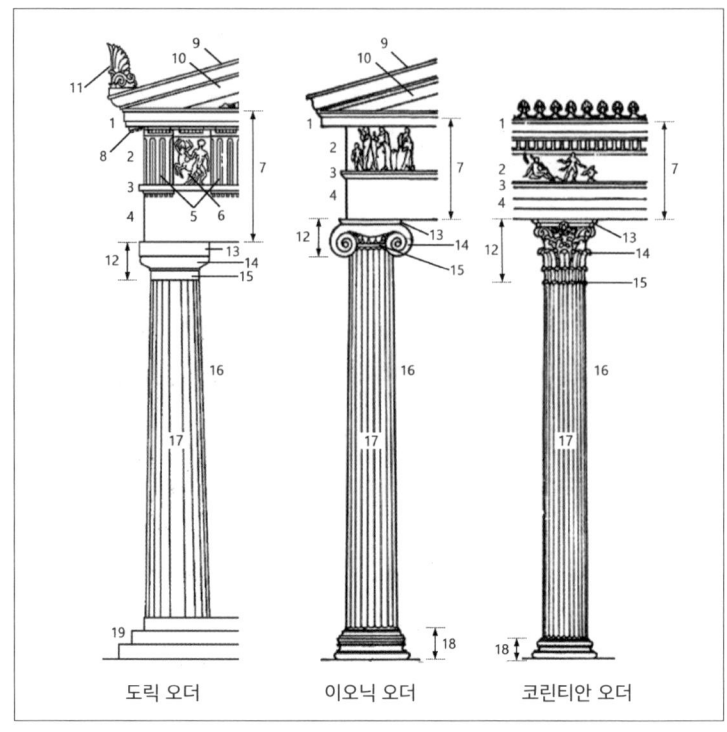

도릭 오더      이오닉 오더      코린티안 오더

1. 코니스Cornice: 엔타블라처 최상부의 부재로 빗물을 막기 위해 돌출시킨 부분
2. 프리즈Frieze: 아키트레이브와 코니스 사이에 있는 부분으로 그림이나 부조로 장식함
3. 타이니아Taenia: 프리즈와 아키트레이브의 사이에 있는 수평대 모양의 몰딩 부분
4. 아키트레이브Architrave: 열주列柱 위에 설치하고 위로 프리즈 및 코니스를 받치는 수평 대들보
5. 트리글리프Triglyph: 프리즈에서 일정한 간격을 두고 반복되는 세로 줄무늬의 수직부재
6. 메토프Metope: 프리즈에서 두 개의 트리글리프 사이에 놓인 민무늬 또는 장식이 있는 사각 패널
7. 엔타블라처Entablature: 페디먼트 아래로 기둥에 의해 떠받쳐지는 부분의 전체
8. 뮤틀Mutule: 도릭 양식에서 코니스 아랫부분에 붙인 작은 벽돌 장식
9. 시마Sima: 돌이나 테라코타로 지붕 맨 윗부분 가장자리를 둘러 설치한 부재
10. 페디먼트Pediment: 건물 전면 지붕 부위에 있는 삼각형 부분
11. 아크로테리움Acroterium: 페디먼트의 정상 부분(용마루)과 양 모서리에 얹어 놓은 장식물
12. 캐피탈Capital(주두): 기둥 상단부에 놓여 지붕을 받치고 있는 부재
13. 아바커스Abacus: 엔타블라처 상부의 하중을 직접 받는 캐피탈의 맨 윗부분
14. 에키누스Echinus: 캐피탈에서 아바커스와 네킹 사이의 부재로 이오닉 오더에서는 둥글게 말린 장식, 코린트 오더에서는 이파리 장식이 있는 부분
15. 네킹Necking: 캐피탈에서 기둥과 맞닿는 맨 아랫부분
16. 칼럼Column: 기둥
17. 플루팅Fluting: 기둥에 새겨진 홈
18. 베이스Base(주초, 초반): 기둥에 전달되는 상부 하중이 더욱 넓은 면적에 전달되도록 해주는 기둥의 최하부 부분 또는 부재
19. 스타일로베이트Stylobate(기단): 건물 아래에 흙이나 돌을 쌓아 건물을 지면보다 높여주는 단

# 유럽을 제패한 고대 로마의 건축

서양의 패권은 이제 그리스에서 로마로 넘어간다. 고대 로마는 전쟁의 신 마르스의 자손이자 늑대의 젖을 먹고 자랐다는 쌍둥이 형제, 로물루스 Romulus(BC 772?~716?)와 레무스Remus가 세운 작은 도시에서 시작됐다. 물론 이 이야기는 신화적인 설정이지만, 쌍둥이 형제 중 로물루스가 로마의 설립자이자 초대 왕인 것은 사실이었던 것으로 알려진다. 이때가 BC 753년 이다. 이후 로마는 이탈리아와 그리스 지역을 포함한 유럽의 중심부는 물론이고 서쪽의 스페인, 동쪽의 소아시아, 남쪽으로는 아프리카의 북부와 이집트까지 포함하는 대제국으로 성장했으며, 그 넓은 땅덩이 곳곳에 로마의 흔적을 남겨놓았다.

고대 로마의 역사는 크게 왕정 시대(BC 753~509), 공화정 시대(BC 509~27), 그리고 황제가 다스리는 제정 시대로 구분되며, 긴 세월에 많은 사건과 이야기를 남겼다. 그러나 그들이 남긴 가장 큰 유산은 유럽 문화 곳곳에 로마의 문화를 심어놓았다는 점이다. 그리고 거기에는 건축의 비중이 매우 컸다.

로마의 건축에는 제국의 힘과 위엄을 나타내는 기념비적인 건축물이 많다. 콜로세움(AD 70~80)이나 판테온(AD 113~125), 개선문 등이 좋은 예이다. 그들은 이런 건물을 지을 때 콘크리트를 사용해 더 단단하고 안정적인 구조를 완성시켰고, 건축의 기본 요소로 아치를 사용했으며 볼트와 돔으로 대형 건축물을 만드는 구조방식이 됐다. 또, 인구가 늘어나면서, 사회기반시설이나 공공시설에 투자를 많이 해 수도aqueduct와 도로망, 공중목욕탕이 세워졌다.

··· 카라칼라 욕장(Baths of Caracalla, AD 212~216)

··· 콘스탄티누스 개선문(Arch of Constantine, 315)

한편, 로마 시대에는 새로운 건축기술이 개발되고 기술에 의한 건축이 시작된다. 물론, 고대인들의 지혜도 놀라웠고 그리스로부터 전수된 것도 많았지만, 측량 기술과 기중기, 석재와 벽돌, 콘크리트의 사용 등은 가히 혁신적이었다. 이 시대에 이런 기술적 발전이 없었다면, 지금의 로마 건축이 없었을 것이고, 서양건축의 모습도 지금과 달랐을 것이다.

사실 고대 로마의 건축을 이야기하려면 로마제국이 끝날 때까지의 모든 건축을 포함해야겠지만, 여기에는 두 가지 변곡점이 있다. 첫째는 기독교의 공인과 국교화다. 이때부터 로마는 물론이고, 고딕이나 르네상스 시대까지 건축사의 주인공은 교회건축이 되고, 건축양식을 설명하고 구분하는 대상 또한 여기에 집중된다.

둘째는 동·서로마의 분리와 일찍 수명을 다한 서로마의 멸망이다. 로마제국이 분리되면서 서로마는 로마네스크, 고딕 등 전형적인 유럽 건축양식으로 발전해가지만, 동로마 지역은 제국이 끝날 때까지 비잔틴 문화를 꽃피우게 된다. 유럽의 문화와 건축은 서쪽과 동쪽으로 나뉘어 전혀 다른 방향으로 발전하게 된 것이다.

# 건축사의 중심을 바꾼 초기기독교 건축

역사적으로 476년에 일어난 서로마제국의 멸망은 고대 로마의 끝이자, 유럽에선 중세의 시작을 의미한다. 이 구분은 건축에서도 마찬가지여서, 고대 로마의 건축양식도 서로마제국의 멸망까지로 본다. 그러나 건축양식의 변화는 서로마의 멸망 이전부터 서서히 시작되었고, 서양건축의 본격적인 시작이라 할 수 있는 로마네스크 건축에 돌입하기 전까지 초기기독교 건축Early Christian Architecture 시대를 거치게 된다.

초기기독교 건축은 말 그대로 기독교와 관련된 건축을 대상으로 하며 서로마제국의 후반부터 시작된다. 그 첫 신호탄이 313년 콘스탄티누스 대제Constantine the Great(272~337)가 밀라노 칙령the Edict of Milan* 으로 기독교를 공인한 사건이고, 380년 테오도시우스 황제Theodosius I(347~395)는 마침내 기독교를 로마의 국교로 정하게 된다. 기독교 공인 이전까지 기독교가 로마에 의해 억압을 받았다는 것은 잘 알려진 사실인데, 이제 공개적인 믿음과 예배가 가능해진 것이다. 이런 상황은 건축양식에도 변화를 가져온다.

기독교는 제사장이 모든 의식을 주도했던 이전의 종교와는 달리, 신자들이 종교 행사에 직접 참여했기 때문에 이들이 함께 모일 공간이 필요했다. 따라서 신자들은 기독교 공인 이전에는 주로 일반 가정집이나, 교회라

---

* 밀라노 칙령은 콘스탄티누스 대제(콘스탄티누스 1세)가 로마의 동쪽을 통치하던 리키니우스Licinius (재위 265-324)와 공동으로 공포한 것이고, 리키니우스는 다시 콘스탄티누스에게 제압되어 콘스탄티누스가 로마의 유일 황제가 된다. 밀라노 칙령의 주된 내용은 종교적인 예배나 믿음에 대해 로마가 중립적 입장을 취한다는 것이었다. 즉, 다신교였던 로마가 기독교를 또 다른 신앙의 하나로 인정한다는 뜻이었으며, 바로 국교가 된 것은 아니다.

고 하기엔 일반 주택과 크게 다를 바 없는 '가정교회House churches'에 모여 예배를 봤는데, 이제 기독교가 공인되면서 새로운 시대에 새로운 형태의 교회가 필요해졌다. 또, 당시의 지배자들은 자신의 영토 곳곳에 신전을 짓는 것을 큰 책임이자 신에 대한 신성한 약속이라 여겼으므로, 콘스탄티누스에게도 기독교를 기념하기 위해 새로운 교회를 짓는 것이 당연한 과업이었다. 이제 국가가 주도적으로 교회를 건축하게 된 것이다.

그런데 콘스탄티누스와 당시 건축가들에겐 큰 도전 거리가 하나 있었다. 교회라는 새로운 건축물이 어떤 형태여야 하는가였다. 이전 고대 그리스나 로마 신전의 예를 보면, 신전은 크고 웅장했지만, 일반인들에겐 출입이 금지됐고 주로 제사와 관련된 귀중품을 보관하거나 사제들을 위한 곳이었다. 심지어 제물을 바치는 제사 의식은 신전 밖에 있는 실외 제단에서 행해졌다.*

하지만 이제는 신자들을 수용할 수 있는 넓은 공간을 가진 건축물이 필요했고, 동시에 새로운 기독교 교회는 콘스탄티누스나 후대 황제들의 권위를 세워줄 만한 것이어야 했다. 이러한 요소들이 콘스탄티누스 시대 때부터 지금까지 기독교 건축의 형태를 결정짓게 되었고, 그 중심에 '바실리카'가 있었다.

'바실리카Basilica'라는 용어는 그리스어 'basiliké stoá', 즉 '로열 스토아royal stoa'에서 온 것으로, 기원전 2세기 고대 그리스로부터 유래했다. 사실, 이 용어에선 '스토아'가 더 의미가 있는데, 이것은 그리스의 아고라에 있었던, 한쪽 면은 벽으로 막혀 있으면서 다른 한 면은 주랑柱廊으로 오픈되

---

* 이 제단을 알터altar라 부르고 성당이나 교회에 있는 제단도 같은 이름으로 부른다.

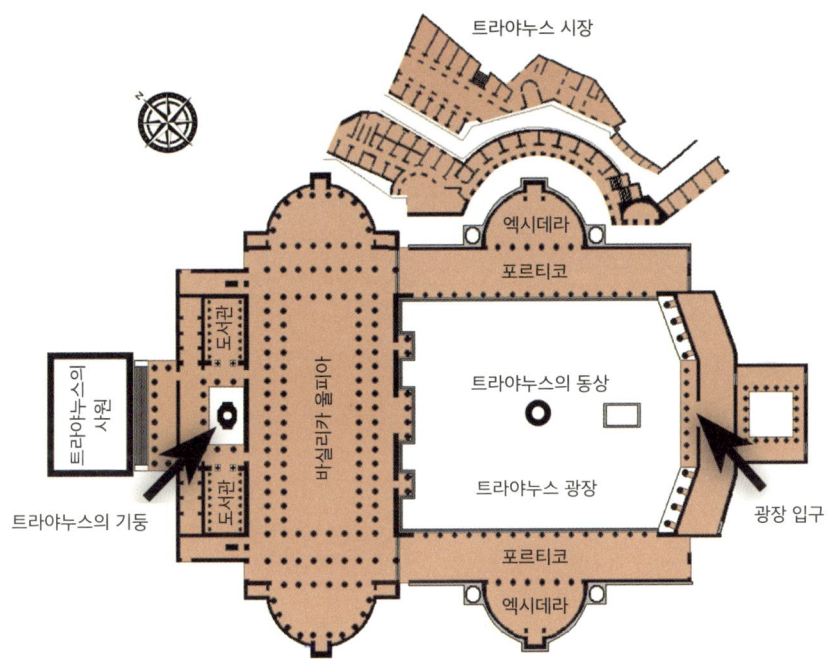

트라야누스 시장

엑시데라

포르티코

트라야누스의 기둥

바실리카 울피아

트라야누스의 동상

트라야누스 광장

포르티코

엑시데라

광장 입구

··· 고대 로마 트라야누스 황제의 광장

··· 바실리카 울피아의 복원도

··· (구)성 베드로 성당 복원도

어있는 구조물로, 좋은 기후 덕택에 옥외 생활을 즐겼던 그리스인들이 대화와 토론, 때로는 재판을 열던 공공장소였다.[*]

로마 시대에 와서 '스토아'란 단어는 사라지고, '바실리카'가 지붕이 있는 대형 홀의 건축양식을 뜻하게 되었다. 바실리카는 주로 도시 광장에 지어져 격식을 갖춘 공적인 미팅이나 시민들을 위한 장소로, 또 그리스에서처럼 법정으로 사용됐다. 그리스와 다른 점이라면, 규모가 커지고 2층 이상으로 짓기도 했으며, 무엇보다 반원 모양으로 돌출된 공간, 즉 '애프스apse'가 붙어있는 것이 특징이었다. 이 애프스에서는 황제로부터 권한을 위임받은 법관이 중앙에 앉아 재판을 했고, 따라서 바실리카는 공공성 못지않게 정치적 권위의 상징이 되었다. 대표적인 로마의 바실리카로는 2세기 초, '트라야누스 황제의 광장Forum of the Emperor Trajan(101~112)'에 지어진 '바실리카 울피아Basilica Ulpia'가 있다.

이랬던 바실리카는 교회가 본격적으로 지어지면서 교회건축의 모티브이자 초기기독교 건축을 대표하는 건축양식이 됐다. 콘스탄티누스는 밀라노 칙령이 내려진 후 얼마 안 돼서 로마에 (구)성 베드로 성당Old St. Peter's Basilica(326~360, 1505년 철거), 베들레헴 예수기념 성당Church of the Nativity (326~565)과 새로 건설한 수도 콘스탄티노플에도 교회를 세웠다. 이 중에서도 (구)성 베드로 성당은 초기기독교 건축의 전형으로 평가되며, 여기서 성당이나 교회건축에서 흔히 언급되는 용어들이 나타나기 시작한다.

초기기독교 건축은 본격적으로 기독교의 세력이 강해지기 이전이므로 로마의 영향을 받아 대체로 수수한 모습으로, 또 튀기보다는 주변과 어울

---

[*] 그리스 철학의 한 학파인 '스토아학파'도 여기서 철학자들이 토론하고 철학을 가르쳤다 해서 붙여진 이름이다.

리도록 디자인되었고, 벽돌과 목재를 주재료로 하면서 기둥에는 대리석 등의 석재를 사용했다. 학자들은 3세기 가정교회로부터 시작되어 짧게는 이 양식이 전파되고 확장되는 6세기까지, 길게는 이후 침체기를 거쳐 8세 기 프리-로마네스크 시대로 넘어가기 이전까지를 초기기독교 건축의 시 대라 보고 있다.

이 기간은 과거 다른 시대와 비교하면 상대가 안 될 정도로 짧다. 그럼 에도 초기기독교 건축이 건축사에서 비중 있게 다루어지는 것은 이것이 건축사의 흐름을 바꾸어 놓았기 때문이다. 이제부터 중세 또는 적어도 르 네상스 시대까지 건축사의 하이라이트는 교회건축, 성당건축, 종교건축에 비추어지게 된다.

## 현대보다 위대한 고대문명, 고대 인류의 건축

고대와 고전 시대를 합하면, 문명이 시작된 이래 현재까지 인류 역사 전체의 약 2/3를 차지하고 있다. 햇수로는 3~4천 년이다. 이 유구한 역사에 그들이 쌓아온 건축의 지혜가 얼마나 크고 많았겠는가.

이 책에서 다루는 분량은 많지 않지만, 그들의 건축은 위대했고 지금도 그 위용을 자랑하고 있다. 이집트의 피라미드는 지어진 지 무려 4,500년이나 됐고, 파르테논 신전은 2,500년, 판테온은 거의 2,000년이 되어간다. 아직도 멀쩡한 상태로 말이다. 물론 사라진 건축물들이 더 많겠지만, 당시 그들의 높은 건축 수준에 대해선 의심의 여지가 없다.

이러한 건축물에 대해 오랫동안 많은 역사가와 건축가, 과학자들이 연구를 거듭해왔다. 그 결과, 소위 건축적이고 형태적인 분석이 상당히 축적되었고, 그 내용이 서양건축사에서 큰 부분을 차지하고 있다.

그러나 그 옛날에 어떻게 이런 건축을 이뤄냈느냐에 대해선 아직도 풀리지 않은 비밀이 많다. 놀라운 것은, 전해져 오는 것과 하나둘 밝혀지는 것들을 보면 그들의 기술이 현대까지 이어지거나, 현대와 비교해도 손색이 없다는 것이다. 메소포타미아와 이집트에서 그리스로, 다시 로마로, 그리고 그 이후까지. 모습과 디테일은 달라도 원리와 방법이 그대로인 기술들을 수없이 발견하게 된다.

현대의 인류가 고대의 인류보다 더 똑똑하다고 생각한다면 큰 착각이다. 수천 년 전, 열악한 환경에서 위대한 건축을 만든 그들의 지혜가 더 위대한 것 아닐까.

# 건축사를 새로 쓴
# 중세 건축

# 로마를 이은 로마네스크 건축

## 프리-로마네스크에서 로마네스크까지

유럽의 중세는 건축에 새로운 장이 열린 시대였다. 먼저, 외모를 보면 높이와 규모, 장식 등에 있어 이전 시대와 차원을 달리한다. 또 유럽 대륙이 종교를 통해 하나로 묶일 때 건축이 그 핵심에 있었고, 이 시대에 만들어진 건축의 형태와 개념은 시대를 넘어 현대까지 영향을 미치고 있다.

중세의 건축양식을 크게 나누면, 서쪽의 로마네스크와 고딕, 동쪽의 비잔틴 건축으로 구분할 수 있는데, 서쪽에서는 서로마의 멸망 이후 로마네스크 시대에 접어들기까지 약 4~500년의 과도기가 있었다. 이 과도기, 즉 5세기 후반 또는 8세기 후반부터 10세기까지를 프리-로마네스크Pre-Romanesque 시대라고 한다. 초기기독교 건축의 시기와 비교할 때 1세기 정도 중복되거나, 바로 이어받은 것으로 볼 수 있다. 다만, 로마네스크가 시작되기 전인 이 시기를 '프리'라는 개념 없이 아예 유럽 건축의 침체기로 보는 견해도 있다.

지역적으로는 프랑크 왕국Kingdom of the Franks이 지배했던 현재의 독일, 프랑스, 그리고 일부 이탈리아와 스페인 지역에서, 특히 기독교가 로마의 국교로 정해지면서 생겨난 성당과 수도원에서 프리-로마네스크 양식이 나타난다. 외형적으로는 로마네스크라고 보기엔 아직 뭔가 부족하고 다소 둔탁하거나 수수한 모습인데, 첨탑이나 아치, 볼트 등은 이미 로마네스크 양식의 특징을 갖춰 가고 있다.

a. 프레쥐스 성당(Fréjus Cathedral, 프랑스, 450)의 외관과 내부 전경
b. 성 요한 베네딕토회 수도원(Saint John Abbey, 스위스, 780)의 외관과 내부 중정

… 프리-로마네스크 건축의 대표적인 사례

이렇게 수백 년간에 걸쳐 차츰차츰 변화가 일어나더니, 바야흐로 '로마네스크Romanesque 시대'가 시작된다. '로마네스크'라는 용어는 듣기만 해도 '로마와 관련이 있겠구나'라는 느낌이 드는데, 많은 역사 용어가 정작 해당 시기의 것이 아니듯이, 이것도 한참 뒤에야 등장했다. 그 유래에 대해서는 몇 가지 설이 있는데, 17세기 중반경 프랑스어, 이탈리아어, 루마니아어 등과 같이 라틴어에서 유래한 언어들을 뭉뚱그려 로망스어Romance languages라고 표현했던 데에서 시작됐다고도 하고, 1813년 영국의 작가 윌리엄 건William Gunn(1750~1841)이 4세기에서 12세기까지 서유럽의 고딕 이전 건축을 광범위하게 설명하면서 처음 사용했다고도 한다. 또 비슷한 시기에 프랑스 고고학자 샤를 드 제르빌Charles de Gerville(1769~1853)이 프랑스어 '로만romane'을 로마 건축에서 변형된 형태를 묘사하는 데 사용했고 이로부터 유래했다는 설도 있다.

어쨌든, '로마네스크'는 'Roman(로마) + Esque(式)'에서 온 영어 단어로 중세기 초반, 유럽에 널리 퍼져 있던 건축양식을 말한다. 다만, 후대 학자들은 윌리엄 건이 이야기했던 것과는 조금 다르게 11세기에서 12세기, 또는 13세기까지를 로마네스크 양식이 번성했던 시기로 보고 있다. 아마도 이때 로마네스크의 특징이 가장 뚜렷했기 때문인 것 같다.

기독교가 유럽 전역에 퍼져 나가면서 로마네스크 양식도 함께 퍼져 나갔다. 여행과 무역이 활발해지면서 사람과 물품이 대륙과 바다를 건너 이동했고, 이와 함께 이 양식의 아이디어가 전파됐으며, 기독교인들의 성지순례, 십자군 원정과 여러 전쟁도 이 양식이 퍼지는 데 큰 역할을 했다. 특히 신도들이 봉헌한 재물로 부와 권위를 갖게 된 유럽의 성당과 수도원은 로마네스크 건축의 중요한 수요자이자 건축주가 됐다.

로마네스크 건축은 프리-로마네스크보다 뭔가 세련되어지고 장식이 두드러지지만, 이후의 고딕보단 간결하고 미완성의 느낌을 준다. 대략적인 로마네스크 건축의 특징은 다음과 같다.

### ♦ 두꺼운 외벽과 버트레스

로마네스크 건물은 대체로 외벽이 두껍다. 거기다 창문이 작고 많지 않아서 견고한 느낌을 준다. 건축재료로는 이탈리아, 폴란드, 독일의 대부분 지역과 네덜란드의 일부 지역에선 주로 벽돌을 사용했고, 그 밖의 지역에선 쉽게 구할 수 있는 석재를 사용했다. 또 벽체 사이에 잡석과 모르타르

a. 나란코 성모 마리아 교회 외벽의 버트레스(Santa María del Naranco, 스페인, 842)
b. 베즐레 수도원 생트마리마들렌 성당 외벽의 버트레스(Basilica of Sainte-Marie-Madeleine Vézelay Abbey, 프랑스, 1150)

… 로마네스크 버트레스의 예

를 채워 넣는 로마식 콘크리트 벽체를 만들기도 했다. 이 당시 건물의 규모가 클 경우, 2~3층은 거뜬히 올렸는데, 건물의 하중을 기둥이 아닌 벽체가 직접 받는 방식이었으므로 건물이 높아질수록 벽이 두꺼워야 했고, 벽의 면적을 크게 하려고 창문의 크기나 개수가 제한적이었다. 그래서 로마네스크 건축을 보면 뭔가 둔탁한 느낌이 든다.

벽체가 높아지고 길어지면서 일정한 간격으로 부축벽을 대기 시작했는데, 이것이 버트레스<sub>butress</sub>다. 사실 버트레스는 한참 옛날부터 있었지만, 이것이 이 시대의 특징으로 꼽히는 이유는 고딕 양식의 버트레스로 가는 과정에 있기 때문이다. 로마네스크 이전이나 초기에는 버트레스가 벽체로부터 많이 튀어나와 있지 않고 납작한 형태였지만, 건물의 규모가 커지면서 그 역할이 중요해졌고, 크기도 커진다.

### ◆ 피어, 컬럼, 캐피탈

피어<sub>pier</sub>와 컬럼<sub>column</sub>을 우리말로 번역하면 둘 다 '기둥'이다. 그런데 영어로 표현할 때는 '피어'는 '굵은 기둥', '컬럼'은 상대적으로 '가는 기둥'으로 구분되곤 한다.<sup>*</sup> 이 두 가지를 굳이 구분하는 이유는 로마네스크나 고딕 양식에서 굵기가 서로 다른 기둥이 함께 사용되고 역할도 조금 다르기 때문이다. 그런 뜻에서 여기서는 우리말 '기둥' 대신, '피어'와 '컬럼'으로 나누어 설명하도록 하자.

---

\* 국내 건축공사에선 굵은 기둥에 해당하는 '피어'라는 용어를 쓰는 경우가 드물고 대부분 '컬럼=기둥'으로 표현한다. 반면, 교량건설과 같은 토목공사에선 건축물의 기둥보다 더 굵은 기둥이 필요할 때가 있으므로, 이때는 영어 그대로 '피어'라 부르기도 한다.

a

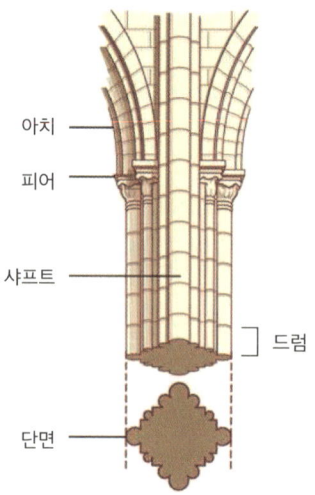

아치

피어

샤프트

드럼

단면

b

c

a. 로마네스크, 고딕 건축에 사용된 컴파운드 피어의 구조
b. 생-뢰-데세랑 수도원(Saint-Leu-d'Esserent, 프랑스, 1140) 성당의 컴파운드 피어
c. 쥬미에쥬 수도원(The Abbey of Jumièges, 프랑스, 1067) 아케이드의 피어와 컬럼

… 로마네스크 양식의 피어와 컬럼

… 로마네스크 양식 건축물의 다양한 캐피탈

먼저, 피어는 대형 아치가 모이거나 교차하는 곳, 또는 상부 구조물로부터 큰 하중을 직접 받는 곳에 놓이는 기둥이다. 그만큼 지지력이 커야 하므로 굵기가 굵거나 여러 개의 컬럼을 묶어 놓은 모양의 컴파운드 피어compound pier가 빈번하게 나타난다. 반면, 컬럼은 주로 회랑과 같이 큰 하중을 받지 않는 곳이나, 두 피어 사이, 또는 큰 아치 속에 작은 아치를 만들 때 사용했다.

피어나 컬럼의 캐피탈에는 여러 형태의 조각을 새겨 넣었다. 고대 그리스나 로마의 코린티안 오더, 컴포짓 오더와 같이 식물의 이파리 장식이나 성경 속 이야기들을 묘사하기도 했고, 때로는 기괴한 괴물이나 악인의 모습, 동물, 심지어 성적 표현 등의 세속적인 형상이 등장하기도 한다.

## ◆ 아치, 아케이드, 볼트

아치, 아케이드, 볼트도 로마네스크 시대 훨씬 이전부터 사용됐지만, 로마네스크 이후로 빼놓을 수 없는 건축요소가 됐고 이후 고딕 시대에는 더 화려하게 발전한다.

로마네스크의 아치는 창문이나 출입문 위에 올려지는 작은 것에서부터 아케이드의 아치나 천장의 볼트를 받치는 대형 아치까지 다양하다. 창문에는 장식용으로 아치 속에 작은 아치를 넣거나, 2~3개의 아치를 연속 배치해서 모양을 내기도 했고, 건물의 출입문 위에도 아치를 올렸다. 특히 성당의 출입문에는 둥근 아치와 사각형 분싹 사이 공간에 부조를 넣기도 했는데, 팀파눔tympanum이라고 하는 이 부분은 신자들에게 성서의 내용을 가르치는 유용한 공간이었다. 형태적으론 로마 시대부터 로마네스크 시대까지 주로 라운드 아치가 사용됐고, 후반으로 가면서 지역별로 포인티드 아치도 나타난다.

··· 로마네스크 건물의 아치형 창문과 생트 포이 수도원 성당(Abbey Church of Sainte-Foy, 프랑스, 1807~1107) 출입문의 팀파눔

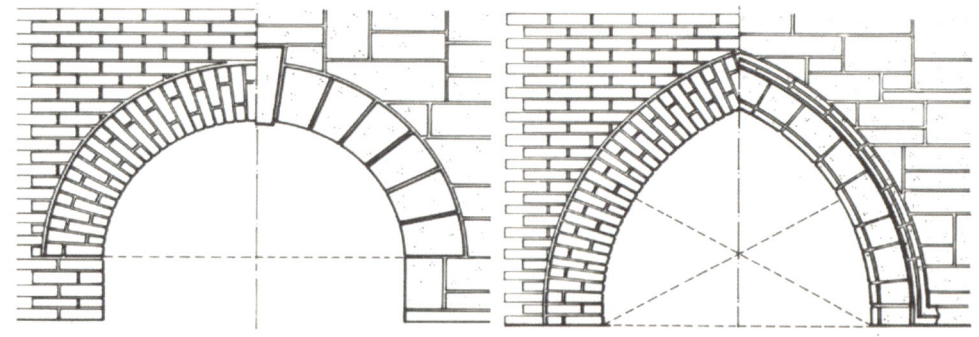

··· 라운드 아치(Round arch, 좌)와 포인티드 아치(Pointed arch, 우)

아케이드는 성당 내부에서 네이브와 아일의 경계를 나타내기 위해, 상층부를 지지하는 기둥의 역할로, 그리고 중정과 같이 개방된 공간에서 실내와 실외를 구분할 목적으로 만들었다. 또 장식용으로 '블라인드 아케이드blind arcading'나 '롬바드 밴드Lombard band' 등이 자주 사용됐다.

a. 산티아고 데콤포스텔라 대성당 네이브의 아치와 아케이드(Santiago de Compostela Cathedral, 스페인, 1211)
b. 산토 도밍고 데 실로스 수도원(Abbey of Santo Domingo de Silos, 스페인, 11세기) 회랑의 아케이드
c. 더럼 대성당(Durham Cathedral, 영국, 1093~1133)의 블라인드 아케이드
d. 산 토메 원형 교회의 외관과 롬바드 밴드(Rotunda of San Tomè, 이탈리아, 12세기)

··· 로마네스크 건축의 여러 아케이드 양식

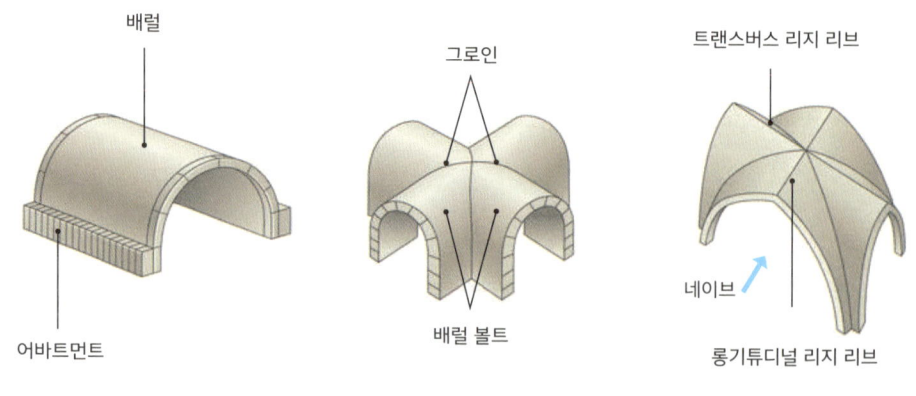

배럴

그로인

트랜스버스 리지 리브

어바트먼트

배럴 볼트

네이브

롱기튜디널 리지 리브

a. 배럴 볼트

b. 그로인 볼트

c. 리브 볼트

··· 볼트의 종류

볼트는 일반적으로 터널과 같이 아치를 같은 방향으로 연속해서 붙여 만든 반원통형의 배럴 볼트barrel vault, 배럴 볼트 2개를 직교하도록 만든 그로인 볼트groin vault*, 지붕의 하중을 리브, 즉 아치형 뼈대가 받도록 만든 리브 볼트rib vault로 구분된다. 로마네스크 시대에는 이 세 가지 유형이 모두 사용되었고, 이중

---

* '그로인groin'의 사전적 의미는 '사타구니, 서혜부' 등으로 볼트에서는 두 개의 배럴 볼트가 직교하는 부분에 만들어지는 '골'을 뜻한다.

리브 볼트는 12세기부터 나타나 이후 고딕 볼트의 전형이 된다. 볼트는 주로 교회 건물의 천장에서 찾아볼 수 있다.

◆ 돔

로마네스크 교회에서는 네이브와 트랜셉트가 교차하는 크로싱에 기둥을 연결하는 네 개의 아치를 만들고, 그 위에 팔각뿔 형태의 돔을 올렸다. 이런

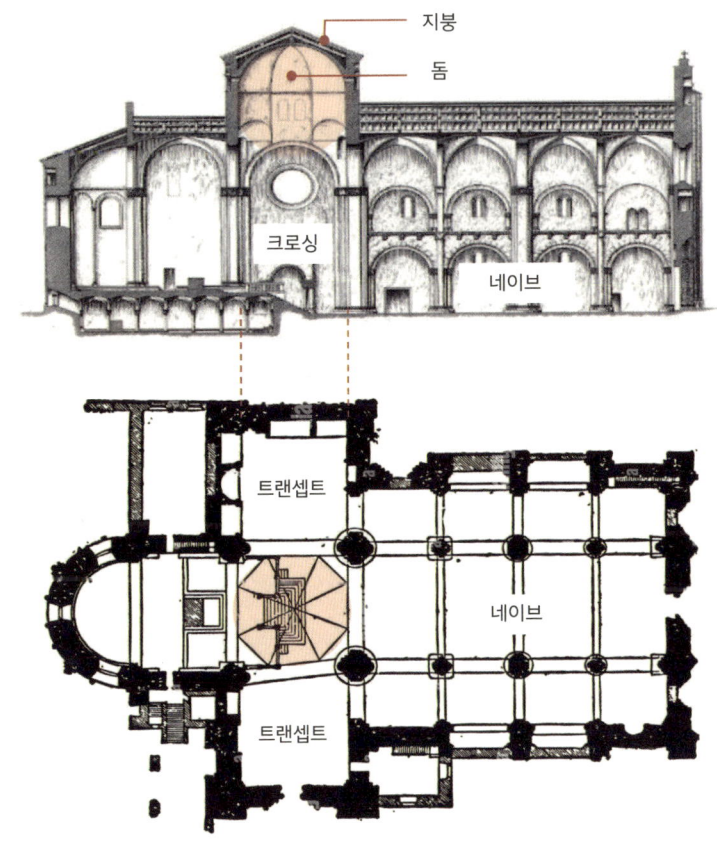

··· 산 미켈레 성당(Basilica of San Michele Maggiore, 이탈리아, 1155)의 단면과 평면

형태의 돔은 고딕과 르네상스 양식까지 계속되며, 비잔틴의 둥근 돔과 대비되는 모습이다. 이 돔은 아직 규모나 화려함에 있어 큰 역할을 하지 못하는 수준이었고 대부분 외부에서 보이지 않도록 지붕 밑에 감춰져 있었다.

### ♦ 타워와 첨탑

어딜 가든 성당이나 교회 건물은 찾기가 쉽다. 높은 타워tower와 첨탑 Spire, 그리고 십자가가 있다면 그 건물은 십중팔구 성당 아니면 교회다. 이 모습이 시작된 것이 로마네스크 시대부터고, 이후 기독교 건축의 전형이 됐다. 정확히 용어를 구분하자면, 타워는 높게 만든 건물이고, 첨탑은 그 위에 뾰족하게 올려진 구조물이다. 타워의 평면은 정사각형, 원형, 팔각형 등이고 첨탑의 모양도 사각뿔이나 원뿔 등으로 다양하다. 단, 모든 타워에 첨탑이 있는 것은 아니고 타워의 위치나 개수도 정해진 것이 없었다.

a. 슈피어 성당(Speyer Catheral, 독일, 1031)
b. 더럼 대성당

··· 로마네스크 교회의 타워와 첨탑

타워와 첨탑에는 기본적으로 하늘을 향한다는 종교적 의미가 있으므로, 기독교 세력이 커지고 시간이 지나면서 첨탑은 점점 높아지고 가늘어졌으며 모양은 좀 더 복잡해졌다. 기능적으론 종탑 또는 건물에 빛을 들어오게 해서 내부를 밝히는 랜턴lantern 역할을 했다.

### ◆ 오큘라 윈도우

유럽에 오래된 성당에 가보면 아름다운 창살과 화려한 스테인드글라스로 장식된 크고 둥근 창, 그리고 그 창을 통해 들어오는 햇빛이 경건한 분위기를 만든다. 아직은 수수한 형태지만 이런 창문을 로마네스크 건축에서부터 볼 수 있다. '눈을 닮은 창'이라 하여 '오큘라 윈도우ocular window'라고 부르고, 이탈리아에서 흔히 볼 수 있으며 주로 박공지붕의 정면 가운데에 설치했다. 창살은 주로 석재로 만들었고 장식용으로 뒤가 막혀있는 것도 있다. 창살이 바큇살 모양이라 '휠 윈도우wheel window'라고도 하며 고딕으로 가면 장미꽃처럼 화려하고 크기는 더 커져서 '로즈 윈도우rose widow'라고 불린다.

⋯ 로마네스크 성 니콜라스 교회(St. Nicholas Church, 영국, 12세기)의 오큘라 윈도우

# 동방의 비잔틴 건축

## 동로마에서 비잔틴제국으로

서로마의 유럽 서쪽에 프리-로마네스크와 로마네스크 건축이 있다면 동쪽 동로마에는 비잔틴 건축이 있었다. 우리나라 사람들에게 '비잔틴' 하면 잘 모를 수 있지만, 사실은 익숙한 곳이 있다. 바로 튀르키예, 그리고 이스탄불이며, 바로 이곳이 비잔틴 건축의 본거지다.

비잔틴 건축을 이해하려면 로마제국의 분리 과정을 살펴볼 필요가 있다. 발단은 45대 황제 카루스Marcus Aurelius Carus Augustus(재위 222~283)가 죽자 그의 두 아들 카리누스Carinus(250~285)와 누메리아누스Numerianus(283~284)가 공동 황제로 올라, 각각 로마의 서쪽과 동쪽을 통치하게 된 데서부터 시작됐다. 이후 이런저런 사건에 이어 기독교 공인의 주인공 콘스탄티누스 대제가 로마를 다시 유일 황제 체제로 바꾸어 놓았지만 그 후로도 찢어졌다, 통합됐다를 반복했다. 그러다 395년 기독교를 국교로 정했던 테오도시우스 황제Theodosius I (347~395)가 죽고 나서 동로마는 그의 장남 아카디우스Arcadius(377~408)가, 서로마는 둘째 아들 오노리우스Honorius(384~423)가 이어받으면서 마침내 이 두 제국은 완전한 분리의 길을 걷게 된다.

이후 두 제국의 운명은 매우 달랐다. 서로마는 일찌감치 476년에 게르만족에게 정복당했지만, 동로마는 1453년까지 체제를 유지했고, 이후 수백 년 동안 훨씬 부강한 제국으로 성장하게 된다. 여기에는 몇 가지 그럴 만한 이유가 있었다. 우선 동쪽 지방은 서로마보다 외세의 침략으로부터 안전했고

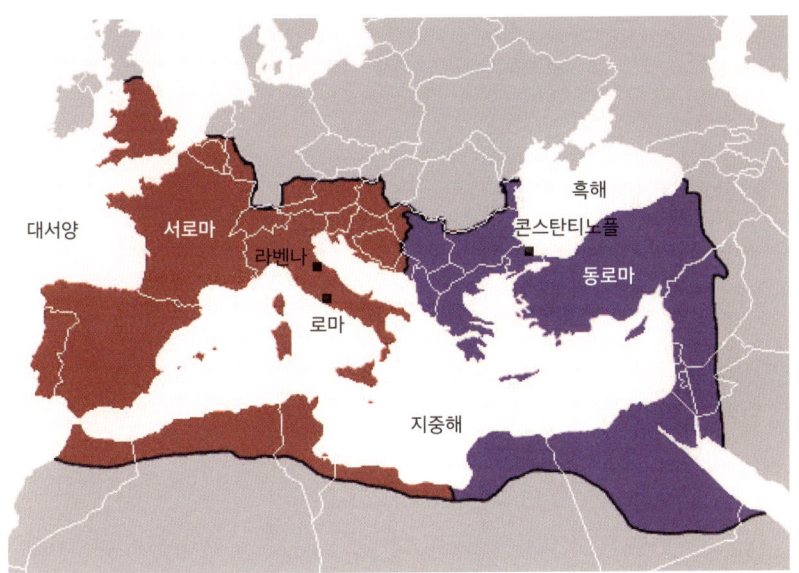

··· 테오도시우스 황제가 죽은 후(395) 서로마와 동로마의 영토

유럽과 아시아 사이에서 무역 거점이 될 수 있는 지리적 요건을 갖추고 있어서 경제적으로 더 풍요로웠다. 이런 장점을 간파한 콘스탄티누스가 330년 로마를 떠나 비잔티움Byzantium* 에 새로운 수도를 건설하게 되는데, 이것이 동로마가 제국으로서 탄탄한 기반을 갖출 수 있었던 신의 한 수였다. 덤으로 로마 귀족들의 간섭에서 벗어나 정치적인 안정을 얻을 수 있었던 것도 콘스탄티누스에겐 큰 매력이었다.

이렇게 이 지역을 사랑했던 콘스탄티누스는 새 수도에 많은 투자를 했고, 비잔티움의 이름을 자신의 이름을 따 콘스탄티노플Constantinople 또는 Constantinopolis 로 바꾸어버렸다. 지금의 '이스탄불'은 오스만 제국(1453~1922)이 동로마를 차지한 후 바꾼 이름이다.

---

\* 이 도시는 BC 667년에 세워진 고대 그리스의 식민 도시로, 당시의 왕 비자스Byzas 또는 뷔잔타스Byzantius의 이름을 따 비잔티움이라 불렸다.

# 비잔틴의 운명과 건축의 변화

비잔틴 건축의 시대를 세분화하면 초기 비잔틴(330~843), 중기 비잔틴(843~1204), 제4차 십자군과 라틴 제국 시대(1204~1261), 후기 비잔틴(1261~1453), 그리고 1453년 이후로 나뉜다. 이렇게 똑 부러지게 구분할 수 있는 것은 이 제국이 겪은 역사적 사건들 때문이다.

먼저 330년은 콘스탄티누스에 의해, 새로운 수도 콘스탄티노플이 완성된 해이고, 초기와 중기의 경계가 된 843년은 700년대부터 격렬하게 벌어졌던 '성화상논쟁Iconoclastic Controversy, 聖畵像論爭'이 해결된 해다.

'성화상논쟁'이란 이런 사건이다. 726년과 730년, 비잔틴제국의 황제 레오 3세Leo III(685~741)가 이전까지 공인되던 성화상聖畵像을 우상숭배라며 금지하고 파괴하기 시작한다. 더 이상 어디에든 예수 그리스도, 마리아, 또는 성인들의 모습을 담은 그림을 그려선 안 된다는 이야기였다. 그런데, 이런 그림도 우상숭배로 봐야 할지 찬성파와 반대파가 생겨 분쟁이 일어났고, 그러다 우상파괴 찬성파였던 데오필로스 황제Theophilos(821~842)가 사망한 후, 그의 황후 테오도라Theodora(815~867)가 주관한 주교회의에서 성화상 숭배가 다시 살아났다. 그때가 843년이었다.

1204년은 비잔틴제국에게는 치욕적이고, 역사적으로는 황당한 사건이 벌어진 해다. 때는 십자군 원정이 빈번하게 일어나던 시기였다. 본래 십자군 원정은 셀주크 투르크Seljuk Empire(1040~1307)*가 예루살렘을 장악하고 비잔틴제국까지 위협하자, 성지를 탈환하고 비잔틴을 구하자는 목적으로 시

---

\* 11세기부터 14세기까지 이슬람 세계에 존재했던 튀르크계 왕조

작됐다. 사실 동로마가 로마에 있는 교황에게 도움을 요청했을 때, 이것을 기회로 삼아 동로마의 동방정교회†를 제압하고자 했던 교황의 속셈도 한 몫했다고 한다.

이 십자군 원정은 1095년부터 시작해 1291년까지 또는 그 이후에도 자질구레한 원정이 수십 차례 있었는데, 갈수록 성지 탈환이라는 성스러운 목적은 팽개쳐지고 탐욕스러운 약탈과 땅따먹기로 변질됐다. 특히, 4차 원정은 전혀 엉뚱한 방향으로 튀고 만다. 베네치아에 모여 출정을 준비하던 십자군은 군비가 부족해지자, 헝가리의 '자라Zara'를 무너뜨려 주면 원정군을 지원해 주겠다는 베네치아의 제안을 들어주게 되고, 이어 화가 난 교황이 십자군 전체를 파문시켜 버린다. 그러자 화가 난 원정군은 동로마로 쳐들어가 약탈과 학살을 감행하면서 콘스탄티노플을 점령하고 그 자리에 라틴 제국Latin Empire(1204~1261)을 세웠는데, 이때가 1204년이다. 이세력은 오래가지 못했고 1261년에 비잔틴이 부활하지만, 약해질 대로 약해진 제국은 결국 바로 옆에서 성장한 오스만 제국Ottoman Empire(1299~1922)에게 무너지고 만다. 이것이 1451년의 일이다.

이렇다 보니 비잔틴 양식의 흐름은 초기에 가장 발전 속도가 빨랐다가 중기에는 주로 교회 내부에서 변화가 있었고, 라틴 제국 시기에는 완전히 침체되어 있다가, 후기에는 근근이 명맥을 이어가는 수준이 되어버린다. 시대별 특징을 살펴보면 다음과 같다.

---

† 같은 기독교지만, 서로마에는 로마 가톨릭, 동로마에는 동방정교회Eastern Orthodoxy가 주된 종교였고 현재도 주로 러시아, 발칸반도, 서아시아 지역이 이 분파를 따르고 있다.

## ♦ 초기 비잔틴(330~843)

초기 비잔틴 건축에는 로마의 전통과 고대 그리스 건축 요소들이 함께 합쳐져 있다. 먼저, 로마제국 체제에선 동로마나 서로마나 한 몸이었으므로 당연히 로마의 전통을 이어받았다. 형태적인 부분도 있지만, 건축재료나 돔 구조 등에서 로마의 흔적이 그대로 남아 있었다. 또 그리스 지역이 동로마의 통치권에 포함되어 있었고, 콘스탄티노플이 그리스와 바로 인접해 있는 데다가 헬레니즘 문화권에 있었으므로 그리스의 영향 역시 컸다. 대표적인 예로 그리스의 아이코노그래피Iconography*에 영향을 받은 교회 내부의 모자이크와 교회의 그릭 크로스Greek Cross† 평면을 들 수 있다.

건축물로는 기독교 공인을 계기로 교회건축이 번창하게 되면서 하기아 소피아 성당을 비롯해 제국 전역에 많은 교회가 세워졌으며, 초기에는 로마의 바실리카 형식을 따랐지만, 이내 대형 돔으로 된 대성당이 등장한다.

성화상파괴 운동이 시작되기 이전에는 화려한 모자이크와 프레스코 장식이 풍부했는데, 논쟁이 종식되기 이전 약 100년 동안은 성화상이 배제됨은 물론이고 장식이 최소화되는 경향이 뚜렷했다. 반면, 초기 비잔틴 시대에는 황제의 대궁전과 귀족 주택과 같은 세속적인 건축도 번성했다.

이 시기의 대표적인 건축물로는 하기아 소피아Hagia Sophia(또는 아야 소피

---

* 우리말로 도상학(圖像學)은 본래 회화나 조각에 나타난 인물과 배경을 놓고 그 내용을 판정하고 서술하거나 해석하는 미술사의 한 분과를 말한다. 여기서 쓰인 'Iconography'는 비잔틴 예술을 이야기할 때 흔히 인용되는 용어로, 그림에 있는 인물과 배경으로 어떠한 이야기, 주로 성서의 내용을 표현하고자 했던 기법이라고 보면 된다.

† 그릭 크로스는 상하, 좌우의 팔길이가 같은 십자가이고, 라틴 크로스Latin Cross는 세로 길이가 가로 길이보다 긴 십자가이다. 그릭 크로스는 기독교가 전파되기 훨씬 전, 고대부터 많이 나타나던 문양으로, 특히 그리스의 수학자이자 철학자였던 피타고라스Pythagoras(BC 570-BC 495)가 흙, 공기, 불, 물을 상징하거나 우주의 조화를 표현하는 심볼로 삼으면서 십자가와는 별개로 철학적인 의미를 갖게 됐다. 이것이 기독교 전파 후 동방정교회에서 십자가의 모델이 됐다.

아, 트뤼키예, 346~360)[‡], 산 비탈레 성당Basilica of San Vitale (이탈리아, 527~547), 콘스탄티노플 대궁전Great Palace of Constantinople (4세기~9세기)[§] 등이 있다.

### ◆ 중기 비잔틴(843~1204)

초기와 다름없이 중기 비잔틴 건축에서도 그릭 크로스 평면과 성당 중앙에 돔을 배치하는 방식이 유지된다. 다만, 초기에는 대형 성당이 대세였으나 이젠 신자들이 자금을 지원하는 소규모 교회로 전환되고 수도원이 부흥하기 시작한다. 성화상파괴 논란이 종식되었으므로 교회 내부에 화려한 모자이크와 장식이 다시 등장한다. 교회가 아닌 세속적인 건물에 대한 정보는 거의 남아 있지 않지만, 이슬람 건축의 영향을 많이 받았고 특히 이슬람의 궁전 건축양식이 비잔틴의 세속 건축에 영향을 미쳤다고 전해진다.

중기 비잔틴의 대표적인 사례로 콘스탄티노플의 미렐라이온Myrelaion 교회(튀르키예, 920), 보에오티아의 호시오스 루카스Hosios Loukas 수도원(그리스, 946), 그리스 북부의 카스토리아Kastoria와 베로이아Verroia 대성당Basilica, 아토스산의 판토크라토로스 수도원Pantokratoros Monastery (그리스, 1118~1136) 등이 있다.

### ◆ 제4차 십자군과 라틴 제국 시대(1204~1261)

라틴 제국이 세워지면서 콘스탄티노플을 중심으로 기존 건축물들에 큰 피해가 있었고, 남은 시설도 방치되는 경우가 많았으며 새로운 프로젝트도 많지 않아 비잔틴의 건축은 위축될 수밖에 없었다. 건축양식의 경우,

---

[‡] 비잔틴 시대에 지어진 성당이나 교회는 오스만 제국 때 대부분 모스크로 사용됐으며 현재는 같은 용도 또는 박물관으로 사용되기도 한다.

[§] 이 궁전은 여러 건물이 모여 있는 궁전 콤플렉스로, 궁전 일부가 몇 차례에 걸쳐 재건되거나 신축되었으며 지금은 거의 남아 있지 않다.

변방에서는 비잔틴 양식을 고수하기보다 지역의 건축방식을 받아들이는 경향이 나타났고 이슬람의 영향을 받은 곳도 있었지만, 이전 시대와 비교하면 별로 주목할 만한 것이 없었다.

### ◆ 후기 비잔틴(1261~1453)

라틴 제국은 정치적으로 불안했던 데다, 북부 불가리아 지역에 외세의 침략도 잦았으며, 무엇보다 기존 비잔틴 시민들에게 인기가 없었다. 이렇게 이 제국의 힘이 약해지던 차에 1261년 니케아 제국Empire of Nicaea (1204~1261)의 미하일 8세 팔라이올로고스Michael VIII Palaiologos(1223~1282)가 콘스탄티노플을 탈환하고 라틴 제국을 몰아낸 뒤, 비잔틴제국을 다시 부흥시키려 했다. 이때부터를 후기 비잔틴 시대라 하고, 팔라이올로고스 왕조Palaiologos dynasty(1261~1453)의 이름을 따 팔라이올로곤 시대Palaiologan period 라고도 한다.

비잔틴제국 탈환 후 기존 교회의 증축과 보수가 이루어졌고, 현관, 회랑, 갤러리, 부속 예배당, 종탑 등이 추가되면서 건축 형태가 복잡해지고 정교해졌다. 특히 중기 비잔틴 시대의 판토크라토로스 수도원과 성당이 모델이 됐고, 러시아, 불가리아, 루마니아 등과 인접한 지역에서는 각 나라의 영향을 받아 지역별로 새로운 건축양식이 발전하기도 했다. 대표적인 건축물로는 테오토코스 파마카리스토스 수도원Theotokos Pammakaristos(튀르키예, 1292)과 테살로니키의 성 캐서린 교회Church of Saint Catherine(그리스, 1315년경)가 있다.

a. 하기아 소피아       b. 산 비탈레 성당

… 초기 비잔틴 건축의 대표적인 사례

a. 미렐라이온 교회       b. 판토크라토로스 수도원

… 중기 비잔틴 건축의 대표적인 사례

a. 테오토코스 파마카리스토스 수도원       b. 성 캐서린 교회

… 후기 비잔틴 건축의 대표적인 사례

# 비잔틴 건축의 특징

비잔틴 건축은 서쪽과 같은 건축요소를 공유하면서도 시간이 흐를수록 확연히 다른 모습으로 발전한다. 대략적인 비잔틴 건축의 특징은 다음과 같다.

### ◆ 기둥의 오더

서양건축에서는 건물의 기둥과 캐피탈의 모양이 건축양식을 결정하는 데 큰 비중을 차지한다고 앞서 살펴보았다. 비잔틴 건축에선 캐피탈의 모양이 전통적인 형식에서 벗어나 아주 다양하게 발전했다. 기존의 여러 오더가 합성되는가 하면, 십자가나 식물, 독수리, 사자, 말, 양과 같은 동물의 문양이 화려한 색채로 새겨지고, 온갖 변형된 모양들이 나타난다.

··· 비잔틴 건축의 다양한 오더

## ◆ 아치와 볼트

유럽 건너편에서 자리 잡은 아치와 볼트는 비잔틴에서도 예외가 아니었다. 모양은 로마의 전통을 이어 라운드 아치가 일반적이었고 이 형식은 초기 로마네스크 건축과 동일하다. 다만, 이슬람권의 영향을 받은 비잔틴의 동부 지역에선 간간이 포인티드 아치가 보이기도 한다.

## ◆ 돔

유럽 서쪽에서는 건물의 지붕이 주로 박공 형태이거나 점차 뾰족한 모양으로 발전해가는 반면, 비잔틴 건축, 특히 교회건축에서는 돔이 중심이 된다. 또 로마네스크 건축에서 숨어있던 것과는 달리 비잔틴의 돔은 밖으로 드러나는 형태로 발전했다. 대표적인 예가 하기아 소피아다. 비잔틴 건축물 중 가장 큰 규모를 자랑하는 하기아 소피아에는 건물 중앙에 대형 돔과 양옆에 하프 돔half-dome 두 개가 있고 중앙 돔의 높이는 현대에 지어진 돔을 포함해도 50위 안에 드는 규모다.

## ◆ 모자이크와 프레스코 성화

모자이크는 초기기독교 건축에서도 많이 나타나지만, 비잔틴 시대에 가장 꽃피웠고, 벽, 천장, 돔에 광범위하게 사용됐다. 특히 교회건축에서는 프레스코화와 함께 실내 장식에 빼놓을 수 없는 요소였으며, 화려한 색채와 디테일은 하나하나가 예술 작품이었다. 성화상논쟁으로 부침을 겪기도 했지만, 그 이후에는 더 화려하게 발전했다.

a. 산 비탈레 성당 내부에 있는 모자이크 성화(이탈리아 라벤나, 527~547)
b. 하기아 소피아에서 일부 복원된 성화

… 비잔틴 건축의 모자이크

◆ 그릭 크로스

서쪽의 교회건축에선 긴 네이브와 아일이 트렌셉트와 교차되어 십자가를 이루는 라틴 크로스Latin Cross 평면이 주를 이룬 반면, 비잔틴제국의 교회에는 그릭 크로스가 전형이 된다. 주로 십자가의 중심부 위에 돔을 올리며, 종종 사각형 평면 안에 십자가 모양을 구획해 밖에서 보면 십자가 모양이 드러나지 않을 때도 있다.

이렇게 로마제국에 뿌리를 두고 있지만, 동로마, 즉 비잔틴제국의 건축과 서로마가 차지했던 지역의 로마네스크 건축은 서로 다른 방향으로 나아가게 된다. 로마네스크는 고딕과 르네상스로 이어지고, 비잔틴은 고딕이 저물어 갈 시기까지 비교적 일관된 양식을 유지하면서 유럽과 동방에 영향을 미쳤다. 이것이 서양건축사에서 비잔틴 건축을 빼놓을 수 없는 이유다.

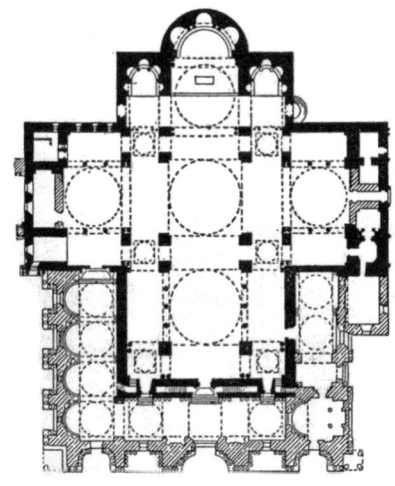
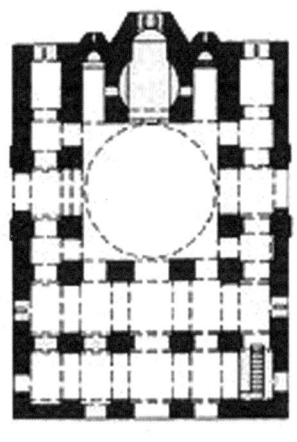
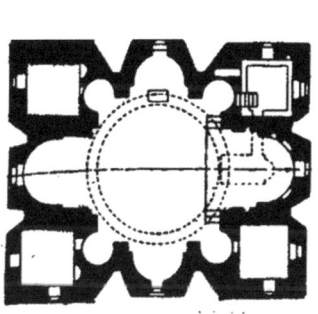
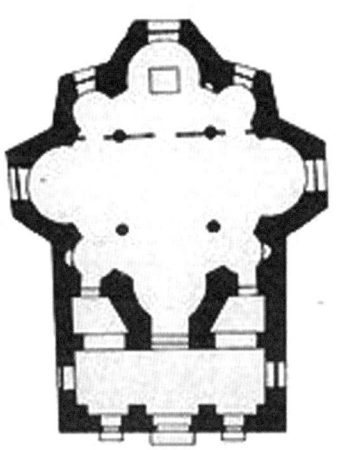

··· 그릭 크로스의 여러 가지 예

# 유럽을 유럽답게 만든 고딕 건축

## 부정적 이미지였던 고딕 건축

로마네스크의 뒤를 바로 이은 고딕 양식은 18세기까지도 그 특징을 찾아볼 수 있을 만큼, 오랜 세월 유럽 건축에 영향을 끼쳤고, 그 영향은 아직도 계속되고 있다. 유럽 여행을 해본 사람이라면 오래된 성당 앞에서 그 웅장함과 화려함에 감동한 경험이 있을 텐데, 그 대부분이 고딕 시대에 지어진 것이라 봐도 틀리지 않을 것이다.

그러나 '고딕'이란 명칭이 긍정적인 시각에서 출발한 것은 아니다. 시작은 이탈리아 르네상스 시대의 건축가이자 화가였던 조르조 바사리Giorgio Vasari(1511~1574)가 그의 저서 『예술가들의 생애Lives of the Most Excellent Painters, Sculptors, and Architects』에서 오늘날 '고딕'이라 부르는 양식을 '야만스러운 독일 스타일barbarous German style'이라 표현하고, 그것이 '고트족Goths'에 의해 만들어진 것이라고 주장하면서부터다. 고트족은 서로마제국이 멸망하는 과정에서 이탈리아인들이 말하는 '야만족의 침입'에 가장 큰 책임이 있는 민족 중 하나이자 게르만계 민족이었으니 그들이 만들어 놓은 것, 그리고 이탈리아 위쪽에서 일어나는 일들이 마음에 들 리 없었다. 그로부터 고딕은 로마나 그리스의 고전 건축과는 대비되는, 한참 뒤처진 것이라는 인식이 퍼져 나갔고, 그것으로 고딕 양식의 이름이 굳어져 버렸다. 바사리는 그 후로 고딕이 이렇게 많은 사람이 사랑하는 양식이 될 것이라고는 상상도 못 했을 것이다.

# 고딕 건축의 진화

고딕 건축은 이탈리아에서만 소극적이었을 뿐, 12세기 초부터 16세기 중반까지 유럽 전역에 걸쳐 가장 강력한 건축양식이었고, 건축역사에서 유럽을 만든 대표적인 양식이다. 이 시대는 크게 세 단계로 구분되며 시대별 대표적인 사례는 다음과 같다.

## ◆ 초기 고딕(Early Gothic, 1120 또는 1150~1200)

학자들은 고딕 양식이 12세기 초 영국과 프랑스에서 시작된 것으로 보고 있다. 영국에서는 로마네스크로 시작해 고딕으로 완성된 더럼 대성당(1093~1133)과 웰즈 대성당Wells Cathedral(1176~1490), 캔터베리 대성당Canterbury Cathedral(1070~로마네스크, 1178~1834 고딕) 등이 초기 영국 고딕Early English Gothic Style의 대표적인 사례이고, 프랑스에선 생드니 수도원의 대성당Basilica of

a. 웰즈 대성당
b. 캔터베리 대성당

… 초기 고딕의 대표적인 성당

Saint-Denis(1135~1144)이나 상스 대성당Sens Cathedral(1135~1534), 노트르담 대성당Notre-Dame de Paris(1163~1345) 등을 대표로 꼽는다. 포인티드 아치와 리브 볼트, 화려하진 않지만 프라잉 버트레스가 눈에 띈다.

♦ 하이 고딕(High Gothic, 1200~1300 또는 1375)

여기서 'high'는 '높다'라는 뜻이 아니라 '전성기' 쯤으로 이해하는 것이 맞다. 유럽 대륙에서는 '레이어넌트 고딕Rayonnant Gothic(1200~1280)', 즉 벽면을 스테인드글라스로 가득 채워 '빛이 쏟아져 들어오는' 느낌을 주는 형식이 대표적이었고, 영국에선 조금 늦게 창문과 함께 트레이서리의 '장식'에 더 집중한 '데코레이티드 고딕Decorated Gothic(1300~1375)'이 대세를 이뤘다. 샤르트르 대성당Chartres Cathedral(프랑스, 1126-로마네스크, 1194-고딕~1252)과 랭스 대성당Reims Cathedral(프랑스, 1211~1275), 쾰른 대성당Cologne Cathedral(독일, 1248~1560, 1842~1880) 등이 하이 고딕의 대표적인 건물들이다.

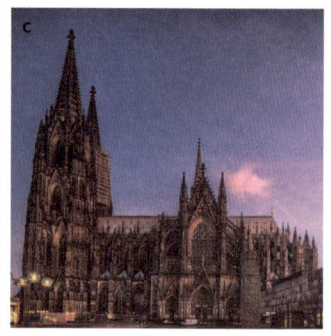

a. 샤르트르 대성당    b. 랭스 대성당    c. 쾰른 대성당

··· 하이 고딕의 대표적인 성당

## ♦ 후기 고딕(Late Gothic, 1280~1500 또는 1300~1550)

후기 고딕은 고딕의 끝 무렵을 말한다. 하지만, 프랑스를 비롯한 대륙의 고딕은 하이 고딕 시대를 지나서도 더욱 화려해지고, 볼트의 리브, 트레이서리, 타워와 첨탑에 더 많은 장식이 추가된다. 이를 '화려하다'라는 뜻에서 '플램보이언트' 또는 불어로 '플랑부아' 양식Flamboyant Gothic (1280~1500)이라 한다. 영국에서도 장식이 많아지긴 했지만, 수직성을 더 강조한 성당들이 나타나, 대륙과 비슷한 시기 영국의 고딕을 '퍼펜디큘라 고딕Perpendicular Gothic (1375~1500)'이라고 구분한다. 글로스터 대성당Gloucester Cathedral (1089~1482)이 대표적이다.

그렇다고 해서 대륙 성당의 높이가 낮은 것은 아니어서, 1377년에서 1543년까지 1차 건축이 완성된 독일의 울름 대성당Ulm Cathedral (최종 완공 1890)은 첨탑 꼭대기까지의 높이가 161.5미터로 아직 세계에서 가장 높은 교회건축이다.[*] 이후 16세기부터는 르네상스 양식이 시작되지만, 고딕 양식의 몇몇 특징들은 18세기까지 계속 이어진다.

a. 글로스터 대성당          b. 울름 대성당          c. 밀라노 대성당

··· 후기 고딕의 대표적인 성당

---

[*] 울름 대성당은 원래 로마 가톨릭교회였으나 1894년부터 개신교 교회가 되어 독일에서는 '울름 사원Ulm Minister'이라 부른다.

# 고딕 건축의 특징

고딕은 로마네스크 건축과 많이 닮아있다. 거기다 유럽 도시의 인구 증가, 경제 부흥, 도시의 자부심, 종교적 문화의 발전과 변화 등이 고딕 양식의 탄생에 영향을 미쳤다. 특히, 기독교의 부흥은 나라와 도시가 교회건축에 힘을 쏟게 된 원동력이었고, 고딕은 이를 각 도시에서 가장 높고 잘 보이는 건물로 만들어 주는 방법이 됐다.[*] 물론, 고딕 양식을 교회건축에서만 볼 수 있는 것은 아니다. 이 시대에 지어진 궁전이나 대규모 공공건축물에서도 고딕 양식의 흔적이 발견되며, 프랑스 파리의 벵성 궁Chateau de Vincennes(1340~1410)과 아비뇽 교황청Palais des Papes(1252~1364), 스페인 올리테의 나바라 왕국 궁전Palace of the Kings of Navarre in Olite(1269~1512), 영국 런던의

a. 벵성 궁
b. 아비뇽 교황청

… 대표적인 공공 고딕 건축물

---

[*] 이 책에선 '교회건축', '성당', '교회' 등의 용어가 섞여서 사용되고 있는데, '교회건축'은 성당과 교회를 모두 포함해 기독교를 섬기는 건물로, '성당'은 주로 가톨릭의 교회건축을 대상으로 하며, 특히 고유명칭에 'Cathedral'이 붙은 건물을 지칭한다. '교회'는 가톨릭 교회건축이라도 규모가 작거나, 개신교의 교회 또는 고유명칭에 'Church'가 붙은 건물을 지칭할 때 쓰기로 한다.

햄프턴 코트 궁전Hampton Court Palace(1522) 등이 대표적인 예다. 다만, 기능적인 차이인지 이 건축물들의 겉모습만은 고딕 성당과 다소 다른 느낌을 주기도 한다. 그러면 무엇이 고딕을 고딕답게 만드는지 이 시대의 성당들을 중심으로 그 특징을 정리해 보도록 하자.

### ◆ 성당 평면 구성의 정립

로마네스크 이후로 교회건축이 서양건축사의 핵심이자 큰 비중을 차지하는데, 고딕에 와서 평면, 입면, 단면의 여러 공간 요소와 그 명칭이 정립되었고 유럽 전역에 걸쳐, 그리고 시대를 넘어 교회건축의 전형이 되었다. 그런 점에서 고딕 성당에서 나타나는 여러 명칭은 꼭 알아둘 필요가 있다. 단, 이 용어들을 우리말로 번역하자면 뭔가 어색하고 억지스러운 경우가 많으므로, 한글 명칭보다 영어식 표현을 우선하도록 하고, 이후의 내용도 이 용어들을 기준으로 한다.

### ◆ 아치와 리브 볼트

아치나 볼트는 로마네스크 건축에서도 꽤 발전된 형태였지만, 고딕 건축에선 주로 포인티드 이치를 사용했다는 점에서 차이가 난다. 한편, 볼트는 이제 리브 볼트로 완전히 변환된다. 리브의 형태도 로마네스크 후반부터 라운드 아치와 포

⋯ 샤르트르 대성당 네이브의 리브 볼트

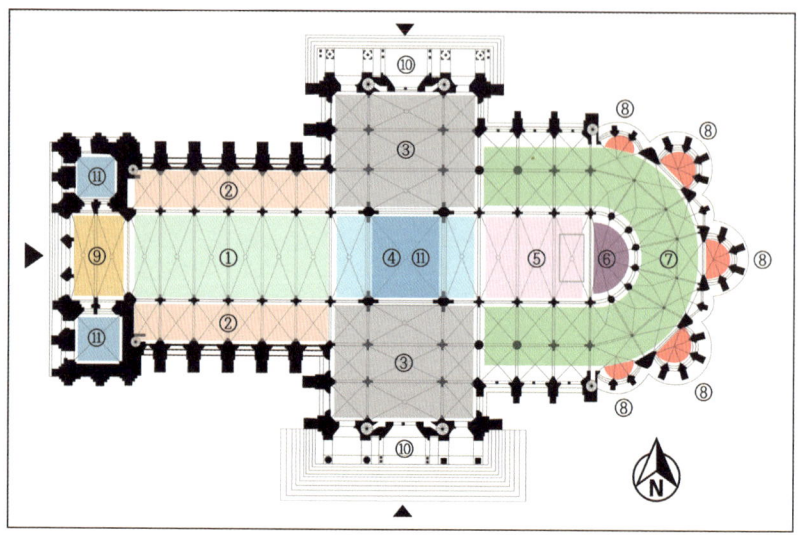

1. 네이브(Nave, 신랑(身廊), 또는 중랑(中廊)): 교회 건물에서 출입구로부터 트랜셉트, 또는 트랜셉트가 없는 경우 콰이어까지 뻗어있는 건물의 중심부. 좌우에 아일이 있고 보통 긴 의자가 설치되어 있는 예배자를 위한 공간이다.

2. 아일(Aisle, 측랑(側廊)): 네이브 양옆으로 길게 놓인 공간. 주로 컬럼 또는 아케이드로 구획되어 있다.

3. 트랜셉트(Transept, 익랑 또는 수랑(翼廊, 袖廊)): 네이브와 직각으로 교차하며 십자가 형태를 구성하며 건물의 날개에 해당하는 부분이다. 유럽의 라틴 크로스(Latin Cross) 형태에서는 일반적으로 높이나 폭이 네이브와 아일을 합친 부분과 비슷하나, 길이는 그보다 짧거나 같다.

4. 크로싱(Crossing, 교차랑(交叉廊)): 네이브(아일 포함)와 트랜셉트가 교차하는 부분이다. 로마네스크나 고딕 양식에서는 크로싱 위에 주로 타워를 올리며 주로 유럽 동쪽에 지배적인 동방정교회에서는 크로스 위에 거대한 돔을 바로 올린다.

5. 콰이어(Choir, 내진(內陣)): 크로스와 애프스 사이, 또는 크로스가 없을 경우, 네이브와 애프스 사이의 공간으로, 주로 여기에 성가대석이 배치된다.

6. 애프스(Apse, 후진(後陣)): 출입구의 반대편, 동쪽 끝을 반원형 혹은 다각형으로 마무리한 공간으로, 제물이나 제단을 놓기도 한다. 여기에 채플이 붙어있을 경우, 채플까지 포함한 공간을 애프스로 부르기도 한다. 고대 로마의 바실리카 건축에선 재판을 할 때 법관이 앉는 자리였다. 불어에서는 셔베트(chevet)가 같은 의미로 쓰인다.

7. 앰뷸러토리(Ambulatory, 주보랑(周步廊)): 아일이 콰이어 쪽으로 연장되어 애프스까지 감싸는 회랑 부분.

8. 채플(Chapel, 제실(祭室)): 애프스나 앰뷸러토리 바깥쪽으로 돌출된 반원형의 공간으로 보물이나 석관, 작은 제단 등을 놓는다. 훗날에는 소규모의 교회 건물을 뜻하기도 한다.

9. 나르텍스(Narthex, 배랑(拜廊)): 교회 건물의 주 출입구이자 현관과 같은 공간으로 네이브와 바로 연결된다.

10. 트랜셉트 포치(Transept Porch): 트랜셉트에 있는 부출입구의 현관.

11. 타워(Tower)

12. 챈슬(Chancel): 협의로는 알터 주변과 콰이어를 포함한 공간, 또는 콰이어와 같은 의미로 사용되고 크게는 콰이어로부터 동쪽 끝까지 에이프스, 앰뷸러토리, 채플 등을 모두 포함한 공간을 뜻한다. 후자의 경우, 생튜어리(Sanctuary)가 같은 의미로 사용된다.

13. 알터(Altar, 제단(祭壇)): 종교의식에 필요한 도구나 제물을 올려놓는 테이블 또는 단상으로 콰이어와 애프스 사이나 애프스의 동쪽 끝에 놓는다.

인티드 아치 리브를 함께 사용하다가 점차 포인티드 아치 리브로 정착된다. 그뿐만 아니라 시간이 지나면서 리브의 개수와 형태가 변형된 다양한 형태의 리브 볼트가 등장한다.

## ◆ 돔

아치나 리브 볼트를 만드는 기술이 뛰어났지만 고딕 건축에선 주목할 만한 돔이 눈에 띄지 않는다. 수직성과 높이가 강조되던 고딕 성당에서 돔은 오히려 종교적, 건축적 개념에 맞지 않았을 수 있고, 화려한 볼트가 있으므로 필요가 없었을 수도 있다. 그렇다고 해서, 로마네스크 건축에서 사용됐던 돔 건축기술이 몇 세기 동안 퇴보했거나 사라진 것은 아니었다. 로마네스크 시대부터 시작해서 고딕을 거쳐 르네상스 시대에 완성된 당대 최대 규모의 피렌체 대성당 돔을 보면, 돔 건축은 수 세기에 걸쳐 그 명맥이 유지되었다고 봐야 할 것 같다.

## ◆ 피어와 컬럼

구조적인 기능과 굵기에 따라 피어와 컬럼을 구분한다면 고딕 성당에서도 큰 차이는 없다. 차이가 있다면, 로마네스크 양식에서부터 이어져 온 컴파운드 피어가 더 정교해지고 화려해졌다는 것이다. 드물게 스페인 세비야 대성당Seville Cathedral(1401~1528)에서처럼 피어의 단면이 사각형에 가까운 경우도 있고, 캐피탈이 없는 피어, 흰색과 검은색 등 색감이 다른 돌을 써서 장식을 가미한 사례도 있다. 후기 고딕으로 가면 피어가 더 커지는데, 이것은 네이브의 천장이 높아져 그만큼 하중이 커졌기 때문이라 보인다.

a. 아미앵 대성당　　　　　　　　b. 생드니 수도원 대성당　　　　　　　　c. 세비아 대성당

··· 고딕 건축의 피어

### ♦ 버트레스와 플라잉 버트레스

로마네스크의 버트레스가 버팀벽 수준이었다면, 고딕 시대의 버트레스는 날개처럼 생긴, 이른바 플라잉 버트레스로 진화한다. 프랑스 생드니 수도원의 대성당과 상스 대성당이 첫 번째 완전한 고딕 건물로 평가되는 이유 중 하나가 포인티드 아치, 리브 볼트, 그리고 플라잉 버트레스의 결합이 완성됐다는 점이다. 플라잉 버트레스의 생김새는 반쪽짜리 아치 모양으로, 건물 내부의 볼트와 지붕의 하중이 이 아치를 타고 건물 밖의 버팀기둥과 버팀벽까지 전달된다. 2019년 대형 화재로 위기를 겪었던 프랑스 노트르담 대성당의 플라잉 버트레스가 중세에 만들어진 가장 큰 규모의 것으로 알려져 있다.

시간이 지나면서 플라잉 버트레스는 구조적 기능을 담당하는 요소에서 온갖 장식의 공간으로도 활용된다. 버트레스 위에 피너클pinnacle(작은 첨탑)을 세우는가 하면, 정교한 조각과 장식을 해 넣었다.

a. 생드니 수도원
c. 노트르담 대성당

b. 상스 대성당
d. 세인트 존 대성당(네덜란드, 1220~1530)

… 고딕 건축의 플라잉 버트레스

## ♦ 외벽과 창문, 로즈 윈도우

포인티드 아치, 리브 볼트, 플라잉 버트레스가 건물의 하중을 받아내면
서 고딕의 벽체는 구조적인 역할에서 벗어날 수 있었다. 이제 고딕 시대의
건축가들은 벽이 있던 곳에 화려한 창문, 스테인드글라스를 설치하고 빛
이 들어오게 했다. 이런 변화는 중세의 종교적 가르침, 즉, '모든 빛은 신성

··· 노트르담 성당 남쪽 트렌셉트의 로즈 윈도우 ─ 외부에서 본 모습(좌)과 내부에서 본 모습(우)

하다'는 교리와도 맞아떨어졌다.

창은 성경 속 이야기로 채워졌고 로마네스크 시대 때 오큘라 윈도우라 불리던 둥근 창은 로즈 윈도우라는 이름이 더 어울리게 화려해졌다. 위치도 나르텍스나 트랜셉트 포치 위로 내려와 벽면 전체를 덮을 만큼, 네이브나 트렌셉트의 폭과 맞먹을 만큼 크기가 커졌다. 노트르담 성당의 남쪽 벽면에는 지름이 13m나 되는 고딕 건축에서 가장 큰 로즈 윈도우가 설치되어 있다.

··· 플레이트 트레이서리(좌)와 바 트레이서리(우)

로즈 윈도우 아래와 벽면에도 창문이 설치됐다. 창에는 석재로 만든 트레이서리tracery, 즉, 창틀로 장식을 했는데, 초기에는 창과 창 사이를 판으로 메꾼 형태plate tracery가 사용되다가 점차 빛이 들어오는 공간을 확대한 창살 형태bar tracery로 발전한다. 유리제조 기술이 발전하지 못했던 시대에 이런 창틀은 작은 유리 조각을 잡아주고, 바람으로부터 창문을 지지하는 데 효과적이었다.

## ♦ 타워와 첨탑

타워와 첨탑은 높이와 수직성을 강조한 고딕 건축에서 빼놓을 수 없는 요소다. 타워의 기능은 로마네스크 때와 크게 다르지 않지만, 높이만큼은 비교가 안 된다. 다만, 타워는 다른 부분이 모두 완성된 다음 마지막으로 지어졌기 때문에, 많은 시간과 비용이 드는 성당 건축의 특성상, 타워가 지어질 때쯤 건축적인 기호가 바뀌거나 재정 문제로 먼저 완성된 부분과 다른 스타일로 지어지기도 했다.

고딕 후반에는 바늘같이 뾰족한 첨탑이 타워에 올려져서 이전과는 비교할 수 없을 정도로 건물이 높아졌다. 어느 도시에서나 성당은 그 지역에서 가장 높고 잘 보이는 건물이었고, 천국을 향한 종교적 열망의 상징이었다.

높은 첨탑 외에 자은 뾰족탑들(플레시fleche)두 눈에 띈다 지붕 끝이나 기둥의 연장선 위에, 또는 버트레스 위에 장식용으로 배치했고 첨탑과 같이 골격은 목재로, 그 위를 납이나 구리로 덮었으며, 식물의 이파리 모양 등 여러 형태의 장식을 붙여 댔다.

# 서양건축사의 정점을 찍다

저자가 어릴 적, 세계사를 배울 때만 해도 유럽의 중세를 암흑기라고 했었다. 고대 로마의 멸망 이후 경제적, 지적, 문화적인 쇠퇴가 일어났기 때문에, 일부 역사가들이 특히 르네상스적 관점에서 붙인 표현이라고 한다. 그래서인지 중세를 배경으로 하는 영화를 보면 뭔가 음침하고, 항상 질척대는 전장에서 싸움을 벌이고, 봉건 영주에게 평민들이 시달리는 모습이 많이 나온다. 하지만, 현대 역사학자들은 이 암흑기라는 용어를 부인하며 중세에 오히려 고대 로마보다 훨씬 큰 번영이 있었다고 보고 있다.

이것이 사실이든 아니든, 중세는 서양건축사에서만큼은 정점을 찍은 시대였다. 일반적으로 중세의 시작을 서로마가 멸망한 476년부터로 보니, 이후 약 1,000년의 세월 속에서 고딕 양식이라는 위대한 건축양식이 유럽을 지배했다. 그뿐인가, 유럽의 동쪽에선 비잔틴 양식이 꽃피웠다. 하늘을 찌를 듯이 높게 솟은 고딕 성당과 세상을 다 덮어버릴 듯한 비잔틴의 돔이 이 시대에 지어진 것이다.

여기에는 두 가지 동력이 있었다. 하나는 종교의 힘이고 다른 하나는 기술의 발전이다. 어느 것이 먼저라고 단정할 수는 없지만, 이 두 가지 요소가 합쳐지면서, 그 이전에, 또는 그 후로도 볼 수 없는 건축이 이루어졌다. 흔히들 이럴때 '건축가'의 역할을 강조하지만, 기술이 없는 설계는 건축물로 이루어질 수 없다.

어디에서든 고딕 성당을 배경으로 한 사진을 보면, '유럽이구나', 아름다운 돔을 배경으로 하면, '여긴 이스탄불이구나'를 단박에 알 수 있다. 중세의 건축은 유럽을 유럽답게 만든 주인공이었다.

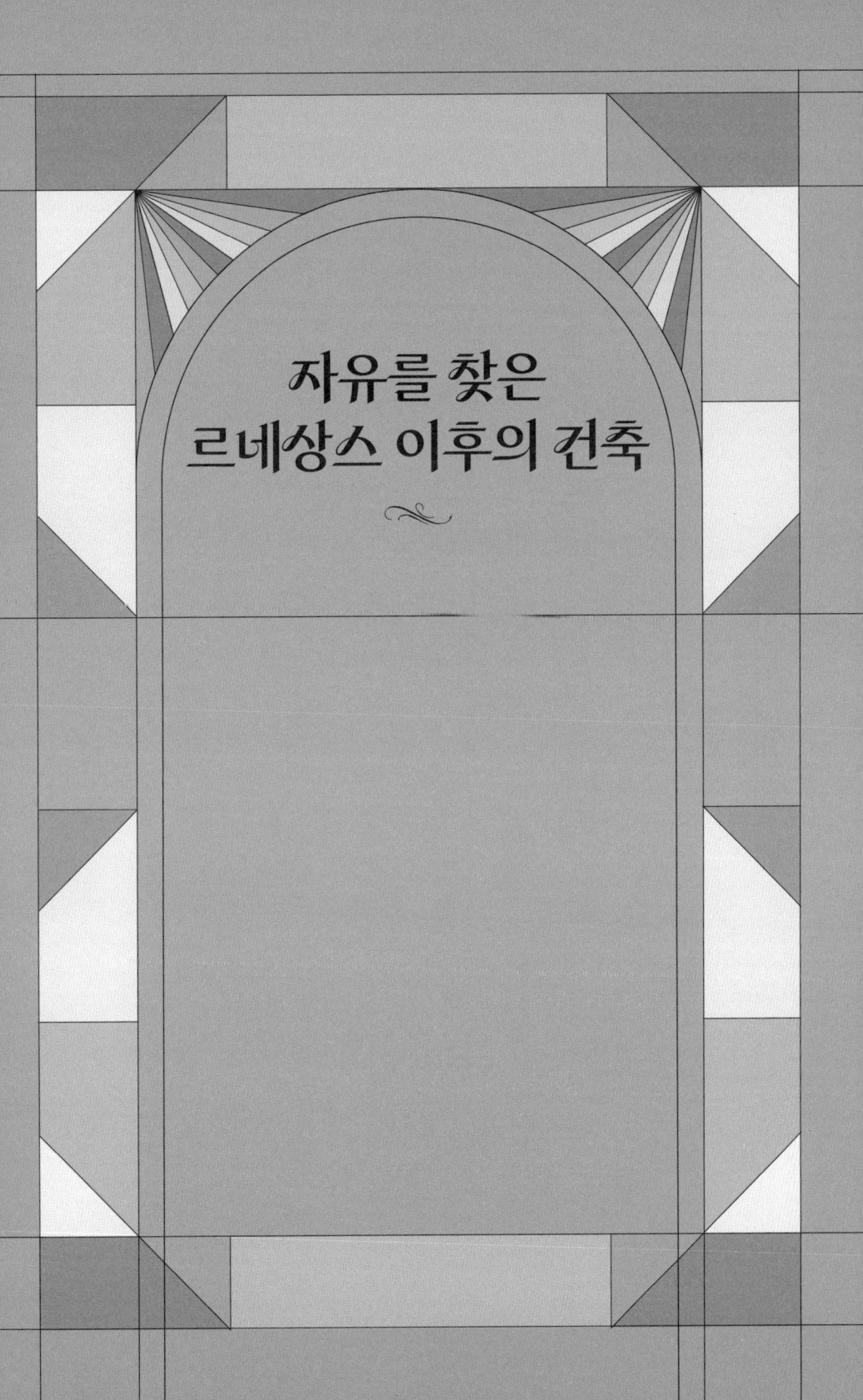

# 자유를 찾은
# 르네상스 이후의 건축

# 재탄생의 르네상스 건축

## 중세로부터의 탈출

'르네상스Renaissance'는 '재생', '부활' 또는 '재탄생re-birth'을 뜻하는 이탈리아어 '라니시타rinascita'에서 유래했고 우리가 르네상스라고 부르는 것은 이 말이 프랑스어로 표현된 'renaissance'에서 온 것이다. 그 시작에는 '고딕'을 '야만스러운 독일 스타일'이라고 규정했던 조르조 바사리가 다시 등장한다. 그는 14세기 화가 지오토Giotto di Bondone(1267~1337)의 작품을 보고, 이전 중세와 다른 새로운 회화방식이 출현했다는 의미로 '라니시타'라는

··· 지오토가 그린 그리스도의 애도(Lamentation, The Mourning of Christ, 1306)

말을 썼다. 지오토는 기존의 종교적이고 정형화된 틀에서 벗어나 그림 속 인물의 기쁨, 슬픔, 분노, 즐거움 등의 내적 감정을 표현하는, 당시로선 획기적인 화풍을 만들어낸 화가로, 바사리의 한마디에는 이 모든 의미가 담겨있었다.

이후 200여 년이 지난 뒤, 프랑스의 역사가 쥘 미슐레Jules Michelet (1798~1874)가 바사리의 영향을 받아 중세와의 단절이라는 뜻으로 '재생', 즉 프랑스어로 '다시re+태어남naissance=르네상스'라는 말을 쓴 것이 지금에 이르렀다고 한다. 어쨌든 핵심은 과거와 분절되는 큰 변화나 전환이 있었다는 뜻이다.

'르네상스'를 검색해 보면, 복잡하고 어려운 설명들이 나오지만, 한마디로 정리하면 '고대 그리스와 로마 문명의 재발견과 인본주의 정신을 바탕으로 14~16세기에 유럽에서 일어난 문화, 예술 전반에 걸친 문예 부흥, 문화혁신 운동 또는 그 시대'로 요약된다. 그런데 여기서 몇 가지 의문이 생긴다. 변화니 혁신이니 하지만, 어느 날 갑자기 달라진 것이 아닐 텐데, 도대체 유럽에서 무슨 일이 있었던 것일까? 거기다 건축과 르네상스와는 무슨 관계가 있을까?

첫 번째 의문, 르네상스가 시작된 시기에 유럽에서 무슨 일이 있었는지부터 살펴보자.

14세기 유럽의 대표적인 지배세력이라면 현대 독일과 이탈리아 일부까지 지배하던 신성로마제국Holy Roman Empire(962~1806)과 프랑스 왕국Royaume de France(987~1792)을 들 수 있는데, 이들이 국가 체제를 갖추면서 로마 가톨릭교회와 권력 다툼을 벌이게 된다. 별다른 성과 없이 막을 내려야 했던 십자군 원정(1095~1291), 아비뇽 유수Avignon Papacy(1309~1377), 그리고 이어진 교회의 대분열*까지, 프랑스와 교회 간의 알력으로 교회의 위상은 큰 타격을 입었다.

결정적인 것은 1517년, 『95개 논제』를 게시한 마르틴 루터Martin Luther (1483~1546)를 필두로 울리히 츠빙글리Ulrich Zwingli (1484~1531), 장 칼뱅Jean Calvin (1509~1564) 등이 일으킨 종교개혁으로, 신성로마제국 내부에서 가톨릭과 개신교의 종교 갈등이 본격화된다. 그러다가 가톨릭 측에서 개신교의 종교개혁에 대항하기 위한 반종교개혁(1545)을 일으키는 등, 이들 간에 크고 작은 다툼이 일어나더니 결국 30년에 걸친 종교전쟁Thirty Years' War (1618~1648)이 발발하기에 이른다. 이 30년 전쟁을 계기로 교회가 신앙을 좌우하는 것이 아닌, 개인에게 선택권이 주어지는 종교 자유의 개념이 생겨났고, 개신교는 권위적인 가톨릭과 상반된 교리를 펼치게 된다. 또한, 때마침 구텐베르크Johannes Gutenberg (1393~1468)가 발명한 금속 활자 인쇄술 덕분에 종교개혁가들이 번역한 성경이 널리 퍼지게 되고, 개신교 사상 역시 이를 따라서 전파됐다.

유럽에 혼란을 가져다준 것은 이뿐만이 아니었다. 14세기 중반부터 16세기, 길게는 17세기 중반까지 유럽 전역에 흑사병이 창궐한 것이다. 이로 인해 전 유럽 인구의 1/3~1/4이 목숨을 잃었다. 그런데 아이로니컬하게도 이 역병은 엄청난 시대변화의 계기가 됐다. 많은 희생으로 노동 인력이

---

* 1303년 프랑스의 필리프 4세Philip IV(1268-1314)가 왕권을 강화하는 과정에서 성직자에 대한 세금 징수를 놓고 교황 보니파키우스 8세Pope Boniface VIII(1230-1303)와 대립하게 되고, 여기서 필리프 4세가 승리하자, 프랑스인 교황 클레멘스 5세Pope Clement V(1264-1314) 때부터 교황청을 로마에서 프랑스 아비뇽으로 옮기게 된다. 이때부터 7명의 교황이 약 70년간 아비뇽에 머물게 되는데, 이것을 아비뇽 유수(1309-1377)라고 한다. 아비뇽 유수 시절의 마지막 교황이었던 그레고리우스 11세 Pope Gregory XI(1329-1378)가 1377년 로마 교황청으로 돌아갔지만, 그 후 로마와 아비뇽 교황청이 각각 교황을 옹립하는 등 교회의 대분열Western Schism(1378-1417)이 시작됐다.

부족해지자 급격한 임금상승이 발생했고, 부자들의 숫자가 줄어들자 살아 남은 자들에게 부가 집중됐다. 결과적으로 새로운 부유층이 탄생해 귀족 과 농민을 구분하던 중세 봉건제도가 무너지고 신분 사회에 개편이 일어 났으며, 15세기부터는 더 많은 중앙집권적인 국가들이 생겨났다.

사회는 획일적 종교관에서 벗어났고 농업에서 상업 중심으로 경제 체 제가 변해 갔으며, 지역 간의 교역이 더 활발해졌다. 그 여파로 사람들은 사람 중심의 사고, 즉 '인본주의'에 눈을 뜨게 되었으며 문화, 예술, 학문 등에 관심이 높아졌다. 이런 다양한 사상이 전파되는 속도는 예전과 비교 할 수 없을 만큼 빨라졌다.

여기에 촉매가 된 것이 피렌체와 메디치 가문이다. 피렌체는 유럽에서 가장 활발한 무역과 상업의 중심지였고, 르네상스의 발상지로도 잘 알려 져 있다. 지정학적으로 로마와 밀라노의 중간에 있어서 무역과 금융의 중 심지가 될 수 있었고, 무엇보다 고대 로마의 향수에 젖기 딱 좋은 위치였 으니, '고대 그리스와 로마 문명의 재발견'이라는 르네상스의 개념은 어쩌 면 필연적이었다. 그리고 이곳에서 부를 축적한 메디치 가문은 예술 분야 의 든든한 투자자였다.

두 번째로 건축의 관점에서 르네상스란 무엇인지 생각해 보자. 르네상 스 건축이 고딕과 확연히 달라진 것은 사실이다. 오로지 신에 대한 숭배와 교회의 권위를 표현하던 높고 수직적인 건축물은 더 이상 만들어지지 않 았다. 물론 르네상스 초기에 피렌체 대성당이나 성 베드로 대성당과 같은 몇몇 대규모 성당이 건설되기는 했지만, 대부분은 고딕 양식과 사뭇 달랐 다. 또 국가의 세력이 교회보다 우월해진 결과, 교회가 아닌 왕궁과 성에 서 변화된 건축양식이 나타났고, 시민들을 위한 광장과 공공시설물, 그리고 실용적인 건축물이 생겨났다. 성당과 교회도 지어졌지만, 고딕과 같이 천국을 연상케 하는 압도적이고 화려한 형태는 사라졌다.

한편, 르네상스의 키워드 중 하나인 '인본주의'를 건축과 연관시키자면 이 대목이 아닐까 싶다. 즉, 건축의 대상이나 표현 방식의 중심이 종교에서 사람으로 넘어왔다는 것이다. 사실 '인본주의'는 앞서 지오토의 그림처럼, 미술 분야에서나 딱 맞는 개념으로, 건축에 대입하자니 조금 억지스러운 느낌이긴 하다. 반면 '그리스와 로마의 재발견'은 건축양식에서 확연히 드러나는 부분이다.

기존의 건축사 문헌에서는 역사적 맥락에 대한 설명 없이 르네상스 건축을 설명하는 경우가 많다. 건축은 르네상스 시대에 일어난 문화 혁신의 일부였을 뿐이고 건축이 르네상스를 주도한 것은 더더욱 아니다. 이 시대의 건축은 하루아침에, 의도적으로 바뀐 것이 아니라 르네상스의 시대적 변화가 자연스럽게 건축에 녹아들었다고 보아야 할 것이다.

# 거듭된 변화

15세기부터 본격적으로 시작된 르네상스 건축은 변화에 변화를 거듭한다. 기간은 고딕 시대보다 훨씬 짧았지만, 약 200년에 걸친 르네상스는 더 자유롭고 화려한 건축을 탄생시켰고, 근대로 가는 큰 변환점이었다. 르네상스 건축의 시대 구분은 다음과 같다.

### ◆ 초기 르네상스(1400~1500)

초기 르네상스는 콰트로첸토Quattrocento라 불리기도 한다. 이탈리아어로 400을 뜻하고 1400년을 뜻하는 'millequattrocento'에서 유래된 말로, 1400년대, 15세기의 르네상스를 말한다. 르네상스의 조짐은 훨씬 전부터 있었지만, 건축에서의 변화는 이때부터 시작됐다고 보는 것이 일반적이다. 그 첫 사례로 1418년 필리포 브루넬레스키Filippo Brunelleschi(1377~1446)가 피렌체 대성당의 돔Dome of Florence Cathedral 설계 공모전에 당선된 사건을 꼽

a. 피렌체 대성당
b. 브루넬리스키가 설계한 산토 스피리토 성당(Basilica di Santo Spirito, 1444~1487)

⋯ 초기 르네상스 건축의 대표적인 사례

는다. 브루넬레스키는 그 이전부터 고대 로마의 건축에 심취되어 많은 영향을 받았고, 그의 설계는 다시 르네상스 건축 전체에 영향을 끼쳤다. 초기 르네상스 시대에는 이렇게 고전 시대의 건축요소들이 설계에 반영됐고 건물의 파사드에 기하학적 비례 관계를 녹여 넣기 시작했다.

### ◆ 하이 르네상스(High Renaissance, 1500~1525)

이때는 르네상스 건축이 무르익은 시기로, 르네상스 건축요소들이 독일, 프랑스, 스위스 등으로 빠르게 전파되면서 고전 건축의 모티브들이 더 적극적으로 사용된다. 건축가들은 고대 로마 건축의 여러 요소를 더 깊게 분석하고 재해석했으며, 이탈리아 외의 다른 나라에선 그들만의 양식을 가미하게 된다. 결과적으로 일률적인 형태나 틀에서 벗어난 창의적 건물들이 나타난다. 도나토 브라만테Donato Bramante, 또는 Bramante Lazzari(1444~1514)

a. 산 피에트로 성당
b. 로마의 베스타 신전 유적

… 하이 르네상스 건축의 대표적인 사례

의 산 피에트로 성당San Pietro in Montorio(이탈리아, 1503)이 하이 고딕의 시작이라고 평가되는데, 브라만테는 로마의 베스타 신전Temple of Vesta*에서 영감을 얻었다고 알려진다. 로마네스크 건축을 공부하고 로마에 뿌리를 내렸던 그에게 고대 로마의 건축은 큰 영감을 주었다.

### ♦ 매너리즘 시대(Mannerism, 1520~1600)

이 시대는 바로크 시대로 넘어가기 전, 르네상스의 마지막 단계다. 그런데 이 시대를 '매너리즘'이라 부르는 이유에 대해서는 상반된 의견이 있다. 현대를 사는 우리에게 '매너리즘'이란 말은 '항상 틀에 박힌 일정한 방식이나 태도를 취함으로써 신선미와 독창성을 잃는 일', 또는 '타성' 등과 같이 부정적인 의미로 인식된다. 따라서 르네상스 양식이 진부하게 흘러

a. 미켈란젤로의 라우렌치안 도서관
b. 캄피돌리오 광장

… 매너리즘 시대의 대표적인 건축 사례

---

\* 베스타Vesta는 화로와 신성한 불, 가정, 가족을 관장하는 고대 로마의 여신으로, 그에게 바쳐진 신전은 모두 원형 평면으로 되어있다.

가던 중에 종종 과장되고 왜곡된 형태가 등장했다는 것이 한 편의 설명이다. 다른 의견은, 이 단어가 영어의 'style' 또는 'manner'를 뜻하는 이탈리아어 'maniera'에서 유래했고, 그래서 르네상스의 기본적인 방식이나 형식은 계승하되, 자신만의 스타일에 따라 작품을 만드는 것이 유행처럼 번졌다는 설명이다. 두 가지 설명 모두 기본적인 방식을 유지하면서 개성 있는 형태가 등장했다는 점에선 공통적이다.

어쨌든 르네상스는 더 창의적이고 개성이 넘치는 방향으로 발전한다. 매너리즘은 확실한 바로크 양식이 나타나기 전까지의 모든 형태를 포함하며, 매너리즘이 있었기에 바로크가 탄생했다고 할 수 있다. 천지창조를 그린 미켈란젤로Michelangelo(1475~1564)가 대표적인 건축가로, 그의 라우렌치안 도서관Laurentian Library(1534~1571)과 캄피돌리오 광장Piazza del Campidoglio(1537) 등이 매너리즘 시대의 것이자 바로크 시대를 연 작품으로 알려진다.

# 르네상스 건축의 특징

르네상스 건축을 보면 고딕 건물에서처럼 "저 건물은 누가 봐도 르네상스 양식이야"라고 말하기가 어렵다. 비슷한 것 같기도 하고, 아닌 것 같기도 하다. 그만큼 다양성이 녹아있다. 그래도 모든 예술이나 학문에 유행이 있는 것처럼, 르네상스 건축에도 공통적인 특징이 존재한다. 그 특징들을 살펴보면 다음과 같다.

## ◆ 대칭성

건물을 설계할 때는 어느 방향에서 보는가에 따라 '축axis'을 정하고 그 축에 따라 평면과 입면을 발전시켜 간다. 르네상스 건축에서는 기본적으로 이 축을 기준으로 한 '대칭성symmetry'을 중요시했으며, 대칭성의 대상에는 평면과 입면이 모두 포함된다. 대표적인 예로 이탈리아 비테르보에 있는 파르네세 가문의 별장, 빌라 파르네세Villa Farnese(1515~1530)를 들 수 있다. 오각형 평면으로 된 이 건물은 정중앙 중심축을 기준으로 평면과 입면

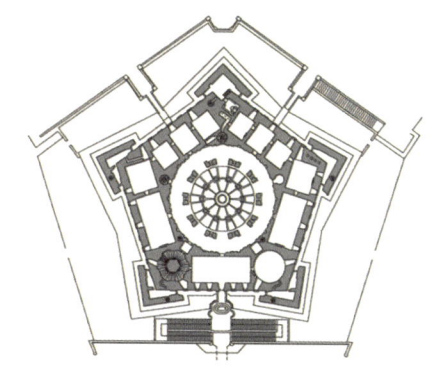

··· 빌라 파르네세의 파사드와 평면

이 정확하게 대칭을 이루고 있으며 오각형의 어느 방향에서 보든지 모든 입면이 대칭으로 되어있다.

### ♦ 비례에 따른 형태와 황금비의 적용

르네상스 건축가들은 건물을 설계할 때 황금비<sub>golden ratio</sub>와 같은 수학적 비례 관계를 매우 중요시했고, 이 비례 관계를 건물의 입면은 물론 평면과 단면에도 적용하려 했다. 고딕 건축의 입면과 같이 좁고 높은, 또는 평면의 좁고 긴 비례 관계는 더 이상 찾아볼 수 없게 됐다. 피렌체에 있는 산

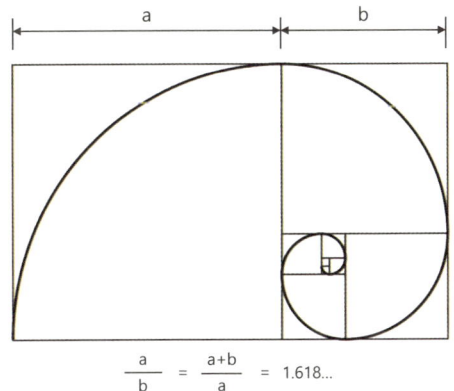

$$\frac{a}{b} = \frac{a+b}{a} = 1.618...$$

··· 황금비

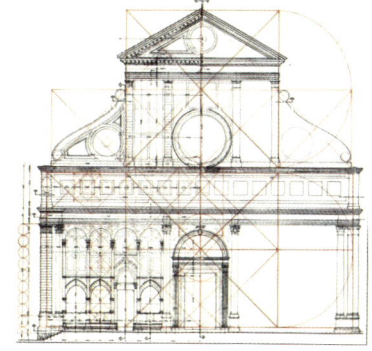

··· 산타 마리아 노벨라 성당의 파사드와 비례 관계에 대한 분석

··· (좌)산 마르코 광장과 (우)마르차나 도서관(Library Marciana, 1537~1588)

타 마리아 노벨라 성당Santa Maria Novella(1279~14세기)이 좋은 예로, 이 성당의 파사드에는 가장 안정적이고 아름답다고 하는 황금비가 적용되었고 크고 작은 요소들이 정확한 비례에 의해 설계되어 있다.

## ♦ 리듬

음악 용어로 많이 쓰이는 '리듬rhythm'은 사전적으로 "음의 장단이나 강약 따위가 반복될 때의 그 규칙적인 음의 흐름" 또는 "일정한 규칙에 따라 반복되는 움직임을 이르는 말"이라 정의된다. 건축에서도 반복적인 패턴은 심심치 않게 사용됐지만, 가장 두드러지기 시작한 것이 르네상스부터다. 특히 이 시대에 만들어진 광장과 그 주변에 길게 선 건물에서 이런 리듬을 쉽게 발견할 수 있다.

## ♦ 고대 그리스와 로마의 건축요소

르네상스 건축은 그 태생이 고대 로마의 본거지인 이탈리아이고, 로마

··· 성 베드로 성당(Saint Peters Basilica, 바티칸, 1506~1626)

는 고대 그리스로부터 많은 영향을 받았으니 르네상스 건축에 옛 시대의 건축요소가 적용된 것은 자연스러운 결과다. 고딕의 포인티드 아치에서 다시 돌아온 라운드 아치, 건물 파사드의 페디먼트, 기둥의 형태와 오더, 최상층 난간에 놓인 조각들까지 고전 시대의 냄새가 물씬 풍긴다. 기둥의 캐피탈은 도릭, 이오닉, 코린티안 등으로 돌아가 고딕의 흔적이 순식간에 사라져 버렸다. 르네상스의 개념에서 '고대 그리스와 로마 문명의 재발견'을 따진다면 아마 건축에서 그 근거를 가장 명확하게 찾을 수 있을 것 같다.

♦ 다양성

한편, 이 시대에는 스타일과 창의성이 강조되는 만큼 건축양식에서도 시간의 흐름에 따라, 나라별, 지역별 그리고 개별 건축물별 다양한 특색을

a. 샹보르 성(Château de Chambord, 프랑스, 1519~17세기)
b. 버글리 하우스(Burghley House, 영국, 1555~1587)[*]
c. 엘에스코리알(El Escorial, 스페인 마드리드, 1563~1584)
d. 아우크스부르크 시청(Augsburg Town Hall, 독일, 1615~1624)[†]

… 이탈리아 외 다른 나라의 르네상스 건축 사례

발견할 수 있다. 또 르네상스의 종주국인 이탈리아 외에도 유럽의 다른 국가들로 넘어가면 서로 비슷한 듯하면서도 개성이 넘치는 르네상스 건축을 많이 찾아볼 수 있다.

---

[*] 엘리자베스 여왕(재위 1558-1603)의 수석 고문이었던 제1대 버글리 남작William Cecil의 저택으로 엘리자베스 여왕 시대의 르네상스 양식으로 지어져 엘리자베스 양식이라고도 한다.

[†] 스페인 군주의 거주지로 수도원, 바실리카, 왕궁, 판테온, 도서관, 대학, 학교, 병원 등의 역할을 했다.

이상의 특징들을 다시 한번 들여다보면 또 다른 특징을 발견할 수 있다. 다른 시대와 차별되는 구조, 즉 고대의 볼륨, 고딕의 높이 등을 만들어낸 새로운 기술적 요소를 찾아보기 어렵다는 점이다. 대형 건축물이라 해도 고딕 시대의 성당보다 규모나 높이에 있어 오히려 작아졌고, 피렌체 대성당의 돔을 제외하면 특별히 르네상스가 남겼다 할 만한 신기술이 보이지 않는다. 건축재료도 벽돌이나 석재를 사용해 새로운 발전이 없었다. 건축 설계 분야에선 이 시대에 투시도 개념이 탄생했고 황금비 등의 비례 개념이 적용됐다 해서 큰 이정표로 삼지만, 그것이 건물의 볼륨과 규모를 좌우하는 요소는 되지 못했다.

종합하면, 르네상스 건축의 특징들은 대부분 건축의 형태와 관련이 있으며, 뒤를 잇는 건축양식에서도 크게 다르지 않다. 심지어 바로크나 로코코는 장식이라는 더 디테일한 요소에서 특징을 찾는다. 건축사 관점에선 중요하겠지만, 이 책이 전하려는 메시지와는 점점 멀어지는 특징들이다. 따라서 뒤에 나오는 건축양식의 특징은 더 간단한 형식으로 설명하기로 한다.

# 일그러진 진주, 바로크 건축

## 반종교개혁의 산물

바로크Baroque는 1600년 전후로 시작해서 1750년경까지, 그러니까 17세기부터 18세기에 걸쳐 유럽을 풍미했던 예술사조다. 르네상스의 매너리즘 시대가 막 마무리되던 시점이다.

많이 알려졌다시피, 바로크의 어원은 포르투갈어 'pérola barroca' 즉, '흠집이 있는 진주' 또는 '일그러진 진주'라는 말에서 왔고 이것이 프랑스어로, 다시 영어로 굳어진 표현이다. 매끄럽고 아름다워야 하는 진주를 흠이 있고 일그러졌다고 했다면, 애초에 '바로크'가 호감의 표현이 아니었음을 알 수 있다.

바로크라는 장르를 콕 짚어 이야기한 것은 아니지만, 이 표현이 알려진 것은 16세기 프랑스 철학자 미셸 드 몽테뉴Michel de Montaigne(1533~1592)가 프랑스어 'barroco'를 '기괴하고 쓸데없이 복잡한'이라는 뜻으로 사용한 데서부터다. 이어 바로크 시대가 끝나갈 무렵인 1733년, 한 잡지사가 프랑스 작곡가 장필리프 라모Jean-Philippe Rameau(1683~1764)의 오페라 〈이폴리트와 아리시Hippolyte et Aricie〉를 "선율이 부족하고, 불협화음이 심하며, 조성과 박자가 끊임없이 바뀌고, 모든 작곡 기법을 동원한... 바로크적 작품"이라고 비평했고, 이로부터 '바로크'는 이런 특징을 가진 예술 작품들을 이르는 말로 사용되기 시작했다.

이런 조롱 섞인 의미는 19세기 중반까지 계속 사용되었지만, 19세기 후반부터는 그 의미가 단지 이 시대의 예술 사조를 이르는 말로 정착되면서, 독자적인 양식으로서의 가치를 인정받게 됐다.

사실 '바로크'하면, 많은 사람에게 건축보다 '바로크 음악'이 더 익숙할 것 같다. 바로크 음악의 대표 음악가이자 '음악의 아버지'라 불리는 바흐 Johann Sebastian Bach(1685~1750)가 이 시대 사람이고, 바로크 시대의 끝을 1750년으로 보는 것도 바흐가 그해에 세상을 떠났기 때문이다.

단어의 의미가 좋든 나쁘든 '바로크'스러운 변화가 시작된 계기에는 종교개혁이 관련되어 있다. 그런데, 재미있게도 음악과 다른 예술 분야의 상황은 아주 대조적으로 나타난다.

먼저 음악의 경우를 보자. 종교개혁 이후 개신교는 이전에 화려했던 미술과 장식, 건축 등을 거부하고, 검소하고 단순한 외관과 인테리어를 지향했다. 그러다 보니 신도들에게 성서의 내용을 가르치고 숭고한 분위기를 전달할 만한 모든 것이 사라지게 됐다. 당황스러운 일이었다. 그래서 이런 것을 대체할 만한 무엇인가를 찾다가, 그 빈 곳을 채우게 된 것이 바로 음악이었다. 그 결과, 화성을 강조하는 새로운 스타일과 성가곡뿐만 아니라 오페라, 칸타타, 소나타, 협주곡 등 이전에 없었던 음악 형식이 탄생했다.

반면, 미술과 건축계의 상황은 달랐다. 중요한 후원자였던 교회와 성당 중, 개신교 교회가 발을 끊어버린 것이다. 그런데 여기서 반전이 생긴다. 종교개혁이라는 타격에서 돌파구를 찾던 가톨릭에서 '반종교개혁Counter-Reformation 또는 Catholic Reformation'이 일어나면서 가톨릭교회는 바로크 스타일의 예술을 통해 신도들에게 종교적인 메시지를 전달하길 원했고, 동시에 가톨릭의 권위 회복을 기대했다. 특히 고전 시대의 조각과 예술을 재현하는 것이 신도들의 주의와 관심을 끄는 데 효과적일 것으로 판단한 가톨릭

교회는 바로크 예술가들의 든든한 후원자가 되었다.

건축에서도 새로운 형태, 빛과 그림자, 그리고 드라마틱한 강렬함으로 시선을 끄는 그런 건축이 나타났다. 그 시작을 알린 것이 로마의 제수 교회Church of the Gesù(1568~1580)다. 높이 75미터, 폭 35미터의 이 건물은 얼핏 르네상스 시대의 산타 마리아 노벨라 성당과 닮아 보이지만, 파사드에 뚜렷하게 드러나는 음영과 특히 내부 천장의 그림이 환상적이다.

이렇게 로마에서 시작된 바로크 건축은 이탈리아 전역과 프랑스, 스페인, 포르투갈로 빠르게 전파되었고, 이후 오스트리아, 남부 독일, 폴란드, 러시아로 이어졌다.

약 150년으로 짧은 기간이지만 바로크 건축에도 시대 구분이 있다. 즉, 1590년에서 1625년까지를 르네상스 매너리즘에서 바로크 양식으로 전환되는 초기 바로크Early Baroque, 정교함과 역동성, 웅장함과 화려함이 무르익은 1625년부터 1675년경까지를 하이 바로크High Baroque, 그리고 일부 로코코 양식으로 변화해가는 1675년부터 바로크 시대 끝까지를 후기 바로크 시대로 구분한다. 또는 바로크 건축의 시대 변화를 이탈리아 로마 중심에서 이탈리아 전역과 프랑스 등의 인근 국가로 퍼져 나간 후, 후기에 가서 전 유럽에 유행이 되는 과정으로 설명하기도 한다. 그러나 문헌을 찾아봐도 구체적으로 어떤 변화가 있었기에 이렇게 단계가 구분되는지는 알기가 어렵고, 시대별 대표적인 건축가가 제시되어 있는 정도다.

··· 제수 교회의 파사드와 내부 천장의 그림

a. 세인트 폴 대성당(St Paul's Cathedral, 영국, 1675-1710)
b. 츠빙거 궁전 (Zwinger Palace, 독일, 1709~1732)
c. 베르사유 궁전(The Palace of Versailles, 프랑스, 1661-1774)
d. 마드리드 왕궁(Royal Palace of Madrid, 스페인, 1738~1755)

··· 이탈리아 밖의 대표적인 바로크 건축

바로크적 변화의 중심에 반종교개혁이 있었던 만큼, 바로크 시대의 교회, 특히 가톨릭교회는 웅장함과 장엄함, 역동적이고 드라마틱한 디자인, 시각적 풍요로움, 화려하면서도 감성적인 디테일, 그리고 다양성 등으로 그들이 추구하는 바를 얻으려 했다. 그러나 이런 특징들은 기둥, 아치, 돔 등의 건축요소나 구조적인 시스템에서 변화가 생긴 것이 아니고, 건축 자체만으로 이루어진 것도 아니며, 회화와 조각이 함께 어우러져 만든 것이다.

예를 들어 보자. 바로크 교회 앞에 서면, 파사드는 페디먼트나 컬럼, 코니스 등과 같이 고전적인 요소를 많이 가지고 있으면서 르네상스 시대보다 더 입체적이고 조각과 장식의 디테일이 돋보인다. 정문 위에 올려진 카르투슈cartouche * 정도가 새로운 요소로, 여기에는 다양한 형태의 조각이 필수적으로 따라다닌다.

교회 안으로 들어섰을 때 느끼는 웅장함과 장엄함은 높은 천장과 돔, 특히 거기에 그려진 성화에서 느낄 수 있다. 바로크

··· 제수 교회 출입구 위에 올려진 카르투슈

---

* 카르투슈는 주로 타원형이나 장방형으로 된 장식용 표식으로, 표면이 약간 볼록하며 가장자리가 장식으로 둘러싸여 있다. 문 위나 기둥을 장식하는 데에도 사용됐다.

(좌) 바로크의 대표 화가 피에트로 다 코르토나(Pietro da Cortona, 1596~1669)의 <신의 섭리와 바르
    베리니의 힘에 대한 우화(Allegory of Divine Providence and Barberini Power, 1633~1642, 이
    탈리아 바르베르니 미술관(궁전))> - 콰드라투라 기법의 전형을 보여주는 천장화

(우) 안드레아 만테냐(Andrea Mantegna)가 만투아 공작궁(Ducal Palace)의 카메라 델리 스포시
    에 그린 천장화(Camera degli Sposi, 신부의 방, 1465~1474) - '트롱프 뢰유' 기법의 전형을 보
    여주는 천장화

… 콰드라투라와 트롱프 뢰유 기법의 적용

시대에 성화를 그리는 대표적인 기법으로 '콰드라투라Quadratura'와 '트롱프
뢰유trompe lœil'가 있는데, '콰드라투라'는 건축적 환상을 통해 벽을 '열어
놓는' 것을 의미하는데, 그림으로 가득 메워진 천장이 마치 뻥 뚫려 천국
의 모습이 그대로 느껴지는 천장화를 말한다.[†] '트롱프 뢰유'는 실제의 것
으로 착각할 정도로 세밀하게 묘사한 그림을 뜻한다.

　여기에 원근법이 더해져 교회의 천장이 더 이상 구조물이 아니라 그대
로 천상의 세계가 되고, 그림 수위의 프레임에 음영을 넣이 인물들이 실제
로 튀어나오는 듯한 느낌을 준다. 이 모든 것들은 개신교와 대비해 가톨릭
교회가 의도하는 것 그대로였다.

---

[†] 주로 회화로 장식된 장식 천장을 프랑스어로 '플라퐁plafond'이라고 한다. 17세기부터 19세기 초까
　　지 교회나 저택의 접견실에 장식요소로 널리 사용되었고, 미술 분야에서 많이 사용되는 용어다.

… 바로크 시대 스타코 조각 장식(좌)과 후기 바로크 양식으로 지어진 표트르 대제 겨울 궁전 (1711~1753)의 금박 장식과 몰딩(우)

　　궁전이나 귀족의 저택, 공공건물 등에선 바로크식 장식이 유행했다. 특히 장식의 변화가 뚜렷한데, 기둥과 벽을 둘러싼 몰딩과 장식의 화려함이 극에 달하고 디테일은 너무나 세밀했다. 거기에 빛과 그림자의 대비를 통해 장식의 깊이감, 표면의 질감, 강렬하거나 몽환적 분위기를 더 고조시켰다.[*] 과거처럼 건축재료를 그대로 드러내는 것이 아니라 언제나 페인팅이나 색을 입혔고, 스터코stucco[†] 마감 또는 장식 문양을 만들어 넣었다.

　　페인팅은 사람들을 교묘하게 속이는 재료로도 사용됐다. 바로크 교회 안에 늘어선 기둥 중에는 값비싼 대리석으로 만든 것처럼 보이는 것들이 있는데, 사실은 나무로 만들고 대리석처럼 보이도록 페인팅을 한 것들이다. 금과 은도 마찬가지다. 진짜 금으로 만든 것 같은 금색 페인팅과 금박

---

[*]　이렇게 빛과 그림자의 대비를 통해 형태의 깊이감과 사실적 표현력을 높여주는 기법을 '키아로스쿠로chiaroscuro'라 하는데, 특히 회화 부문에서 바로크를 대표하는 기법이다.

[†]　스터코는 소석회(석고)를 주재료로 대리석 가루, 점토분 등을 섞고 물로 반죽해 미장 재료나 각종 장식을 만드는 재료다. 특히 복잡한 부조나 조각, 장식을 만들 때 돌보다 가공이 쉽고 세밀한 표현이 가능해 바로크 시대부터 장식용 재료로 많이 사용됐다.

a. 산탄드레아 성당(Sant'Andrea in Via Flaminia, 1550~1554)
b. 레덴토레 교회(Chiesa del Redentore, 1577~1592)
c. 성 안드레아 교회(Sant'Andrea al Quirinale, 1658~1670)
d. 산 로렌조 왕립 교회(San Lorenzo, Turin, 1634~1680)

··· 이탈리아 바로크 교회의 다양한 평면 사례

은 바로크 장식의 화려함과 호화스러움을 극대화했다.

교회건축에서 건축적인 특성만 똑 떼어 보자면, 자유로운 평면과 돔의 재등장이 대표적이다. 전통적인 라틴 크로스의 평면 형식이 깨지고, 바로크 양식이 이탈리아 밖으로 퍼져 가면서 평면의 형태는 더욱 자유로워진다. 르네상스 때부터 되살아난 돔은 바로크 시대에 와서 하늘과 땅의 연결을 의미하는 상징적인 구조물이 됐고, 특히 성화가 그려지는 캔버스 역할을 했다. 종종 돔과 같은 의미로 사용되는 '큐폴라cupola'가 눈에 띄는데, 이 것은 돔보다는 규모가 작고 윗부분이 원형, 정사각형, 팔각형 등으로 된 구조물로, 큰 지붕 위나 돔 위에 올렸다. 용도는 돔과 같이 랜턴 또는 환기 를 위한 공기 유입 통로였거나 종탑이나 망루로 사용되기도 했다.

a. 2번 Presentation Chapel Dome        b. 10번 Pieta Chapel Dome

⋯ 성 베드로 대성당 돔의 내부 정경(이 성당에는 총 10개의 돔이 있다)

a. 샤를로텐부르크 성(Schloss Charlottenburg, 독일, 1695~1713) 중앙에 세워진 큐폴라
b. 카타니아 대성당(Saint Agatha Cathedral, 이탈리아, 1711~1802) 돔 위의 큐폴라

⋯ 바로크 건축의 큐폴라

# 짧지만 화려했던 로코코 건축

## 바로크와 로코코의 차이

'바로크' 하면, 바로 뒤따라 나오는 것이 '로코코Rococo'다. 왠지 어감도 비슷하고 두 단어가 잘 어울린다. 실제로 건축에 있어 로코코 양식을 후기 바로크와 같은 개념으로 보기도 하는데, 둘의 어원은 전혀 다르다.

'로코코'란 용어는 프랑스의 화가이자 신고전주의 학파였던 피에르 모리스 케Pierre-Maurice Quays(1777~1803)가 1797년경 자기 취향에 맞지 않는 옛 스타일을 '로카이유rocaille'란 표현으로 익살스럽게 비꼬아 쓴 데서 시작됐다. '로카이유'란 프랑스어로 자갈이나 조약돌, 또는 '정원의 장식물에 조개껍질 따위와 함께 쓰이는 인조석', '인조석 정원 장식' 등을 뜻하며, '로카이유 양식'이라고 하면 '조개껍데기, 자갈, 꽃, 덩굴, 잎사귀 등 자연적인 요소들과 곡선, 반곡선, 물결무늬 등 구불구불한 곡선이 정교하게 어우러진 장식'을 말한다. 여기까지는 후대가 본 긍정적인 모습이지만, 피에르 모리스가 보기엔 로코코 양식에 불필요한 장식이 과하다는 의미였던 것 같다.

어쨌든 이러한 어원과 설명, 그리고 종종 후기 바로크와 동일시된다는 점에서 대략 로코코 양식의 특징을 짐작할 수 있다. 즉, 로코코와 바로크는 둘 다 화려한 장식을 바탕으로 하는데, 바로크가 뭔가 기하학적이고 정형화된 형태에 머물렀다면, 로코코는 좀 더 가볍고 우아하며, 곡선의 자연 형태를 과장되게 사용한다는 점에서 차이가 난다.

왜 갑자기 이런 변화가 생겼을까? 다른 건축 양식들은 대부분 종교적인 배경을 가지고 있지만, 로코코는 루이 15세Louis XV(1710~1774)가 열쇠를 쥐고 있다. 그는 할아버지 루이 14세Louis XIV(1638~1715)의 뒤를 이어 왕위에 올랐다. 루이 14세는 '대왕the Great'이라는 칭호를 받을 만큼 프랑스의 개혁과 영광을 위해 힘썼던 인물로, 그만큼 권위를 중시하고 엄격했으며 신앙심도 깊었다. 그런가 하면, 위대한 지도자가 되겠다는 열망이 강하고 개인의 영광에 집착해서 사치스러운 궁정의식과 많은 전쟁을 치렀으며, 그 결과 나라의 재정을 허약하게 만들었다는 평가도 받는다.

어린 나이에 왕이 됐던 루이 15세는 할아버지가 선호했던 바로크의 웅장함과 형식주의를 탐탁지 않게 여겼던 데다, 8년간의 섭정은 그에게 큰 억압감을 주었다. 그는 느긋한 성격에 격식을 싫어했고, 할아버지만큼이나 사치를 좋아했으며, 게다가 여성 편력이 대단했다. 그러니 섭정에서 벗어난 루이 15세는 국정은 뒷전으로 미루고 자신이 가진 것을 마음껏 누리고자 했다. 이를 위해서는 그의 감성과 사치, 사랑을 만족시켜 줄 화려한 장식과 건축이 필요했다. 그가 재위 기간에 원했던 바가 그대로 반영된 것이 로코코 양식이고, 건축은 물론, 회화나 음악 등 예술 분야에 변화를 가져왔으며 영국을 제외한 유럽 대부분의 지역에서 큰 인기를 얻었다.

하지만 건축사에서 이야기하는 로코코 건축의 시대는 루이 15세가 왕위에 있었던 1715년부터 1774년까지, 또는 루이 15세가 불과 5살에 왕위에 올랐으므로, 그가 왕다운 역할을 하기 시작한 1720년부터 1770년대까지로 매우 짧다.

# 로코코 건축의 특징

로코코 시대의 건축가들은 바로크의 기본적인 틀에 기발한 곡선, 비대칭적인 형태, 그리고 밝은 색상을 더하여 더욱 역동적이고 매력적인 디자인을 만들어냈으며, 주로 장식에 집중했다. 핵심적인 특징은 아래와 같다.

·곡선의 장식: 로코코 양식에서 가장 눈에 띄는 것은 곡선으로 된 장식이다. 아래위로 굽은 곡선, 나선형이나 물결무늬가 가득한 장식은 실내 장식이든 가구든 가릴 것 없이 다양한 곳에 사용됐고, 회화나 조각에서도 자주 등장한다.

·자연 요소를 이용한 장식: 이 장식에는 종종 조개*, 꽃, 나뭇잎, 과일, 새와 같은 자연 형태가 가미되어 화려함을 더해준다.

·금박이나 화려한 재료의 사용: 로코코 장식에서 금박을 빼놓을 순 없다. 다른 시대에도 금은 부를 상징했지만, 로코코 시대의 궁정이나 저택에서는 그 수준이 달랐다.

·다양한 색채의 사용: 건물 내부에 연두색, 핑크색, 장미색, 크림색, 진주색, 옅은 푸른색 등 파스텔 계열의 다양한 색을 사용해 실내 분위기를 바꿔놓았다.

·디테일: 장식들이나 건축요소들은 과도할 정도로 디테일했으며 모든 공간을 조각과 장식, 프레스코로 섬세하게 채워 넣었다.

---

* 의외로 조개는 고전 시대부터 건축 장식으로 많이 사용되던 재료다. 특히 유럽에서는 르네상스 시대부터 정원 등에 있는 그로토Grotto(원래 동굴을 의미하는 단어이나, 건축에서는 인공적으로 동굴처럼 또는 움푹 들어가게 만든 공간을 뜻한다. 여기에 조각상이나 분수 등을 설치했다)나 실내 장식의 재료로 사용됐고, 바로크, 로코코 시대에는 조개를 본뜬 장식과 문양으로 실내 장식을 했다.

··· 로코코 양식의 장식 문양

··· 로코코 양식의 실내 장식

··· 팔콘의 집(Haus zum Falken, 독일, 1751) 파사드의 스터코 장식

·**비대칭적인 디자인**: 로코코 양식에 사용된 장식들은 전체적인 균형을 유지하면서도 종종 비대칭의 모습을 보인다.

·**복합적인 화려함**: 로코코 건물의 아름다움은 디테일한 장식과 화려한 색채, 웅장한 계단, 천사들로 장식된 천장화 등 여러 가지 예술적 요소들이 복합적으로 동원되어 만들어진다.

·**절정의 스터코와 트롱프 뢰유 기법**: 바로크 건축에 애용되었던 스터코와 트롱프 뢰유 기법이 절정에 달한다. 정교하고 실감 나는 장식과 깊이감과 원근감을 표현한 미술 작품에서 이 기법들이 더욱 빛을 낸다.

그러면 로코코 양식의 평면계획이나 구조에는 어떤 변화가 있었을까? 평면에는 비대칭적인 레이아웃과 커다란 계단, 그리고 중앙 홀이 눈에 띄는데, 이런 점들은 바로크와 크게 다르지 않다. 입면의 경우, 일부 장식이 더해졌을 뿐 기본적인 형태는 그대로이며, 변화라면 전체적으로 현대적인 느낌이 드는 정도다. 규모가 획기적으로 달라진 건축물도 보이지 않는다. 즉, 로코코는 화려한 방향으로 진화했을지는 몰라도 대부분 인테리어나 장식에 몰두한, 프랑스를 중심으로 반짝했던 양식이라 평가되며, 건축사에서의 중요도도 다른 시대보다 크지 않았다. 다만, 왕족과 귀족들의 화려한 생활에 대한 볼거리로는 확실한 인상을 남기고 있다.

··· 로코코 건축의 대표적인 사례

독일 님펜부르크 궁전 공원(Nymphenburg Palace Park) 내의 사냥별장(1734~1739)의 파사드와
인테리어

호텔 드 수비즈(Hôtel de Soubise, 프랑스, 1735~1740)의 파사드(바로크)와 인테리어

켈루스 궁(Palace of Queluz, 포르투갈, 1747~1755)의 파사드(바로크)와 인테리어

# 다양한 건축양식의 출현

## 고전으로 회귀한 신고전주의 건축

바로크와 로코코를 거치며 한껏 화려해졌던 건물들은 또다시 변화의 시기를 맞이하게 된다. 그리고 그 변화는 변화무쌍하게 전개된다. 가장 먼저 변화를 알린 것은 다시 한번 고전 시대로 돌아가자는 '신고전주의, 네오클래시시즘Neoclassism'이었다. 이런 변화는 건축에만 국한되지 않고 회화나 조각 등 여러 예술 분야에서 동시에 일어났으며, 후기 바로크 또는 로코코 양식이 거의 힘을 잃어가던 18세기 중반부터 19세기 초중반까지 계속됐다. 단, 그렇다고 해서 이 시점에 완전히 막을 내린 것은 아니고, 20세기에 들어서까지도 이와 유사한 양식을 종종 찾아볼 수 있다.

그 신호탄은 1758년 영국 우스터셔Worcestershire에 있는 해글리 공원Hagley Park에 제임스 스튜어트James Stuart(1713~1788)가 고대 그리스 신전을 그대로 카피해 놓은 건축물이었다. 이는 그동안 온갖 장식에 몰두하던 건축을 완전히 되돌린 작품이었다. 그가 얼마나 고대 그리스 양식에 몰두했던지 그의 별명이 '아테네인Athenian'이었을 정도다. 영국의 로버트 아담Robert Adam(1728~1792)도 신고전주의의 선구자였던 건축가로 일러져 있다. 로마에서 건축공부를 한 덕분인지 그의 작품은 뭔가 현대적이면서도 누가 봐도 고전 시대 건물과 닮아있다.

이후 신고전주의는 프랑스, 이탈리아, 스페인, 독일, 러시아 등 유럽 강대국들이 가장 선호하는 건축양식이 되었고, 절정에 다다랐던 19세기에

a. 제임스 스튜어트가 설계한 해글리 공원의 신전(1758)
b. 로버트 아담과 그의 형 존 아담(John Adam, 1721~1792)이 설계한 왕립예술협회(1744)

··· 초기 신고전주의 건축 사례

는 바다 건너 미국에서도 대표적인 건축양식으로 자리 잡았다. 우리가 TV
나 영화에서 많이 보았던 미국의 국회의사당United States Capitol(1793~1800)도
신고전주의 건축양식으로 지어진 것이고, 이 건물은 이후 여러 미국 주정
부 청사의 모델이 되었다. 그런가 하면, 이 양식의 건축물이 우리나라에도
있다. 바로 덕수궁 석조전(1900~1910)이다.

이렇게 또다시 고전 건축을 찾게 된 데에는 계몽주의Enlightenment와 고고
학의 발전이 큰 영향을 미쳤다. 17세기, 18세기에 유럽에서 일어난 계몽
주의는 '인류의 무한한 진보를 위하여 이성의 힘으로 현존 질서를 타파
하고 사회를 개혁하려는 시대적인 사조'라고 정의된다. 어렵기도 하고 건
축과 무슨 관계가 있는지 모호하다. 다른 말로 풀이해 보면, 계몽주의는
'논리적, 이성적 사고를 바탕으로 과학적 탐구를 중요시하고, 이런 어렵
고 철학적인 지식을 대중에게 전달하려는 사상'쯤으로 정리할 수 있다.
이 과정에서 고전의 문학, 철학, 예술에 관한 관심이 되살아났고, 그것이

a. 프랑스 쁘띠 트리아농(Petit Trianon, 1762~1768)*
b. 미국 국회의사당(United States Capitol, 1793~1800)
c. 이탈리아 비토리오 에마누엘레 2세 기념비(Victor Emmanuel II Monument, 1885~1935)
d. 한국 덕수궁 석조전(1900~1910)

… 신고전주의 건축의 대표적인 사례

건축에 영향을 주었다고 해석하면 될 것 같다. 또 이러한 사상이 장식적
이고 감성적인 바로크나 로코코와는 맞을 리 없었고, 따라서 명확한 선,
기하학적 형태, 합리적인 구성을 가진 고전 건축으로 돌아가는 깃은 당연
한 결과였다.

---

\* 루이 15세가 자신의 정부 퐁바두르 부인을 위해 지은 것으로, 완공되기 전에 퐁바두르 부인이 사
망해 루이 15세의 또 다른 정부였던 뒤바리 부인이 사용했다. 1774년에는 루이 16세가 그의 왕비
마리 앙투아네트에게 이 궁전을 선물했다.

거기에 더해, 고대 그리스나 로마 건축의 발굴과 연구는 그 시대 건축에 대한 더 많은 정보를 생산해냈으며 그 지식이 널리 전파되고, 건축에 적용되는 것은 시간문제였다. 고고학의 발전이 가져다준 선물이었다.

앞서 예로 든 건축물들의 모습을 보면 신고전주의 건축의 형태가 어떤 것인지 바로 느낌이 온다. 유럽 여행을 가서 분명히 고대 그리스나 로마의 건축물만큼 오래된 것 같지 않은데, 그 시대의 것과 무척이나 닮아있다면 신고전주의 건축일 확률이 높다. 대표적인 특징은 다음과 같다.

·**단순한 기하학적 형태와 대칭과 비율을 중요시한 입면**: 건물의 입면은 튀어나온 장식이 없이 평평하고, 직선적이고 대칭이 뚜렷하며 전체적인 건축요소의 비율에 균형과 조화가 훌륭하다.

·**고전 건축에 사용됐던 디테일과 구조**: 도리아식이나 이오니아식 등 그리스와 로마의 기둥 양식이 적용됐고, 건물 파사드에 페디먼트와 프리즈를 배치했다.

·**장식이 없는 벽면**: 바로크나 로코코는 실내나 실외 할 것 없이 어딜 가나 장식이 따라다녔지만, 신고전주의에서는 고전적인 디테일은 있지만 깔끔한 벽으로 단순함과 절제된 느낌을 준다.

·**대규모 기념비적인 건축물**: 신고전주의 양식은 시대적으로 중요한 건물, 기념비적인 건물에서 많이 볼 수 있으며 그만큼 규모도 크고 웅장하다.

·**다시 돌아온 돔**: 돔은 로마 시대 이후에도 계속 사용된 구조지만, 신고전주의 건축에서 대형 돔은 가장 상징적인 특징 중 하나로 파사드에 바로 보이도록 배치했다. 미국 국회의사당의 중앙 돔이 좋은 예다.

·**대리석 또는 청동 조각상**: 고대 그리스와 로마 시대 건물 곳곳에 조각상이 있

었던 것처럼, 신고전주의 건물 내외부에서도 조각상을 발견할 수 있다.

· **격자형 천장:** 고대 로마에서 썼던 코퍼coffer(격자형 천장)가 다시 등장했다. 단, 신고전주의에서는 구조적인 목적이 아닌 나무로 만든 천장 장식품 이었다.

… 브란덴부르크 문과 청동상(Brandenburg Gate, 독일, 1788~1791)*

… 코펜하겐 성모 교회의 격자 천장(Church of Our Lady, 덴마크, 1817~1829)

---

\* 프로이센의 번영을 과시하기 위해 프리드리히 빌헬름 2세가 베를린의 새 랜드마크로 건설한 구조물로, '평화의 문Friendenstor'이라고도 불린다. 문 위에는 로마의 경주 마차를 모델로 한 청동상이 올려져 있다.

# 중세의 부활 신고딕 건축

유럽과 미국까지 내로라하는 건물에 신고전주의가 대세를 이루고 있을 때, 몇 가지 색다른 사조가 함께 등장한다. 신고딕 양식Neo-Gothic, 또는 Gothic Revival(1750~1850), 아르누보Art Nouveau(1890~1914)와 보자르 건축Beaux Arts (1895~1925)이 그것이다.

먼저 신고딕 양식은 18세기 중반부터 시작되어 19세기까지 주로 영국

a. 웨스트민스터 궁
b. 캐나다 팔러먼트 힐

··· 신고딕 건축의 대표적인 사례

을 중심으로 사용됐던 양식이다. 이후 약해지기는 했지만, 간간이 20세기 초까지도 영향을 미쳤다. 이름처럼 중세의 고딕을 부활시키자는 운동이었고, 여기에는 합리적이고 급진적이던 신고전주의를 보완하자는, 또는 아예 대체해 버리자는 분위기가 깔려 있었다. 또 종교적, 전통적 성향이 강했던 고딕과 잘 어울리는 군주주의, 보수주의에 어울리는 양식이어서 영국과 딱 맞아떨어졌다. 런던의 웨스트민스터 궁Palace of Westminster (1840~1876)*과 영국령 시절 지어진 캐나다 오타와의 팔러먼트 힐Parliament Hill(1859~1876)† 등이 좋은 예다. 수직선을 강조하는 입면과 돌과 벽돌을 사용한 구조, 포인티드 아치를 사용한 창문, 고딕 스타일의 장식 등 지어진 연도를 모르면 고딕 건물로 헷갈릴 정도다.

---

* 웨스트민스터 궁은 현재 영국의 국회의사당Parliament of the United Kingdom으로 사용되고 있다.
† 캐나다 수도 오타와에 있는 왕실 소유지로 현재는 캐나다 국회의사당으로 사용되고 있다.

# 자연과 곡선의 아르누보

아르누보의 '누보Nouveau'는 프랑스어로 '새롭다'는 뜻이다. 그러니까 '새로운 예술'을 지향한다는 의미인데, 신고전주의나 신고딕과 같은 전통적이고 역사적인 스타일에 대한 반발로 등장했다. 따라서 시작된 시기도 두 양식이 한창 잘 나가던 19세기 말에서 20세기 초까지다.

··· 초기 아르누보 양식의 대표 건물인 호텔 타셀(Hôtel Tassel, 벨기에, 1892~1893)의 전경과 실내 장식

··· 프랑스 초기 아르누보 작품, 파리의 지하철 입구(1900~1913)

아르누보의 시작은 영국의 '미술 공예 운동Arts and Crafts Movement'*이라고 알려지는데, 이것이 벨기에와 프랑스로 들어가 꽃을 피운 뒤, 유럽 전역으로 퍼졌다. '아르누보'라는 명칭은 벨기에의 저널 『L'Art Moderne』, 영어로는 'House of the New Art'가 처음 사용했고, 1895년 미술상 지그프리트 빙Siegfried Bing이 파리에 '메종 드 라르 누보Maison de l'Art Nouveau(새로운 미술의 집)'라는 이름의 미술관을 오픈하면서 대중화됐다. 그러나 영국이나 벨기에가 어떤 영향을 미쳤는지와는 별개로, 아르누보의 중심은 프랑스라고 보는 것이 일반적이다.

아르누보의 핵심은 식물과 꽃을 연상케 하는 유연한 곡선과 자연 형태를 모티브로 하고, 비대칭적이거나 역동적인 움직임을 여러 예술 분야와 건축에 적용하는 것이다. 여기에는 회화나 조각, 실내 디자인, 그래픽 아트, 가구, 유리 공예, 직물, 도자기, 보석, 금속 공예 등이 모두 포함된다. 거기에 시대적으로 산업혁명과 맞물려 철, 유리, 콘크리트와 같은 재료를 사용해 특이한 형태와 공간을 만들기도 했다. 하지만, 아르누보가 예술 전반에 특별한 영향을 미치기는 했어도 건축양식이라 하기에는 너무나 장식에 치우친 면이 없지 않다.

---

* 미술 공예 운동은 기계 사용이 늘어 가던 19세기 말, 영국에서 일어난 수공예의 중요성을 강조한 운동을 말한다.

# 프랑스 전통의 보자르 건축

보자르 건축은 한마디로 고대 그리스와 로마의 디자인 원리와 르네상스의 장엄함, 거기다 프랑스 바로크의 화려함을 결합한 건축양식이다. 대칭적인 건물 형태, 웅장한 계단, 화려한 외관, 커다란 아치와 높은 기둥, 정교한 디테일과 조각까지, 지금까지의 건축양식을 한데 모았고, 당시의 다른 예술 운동에도 영향을 받았다. 프랑스 전통에 뿌리를 두고 있음은 물론이다.

보자르 건축이란 이름은 프랑스 최초이자 세계 최초의 건축 교육기관이었던 에콜 데 보자르École des Beaux-Arts에서 가르친 건축양식, 또는 이 기관 출신들이 추구했던 건축양식이라는 데에서 유래했다. 이 기관은 원래 1648년 설립된 왕립회화조각학교Académie Royale de Peinture et de Sculpture에서 시작되었고, 1816년, 여기에 음악 아카데미Académie de Musique(1669년 설립)와 건축 아카데미Académie Royale d'Architecture(1671년 설립)가 합쳐져 1863년 나폴레옹 3세 때 에콜 데 보자르로 이름을 바꿨다. 그 후 이 기관에서 가르친 건축 교육 시스템이 유럽 전역으로 퍼져 나갔고, 미국에까지 건너가 영향을 미쳤다.

루이 14세부터 이 학교 출신의 건축가들이 국왕의 프로젝트에 참여했다고 하니 언제부터 언제까지를 보자르 건축의 시대라고 규정해야 할지는 좀 모호하다. 하지만 당시는 바로크나 로코코 시대였고, 정식 건축 교육기관으로는 1863년에 시작된 셈이니, 보자르 건축은 이때부터 본격적으로 시작돼서 문을 닫은 1968년까지 전통을 이어갔다고 보면 될 것 같다.

a. 오페라 가르니에 극장(Palais Garnier Opera House, 프랑스 파리, 1861~1875)
b. 보데 박물관(Bode Museum, 독일 베를린, 1898~1904)
c. 뉴욕 그랜드 센트럴 터미널(New York City's Grand Central Terminal, 미국 뉴욕, 1903~1913)

… 보자르 건축의 대표적인 사례

# 기술에서 장식으로 옮겨 간 건축

일반적으로 역사가들은 근대(近代)의 시작을 비잔틴제국이 멸망한 1453년부터로 본다. 영어로 표현하면 'Modern Period'인데 이 시대를 좀 더 세분화하면 산업혁명 이전까지의 '초기 근대' 또는 '근세(近世, early modern period)'와 그 후 18세기 후반부터 2차 세계대전이 끝난 1945년까지의 '후기 근대(late modern period)', 또는 '근세'와 대비되는 '근대'로 나누기도 한다. 여기서 '근세'와 '근대'는 우리나라식 표현이라고 하는데, 어쨌든 다소 헷갈리는 표현이다.

한편, 건축계에서 '근대 건축'이라고 하면, 역사적 구분 중 주로 '후기 근대'의 건축을 의미한다. 그러니까 모두 합쳐진 'Modern Period'의 개념에서 르네상스 이후의 건축을 '근대 건축'에 포함시킬 수 있지만, 건축사적 구분과는 맞지 않는다. 이렇게 보니 더 헷갈린다.

그래서 이 장에서는 혼돈을 피하고자, '근대 건축'이라는 용어 대신, 르네상스부터 산업혁명 무렵까지의 건축 양식들을 하나로 묶어서 설명했다.

어쨌든 르네상스 이후의 건축은 중세 건축과 다른 양상으로 전개된다. 종교 세력의 힘은 여전히 강했지만, 이제 왕실과 귀족, 그리고 부를 축적한 부호들이 건축의 주체가 된다. 그들에겐 고딕 성당에 있는 높은 첨탑이나 필요 이상으로 큰 돔과 넓은 홀이 필요치 않았다. 그들의 자랑은 부를 상징하는 장식이었다. 새로운 건축양식이 나와도 과거의 요소들을 따올 뿐, 크게 달라지는 것은 없었다. 산업혁명이 있기까지 건축기술의 발전은 오히려 소강상태였다.

산업혁명과
모더니즘

# 산업혁명이 연 새로운 건축의 시대

산업혁명*은 1760년경부터 1820년, 길게 보면 1840년경까지 영국에서 시작되어 프랑스, 독일 등 유럽과 러시아, 미국에까지 전파된 제조업, 광업, 교통 등 산업기술 전반에 걸친 대혁신과 이에 따른 사회, 경제 구조의 변혁을 말한다.

서양건축사를 이야기하다가 갑자기 산업혁명 이야기가 나오니까 뜬금없다는 느낌이 들 것도 같다. 시기적으로 보면, 로코코가 18세기 초반, 신고전주의와 신고딕이 18세기 중반, 아르누보와 보자르 건축이 19세기 후반에 시작되었으니까, 이들 사조는 산업혁명과 어느 정도 겹치거나 산업혁명 후반의 것으로 순서가 좀 얽혀있는 부분도 있다. 그럼에도 산업혁명을 뒤에 설명하는 것은 그만큼 이 혁명이 근대 건축과 모더니즘, 그리고 현대 건축에 중대한 영향을 끼쳤기 때문이다.

산업혁명의 의의는, 이 시기에 산업을 현대화로 이끈 여러 가지 발명이 동시다발적으로 탄생했고, 특히 3대 혁신으로 꼽히는 직물, 증기력, 제철 분야의 발전과 여기서 비롯된 파급효과가 연쇄적으로 세상을 바꾸어 놓았다는 데에 있다.

그렇다면 산업혁명과 건설, 건축 간에는 어떤 관계가 있을까? 결론부터 말하면, 산업혁명은 건설과 건축이 한 단계 다른 차원으로 도약하는 발

---

* 산업혁명The Industrial Revolution이란 용어는 영국의 경제사학자 아놀드 토인비Arnold Toynbee(1852-1883)가 1760년에서 1840년까지 영국의 경제 발전을 설명하기 위해 처음 사용했고, 이후 동시대의 기술적, 경제적 변화를 나타내는 말로 확립됐다.

··· (좌)과거의 방적기와 (우)제임스 하그리브스의 스피닝 제니(James Hargreaves, Spinning Jenny, 1764)

··· (좌)제임스 와트의 증기기관(James Watt, 1769)과 (우)새로운 제철 시스템, 베세머 전로 (Bessemer Converter, 1855)

판을 제공했다. 예를 들어, 증기기관은 각종 건축 자재를 생산하는 공장의 생산성을 증가시켰고, 증기기관을 탑재한 건설 중장비를 탄생시켰으며, 증기기관차＊로 철도 산업이 발전했다. 뿐만 아니라, 물류와 운송 산업이 활발해졌고 생산시설을 중심으로 도시가 생겨났으며 새로운 역사驛舍

---

＊ 철도 위를 달리는 최초의 기관차는 1804년 리차드 트레비식Richard Trevithick이 발명했고, 1812년에 영국의 엔지니어 매튜 머레이Matthew Murray(1765-1826)가 처음으로 '살라만카Salamanca'라는 상업용 기관차를 만들었다.

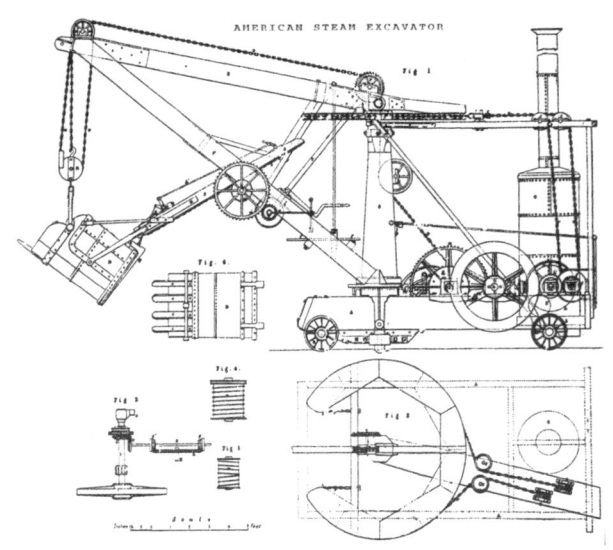

··· 윌리엄 오티스의 증기기관 굴삭기(William Otis, Steam Shovel, 1835)

와 주택, 공공기관, 인프라 시설 등의 수요가 폭발적으로 발생했다.

이런 변화와 발전이 건축에 가져다준 가장 큰 선물은 바로 새로운 건축 재료의 등장이었다. '철'이 건축재료로, 그것도 구조적인 역할을 하는 중요 재료로 사용되자 철골구조와 철근콘크리트 구조의 건축이 본격적으로 시작될 수 있게 되었다. 또한, 1832년 '챈스 브라더스Chance Brothers'사가 대형 '시트 글라스sheet glass'를 만들어내면서 이제 더 크고 더 강한, 그리고 더 싼 유리 생산이 가능해졌다. 넓은 유리는 건물이 형태를 송두리째 바꿔 놓았다.

한편, 1759년에 영국의 엔지니어 존 스미턴John Smeaton (1724~1792)이 석회와 점토, 거기에 용광로에서 나온 찌꺼기(슬래그slag)를 섞어 시멘트를 만들어냈고, 이어 1824년에는 영국의 조지프 애스프딘Joseph Aspdin

(1779~1885)이 현대 시멘트의 효시인 '포틀랜드 시멘트Portland Cement'를 내놓는다. 그 후 19세기 후반까지 콘크리트에 철재 보강 철물이나 철망을 넣은 구조물들이 하나둘 만들어지더니, 20세기 초부터 본격적인 철근콘크리트 구조 건물과 고층 빌딩이 세워지기 시작했다. 이제 철근콘크리트는 현대 건축에 가장 많이 활용되는 구조방식으로 자리를 잡게 된 것이다.

콘크리트는 실험과 시행착오를 거치는 시간이 필요했지만, 철강과 유리는 산업혁명의 산물로서 바로 위력을 발휘한다. 산업혁명의 전시장이었던 1851년 런던 만국박람회The Great Exhibition of the Works of Industry of All Nations의 '크리스탈 팰리스The Crystal Palace(수정궁)'와 1889년 파리 만국박람회의 '에펠 타워Eiffel Tower(1889)'가 좋은 예다.

산업혁명이 없었다면, 현대 건축가들은 건물을 설계할 때 이런저런 장식에만 몰두하고 있었을지 모른다. 산업혁명이 가져온 변화로 모더니즘 건축이 가능했고, 현대에 와서 우리가 보는 모든 건축물의 형태가 가능해졌다. 초고층 빌딩, 자연스러운 곡선의 콘크리트 빌딩, 입면이 온통 유리로 덮여 있고, 안에서는 큰 통창으로 외부를 조망할 수 있는 그런 건축 말이다. 앞으로도 새로운 기술과 새로운 재료가 발명된다면, 그때 건축의 모습은 지금과 또 다른 차원으로 변화될 것이다.

# 모더니즘과 그 이후

　바로크 이후에 18, 19세기까지 다양한 양식과 사조가 등장하고, 산업혁명을 거치면서 건축의 세계는 급진적으로 발전한다. 마침내 20세기로 접어들면서 전 세계적으로, 그리고 현재까지 건축계에 큰 영향을 미친 건축 사조가 나타난다. 모더니즘Modernism이다. 이 모더니즘은 1920년대에서 1970년대까지, 한창 절정의 시기로 보면 1930년대에서 1960년대까지 유행했었다. 과거 양식들에 비해 긴 시간이라곤 할 수 없지만, 이 시기에 건축을 잘 모르는 사람도 한 번쯤 들어봤을 건축가와 건물들이 등장하고 현대에 지어지는 건축물에도 이 모더니즘의 숨결이 살아있다.

　'Modern'을 우리말로 번역하면, '현대의, 현대적인'이라는 뜻이 되는데, 20세기 초중반의 건축 사조를 왜 아직도 모더니즘이라고 부르는 것일까. 그 이유는, 모더니즘을 추구했던 건축가들이 그 이전까지 많이 인용되던 고전이나 전통의 건축양식과 장식을 거부하고 그들의 건축을 스스로 '현대적'이라고 불렀기 때문이다. 더 정확히는 1932년 뉴욕 현대 미술관에서 열린 〈현대 건축: 국제전Modern Architecture: International Exhibition〉이 계기가 됐다. 유명 건축가 필립 존슨Philip Johnson(1906~2005)과 건축역사가 헨리 러셀 히치콕Henry-Russell Hitchcock(1903-1987)이 기획한 이 전시회는 발터 그로피우스Walter Gropius(1883~1969), 미스 반 데어 로에Mies van der Rohe(1886~1969), 르코르뷔지에Le Corbusier(1887~1965) 등 대가들의 작품 전시로 큰 주목을 받았으며, 이때부터 모더니즘이란 용어가 확고하게 자리 잡게 됐다. 그 시대의 사람들에겐 그때가 바로 '현대'였던 것이다.

모더니즘 건축의 특징은 다음과 같다.*

·기능 중심의 건축: 1893년 모더니즘의 아버지라 불리는 미국 건축가 루이스 설리번Louis Sullivan(1856~1924)이 '형태는 기능을 따른다Form Follows Function'라는 유명한 말을 남기면서 장식에 치중했던 과거와는 다른, 기능 중심의 건축이 모더니즘의 핵심 원칙이 되었다.

·단순하고 기하학적인 형태: 미니멀리즘minimalism에 기반을 둔 깔끔한 선, 직사각형의 형태, 단순한 기하학적 조합 등을 추구했다.

·개방적인 평면과 공간: 건물 내의 공간을 유연하면서 흐름이 있도록 개방적으로 설계하고 큰 창이나 긴 수평 창을 사용해 자연 채광을 유도하는 한편, 개방감을 높였다.

·구조방식의 혁신: 1층을 띄운 필로티pilots†구조, 벽식 구조가 아닌 기둥, 보, 바닥판으로 구성된 콘크리트 구조 등이 자리를 잡았다. 이 방식은 평면과 실내 공간에 유연성을 더해주는 역할을 했다.

·지붕구조의 변화: 이전의 박공지붕을 평지붕으로 바꾸고 거기에 옥상 정원을 놓기도 했다.

·현대적 건축재료의 사용: 이상의 많은 특징은 철, 유리, 철근콘크리트라는 현대 건축재료가 있었기에 가능했고, 이후로도 건축물의 설계와 형태에 큰 변화가 일어난다.

---

* 르코르뷔지에는 모더니즘 건축의 5대 요소로서 1. 필로티Pilotis, 2. 옥상 정원Roof garden, 3. 자유로운 파사드Free facade, 4. 자유로운 평면Free plan, 5. 가로로 긴 창Horizontal window을 제안했다.
† 필로티는 주로 1층에 벽이 없이 공간을 오픈시키고 위층을 떠받치기 위한 기둥, 또는 그렇게 만든 구조를 말한다.

a. 프랭크 로이드 라이트의 로비 하우스(Robie house, 1909)

b. 프랭크 로이드 라이트의 낙수장(Fallingwater, 1937)

c. 발터 그로피우스의 바우하우스 주립학교(Bauhaus State School, 1919)

d. 발터 그로피우스의 파구스 팩토리(Fagus Factory, 1925)

e. 르코르뷔지에의 빌라 사보이(Villa Savoye, 1929)

f. 르코르뷔지에의 롱샹 교회(Ronchamp Chapel, 1955)

g. 미스 반 데어 로에의 S.R. 크라운 홀(S.R. Crown Hall, 1956)

h. 미스 반 데어 로에의 레이크 쇼 드라이브 아파트(Lake Shore Drive apartment, 1949)

i. 알바 알토의 핀란드 세이내트살로 시청 건물군(Säynätsalo Town Hall Group, 1952)

j. 알바 알토의 브라질 국회의사당(Brazilian National Congress, 1956)

… 모더니즘 건축의 대표적인 사례

모더니즘으로 유명한 건축가들은 매우 많다. 옛날처럼 건물은 유명하지만 누가 설계했는지 잘 모르는 그런 시대는 지나갔고, 이때의 건축가들은 이름만으로도 유명했다. 그중에서도 국제전에 참여했던 발터 그로피우스, 미스 반 데어 로에, 르코르뷔지에, 거기에 프랭크 로이드 라이트Frank Lloyd Wright(1867~1959)까지 더한 4인방이 모더니즘의 선구자이자 '근대건축의 4대 거장'이라 불린다. 또 이들의 동생뻘로는 알바 알토Alvar Aalto(1898~1976), 루이스 칸Louis Kahn(1901~1974), 오스카 니마이어Oscar Niemeyer(1907~2012) 등이 있다. 모더니즘 건축이 어떻게 생겼는지, 그 특징이 무엇인지를 알고 싶다면 이들의 작품을 보면 된다. 그러면 바로 "이거였구나"하면서 무릎을 치게 될 것이다.

모더니즘 이후 건축계에는 어떤 일이 벌어지고 있을까? 20세기를 지나현재까지의 서양건축 사조를 보면 그야말로 춘추전국시대가 따로 없다.

모더니즘조차도 너무 기능적이고 엄격한 틀 안에서 제한적이라고 느꼈던 일부 건축가들은 모더니즘이 조금씩 빛을 잃어가던 1970년대쯤, 다시 장식을 불러오고, 장난스러운 요소까지 가미하면서 밝은색과 비대칭구성을 이용한 포스트 모더니즘Postmodernism을 만들어냈다. 필립 존슨Philip Johnson(1906~2005), 로버트 벤츄리Robert Venturi(1925~2018), 찰스 무어Charles Moore(1925~1993) 같은 건축가들이 이 그룹에 속한다.

그런가 하면 1980년대 후반부터는 아예 전형적인 건축물의 형태를 벗어나 비정형의 구조물을 추구하는 해체주의Deconstructivism가 등장한다. 월트 디즈니 콘서트홀Walt Disney Concert Hall이나 빌바오 구겐하임 뮤지엄Guggenheim Museum Bilbao으로 유명한 프랭크 게리Frank Gehry(1929~), 우리나라의 동대문디자인플라자를 설계한 자하 하디드Zaha Hadid(1950~2016) 등이 대표적이다.

그밖에 건축 전공자나 진정으로 관심이 많은 사람이 아니면 들어보지도 못했을 사조도 많다. 건물 밖으로 기계적 시스템을 노출하는 등 설계에 기술의 원리와 미학을 활용한 하이-테크 건축High-tech Architecture, 자연과 환경 보호에 초점을 맞춘 생태 건축Eco Architecture, 수학 방정식, 알고리듬과 같이 복잡하고 실험적 방법을 추구하는 파라메트리시즘Parametricism 등, 한이 없다.

그런데 이런 양식이나 사조는 한 시대나 지역을 통째로 풍미했던 과거의 것과는 그 양상이 매우 다르다. 물론 정보화 시대에 세계 어디에서나 생각과 방법을 공유할 수 있지만, 이제는 개인 또는 같은 스타일을 선호하는 그룹에게 그들의 취향을 대표할 수 있는 이름을 붙였다는 생각이 든다. 또 어느 한 건물이 주변과 전혀 다른 모습을 하고 있다 해서 뭐라 하는 사람도 없고, 그런 스타일을 추구하는 건축가, 그것을 좋아하는 건축주만 있으면 그뿐이다. 게다가 과거엔 전혀 건물로 세울 수 없었던 설계도 지금은 그것을 실물로 구현해 줄 기술이 존재한다. 앞으로 건축의 세계는 더욱 다양한 모습으로 더 빠르게 진화해 갈 것이다.

## 형태는 기능을 따른다

건축에서는 산업혁명 이후부터 2차 세계대전까지, 즉, 역사적 구분으로 보면 '후기 근대(late modern period)'에 해당하는 시기의 건축을 '근대 건축'이라 분류한다. 그리고 20세기 중반부터 현재까지를 '현대 건축(contemporary architecture)'이라 부른다. 산업 발전의 속도가 너무 빨라 이미 21세기에 접어들어선 지금 20세기를 '현대'라고 불러야 할지 애매하긴 하지만, 어쨌든 건축사의 시대 구분은 그렇다.

앞에서 본 근대 건축과 모더니즘, 그리고 현대 건축까지 그 이전과 비교하면 전혀 다른 모습을 하고 있다. 장식과 조각은 더 이상 건축요소가 되지 못하고 대부분의 건축이 직선과 사각형으로 이루어져 있다. 가끔 비정형 건축이나 전형적인 틀에서 벗어난 건물이 보이긴 하지만, 이것도 그 위에 장식과 조각을 올리진 않는다.

이렇게 근대부터 현대까지 우리가 살고 있는 시대의 건축적 특징을 한마디로 요약하라면, 모더니즘의 아버지, 루이스 설리번이 말한 '형태는 기능을 따른다'가 될 것 같다. 거기에 덧붙인다면 '성능'과 '가치'가 있지 않을까. 그렇다고 건축가의 역할이나 그들의 미적 감각이 필요치 않다는 것은 아니다. 다만, 우리 눈에 멋진 건축의 기준이 달라졌을 뿐이다. 어설픈 과거 양식의 흉내로는 보는 이들의 호응을 얻을 수 없다.

미래가 배경인 SF 영화를 보면 가끔 꿈같은 건축의 세계가 펼쳐진다. 살아있는 동안 그런 세상을 보기 어렵겠지만, 미래의 건축은, 과거에서 본 현대가 그렇듯이, 전혀 다른 모습으로 변해있을 것이다.

지금까지 건축을 공부한 사람이라면 교과서에서 배웠던, 아니면 어디선가 들어본 것 같은 서양건축사를 쭉 훑어봤다. 제대로 공부하려면 방대한 양이지만 축약에 축약을 해서 정신없이 달렸다. 이제 이 부분을 정리하는 의미에서, 그리고 다음 장으로 넘어가기 전에 왜 굳이 서양건축사를 보고 가자고 했는지 다시 짚어봤으면 좋겠다.

결론부터 말하면, 서양건축사 리뷰는 뒤에서 설명할 건축기술을 이해하는 데에 꼭 필요한 빌드업 과정이었다. 건축기술이 시대를 거쳐 어떻게 발전했고, 어떤 형태의 건축과 양식을 만들어냈는지 알려면 건축사의 흐름에 대한 지식이 필수적이라고 봤다.

그런데 시대별 내용을 보면, 고대와 고전의 분량이 적고, 로마네스크에서 시작해 고딕에 가장 많은 분량을 할애했다가 르네상스를 지나면서부터 다시 줄어든다. 이것은 설명의 분량이 적은 시대가 건축사적으로 중요하지 않아서가 아니다.

고대와 고전은 이미 저자의 다른 저서에서 그 시대의 역사, 건축, 기술에 대해 많은 내용을 다루고 있어서 분량을 제한했고, 바로크 이후에 분량을 줄인 것은 다른 이유에서다. 건축이론에서 다루는 건축사에선 건축의 겉모습이나 장식까지도 건축의 한 부분으로 보기 때문에, 바로크라 해서, 또는 기타의 양식이리 해서 분량에 차이가 있을 이유가 없다. 그러나 바로크 이후에는, 로마가 콘크리트와 돔으로 판테온을 만들고, 고딕 시대에 아치와 볼트, 플라잉 버트레스로 높은 성당을 만들었던 것과 같은 도약적인 변화가 많지 않았다. 건물의 외관과 장식은 눈에 보이는 것을 바꿀 뿐, 건축의 구조를 바꾸는 기술이 아니며, 따라서 건축의 도약을 만들지 못한다. 그래서 이런 시대에 대해서는 건축사를 이해하는 차원에서 소개는 하되, 분량에 차이를 뒀다.

그러면 이제, 건축이론의 관점에서 보는 건축의 역사와 건축기술의 관점에서 보는 역사가 어떻게 다른지 본격적으로 알아보도록 하자.

# PART
# II
## 건축을 바꾼 건축기술

서양건축사의 흐름을 보면 인류의 건축이 참으로 대단하다는 생각이 든다. 돌과 벽돌이라는 가장 원초적인 재료로 피라미드와 지구라트를 세웠고, 이미 몇천 년 전에 현대건축의 모델이 되는 신전과 경기장을 만들었다. 그런가 하면 콘크리트와 철골이 나오기도 전에 하늘을 찌를 듯한 성당과 세계 최고의 돔을 지어버렸다. 섬세하고 화려한 장식과 디테일은 말할 것도 없다.

어떻게 그런 대단한 건축을 남길 수 있었을까. 우리는 감탄하며 그 건물을 설계한 건축가를 기억하고 칭송한다. 그러나 우리가 보는 건축물들은 건축가가 그려 놓은 도면에서 실물로 살아나 그 자리에 있는 것이다. 그 과정에 건축을 실현하는 수많은 사람의 노력과 그것을 짓기 위해 축적되어 온 기술이 있었다.

다시 한번 지금까지 감탄했던 건물들을 떠올려 보자. 그리고 이번엔 모습과 형태보다 이런 질문을 던져 보자. 그 시대에 지은 건물이 어떻게 그렇게 크고 높을 수가 있었을까? 저 아름다운 아치와 돔은 어떻게 만든 것일까? 그 넓은 공간에 기둥도 없었던 것 같던데? 어떻게 저 높은 곳까지 올라가 건물을 지었을까? 이제 감탄할 것은 건물의 모습이 아니라 '어떻게 지어졌는가'라는 걸 금세 알게 될 것이다. 그렇다. 건축을 바꾼 것은 건축기술이었다. 이제 그 이야기를 시작해 보자.

# 기둥이
# 건축을 만들다

⌘

옛 어른들이 흔히 '집안의 기둥'이란 표현을 잘 쓰셨듯이 기둥은 가장 중요한 건축 요소 중 하나다. 그 역사도 인류가 집을 만들기 시작했을 때부터 같이 했을 것이다. 긴 나뭇가지나 통나무를 양쪽에 세우고 그 위에 가로질러 다시 나뭇가지를 올린 다음, 긴 풀이나 동물의 가죽을 걸치면 훌륭한 집이 된다. 인류의 조상은 최초의 집을 이렇게 만들었다.

이 허술한 구조물에서도 기둥의 역할을 발견할 수 있다. 통나무를 가로지른 나뭇가지와 가죽의 무게를 받쳐서 이 텐트가 서 있도록 만들어주는, 조금 더 전문적으로 표현하면, 건물의 골격을 형성하면서 상부의 하중을 기초와 지반까지 전달하는 것이 기둥의 역할이다.

하지만 기둥이 건물의 하중을 받아내는 구조적인 역할만 한 것은 아니었다. 때로는 온갖 조각과 상상력이 더해진 장식의 대상이었고, 글과 그림으로 역사를 기록하고 사람들과 소통하는 캔버스 역할도 했으며 부와 권위, 신앙을 표현하는 상징이기도 했다. 이렇게 기둥의 모습은 오랜 시간 버라이어티하게 변화해 왔다.

건축사적 관점에서는 이런 기둥을 어떻게 보고 있을까. 건축사는 주로 기둥 형태의 시대별 변화에 초점을 맞춘다. 고대 그리스로부터 고딕 시대에 이르기까지 기둥의 구성 요소, 캐피탈의 모양, 기둥 면의 플루팅과 조각 등이 어떻게 변했는가가 건축 사적 관심거리다. 그래서 앞서 살펴본 시대별 건축양식의 특징을 나열할 때 큰 비중을 차지하는 것이 기둥의 양식이다. 건축을 공부하는 학생들이라면 꼭 알고 있어야 할 것들이다.

그런데 가만히 생각해 보면, 원시인의 통나무 기둥에서 고딕의 수십 미터가 넘는 기둥이 만들어지기까지 그것이 어떻게 실현될 수 있었는가에 대해선 별로 배워본 적이 없다. 한 가지 분명한 것은, 기둥의 모양과 양식은 시간에 따라 그냥 변한 것이 아니라, 새로운 기술이 나타났기에 달라졌다는 것이다. 그리고 그 기술은 건축 전체를 바꿔 버렸다.

# 돌기둥의 원조 이집트

## 최초의 돌기둥

인류가 처음으로 건물에 기둥을 세웠을 때는 구하기 쉽고 가공하기 쉬운 재료를 선택했을 것이다. 아무래도 나무가 일순위였을 것 같다. 하지만 문명이 발전하면서 언제부터인가 돌을 사용하기 시작했고, 그 출발점에 있는 것이 고대 이집트다.

이집트인들은 무려 4,700년 전부터 돌로 된 건물을 지었고, 특히 최초의 피라미드로 알려진 파라오 조세르의 계단식 피라미드가 세상에서 가장 오래된 석조 건축물로 알려져 있다. 물론 이 피라미드는 사람이 거주하는 건축물이 아니었고, 피라미드 이전의 무덤 양식이었던 마스타바에도 돌을 사용한 적이 있지만, 규모만큼은 순식간에 압도적으로 커져 버렸다.

조세르 피라미드에는 파라오의 장례와 종교적 제식을 치르는 콤플렉스가 붙어있는데, 출입구에서 시작하는 통로 양옆에 20개씩, 높이 6m의 돌기둥 40개가 늘어서 있다.* 학자들에 의하면, 이 콤플렉스 역시 돌로 지어진 최초의 대형 시설이며 이 기둥 또한 세상에서 처음으로 만들어진 돌기둥이라고 한다. 피라미드와 함께 이집트 건축에 돌의 시대가 열린 것이다.

그런데 자세히 보면, 기둥이라고 하기엔 좀 모호한 부분이 있다. 즉, 둥

---

* 원래의 기둥과 지붕은 종려나무나 갈대를 형상화하고, 열주는 숲을 연상시키도록 설계되었다고 한다. 현재 관광객들을 위해 햇볕을 가리는 지붕이 설치되어 있으며, 통로에 자연 채광이 되도록 원래보다는 더 높게 설치되어 있다.

근 기둥의 모습은 있지만 바로 뒤에 벽이 붙어있어서 우리가 보통 생각하는 기둥의 모습과는 조금 다르다. 오히려 길이가 짧고 두께가 두꺼운 벽에 가깝다. 어쨌든, 본래 그 위에 석재지붕이 덮여 있었으므로 지붕을 지지하는 구조적인 역할은 했을 것 같다.

이 기둥과 벽체의 시공방법도 이후 이집트 시대의 것과는 사뭇 다르다. 마치 벽돌을 쌓듯이 정교하게 다듬은 돌 블록을 사용한 것이다. 고대 이집트와 이웃 메소포타미아에서는 점토벽돌이 대표적인 건축재료였으므로, 이제 막 본격적으로 돌을 사용하긴 했지만, 그들의 머릿속에는 벽돌을 쌓던 개념이 그대로 남아있었던 것 같다. 모서리를 둥글게 만드는 것은 조각에 능숙했던 그들에겐 전혀 문제가 되지 않았을 것이다.

이집트에는 나일강을 따라 양질의 석회암 지대가 널리 분포되어 있었고, 사암과 화산암도 풍부했다. 따라서 이집트인들이 벽돌과 함께 돌을 주요 건축재료로 쓰게 된 것은 어쩌면 당연한 일이었고, 그들의 채석, 운반, 가공 기술은 경이로운 수준이었다. 그런데 놀랍게도 모든 피라미드 건설

… 조세르 피라미드 콤플렉스의 돌기둥

이 중단되고(BC 1525), 왕가의 계곡(BC 1526~1107) 건설이 시작됐을 때, 그리고 카르나크 신전(BC 1293~1213)이 완성되었을 때까지도 이집트는 청동기 시대에 머물러 있었다. 돌을 효율적으로 가공할 만한 단단한 장비와 도구가 없었단 얘기다. 이집트의 철기 시대는 메소포타미아보다 거의 1,800년 늦은 BC 1200년경부터 시작됐다.

청동기 시대에는 동이나 청동으로 만든 톱과 끌, 정 등이 있었지만, 그 전에는 단호박 크기의 돌덩어리, 일명 '파운더pounder'와 돌로 만든 '정'인 '플린트flint'[*], 곡괭이 등이 주된 도구였고 이집트인들은 돌을 가공할 때 돌로 돌을 내리쳐 깨거나 문질러 갈아내는 방법을 썼다. 이에 대한 대표적인 증거가 파라오 하트셉수트Hatshepsut(BC 1508~1458) 때의 것이라 알려진 '미완성 오벨리스크Unfinished Obelisk'다. 이 오벨리스크는 제작 도중 본체에 큰 금이 가서 땅에서 떼어내지 않은 채 버려졌는데,[†] 여기에는 돌을 지반에서 떼어내기 위한 트렌치, 파운더로 돌의 표면을 내리쳐 움푹 파인 자국 등이 남아있어서 당시의 돌 다루는 기술을 그대로 볼 수 있다.

고대 이집트 초기에는 이 오벨리스크처럼 하나의 거대한 돌덩이에서 기둥 하나를 통째로 만들었다. 제5왕조 두 번째 파라오인 사후레Sahure(BC 2491~2477)의 피라미드 사원에 있던 기둥들이 그 예로, 이 사원에는 6.5m 높이의 기둥 16개가 가운데 중정을 둘러싸며 지붕을 받치고 있었다. 돌덩이를 깎아 온전한 기둥을 만든 것도 놀라운데, 종려나무 형상의 캐피탈과 섬세한 조각까지 더해져 그들의 솜씨를 한층 더 돋보이게 한다.

---

[*] 우리말로는 '부싯돌'로 번역되지만 단단한 돌을 쪼개서 만든 손잡이 없는 돌도끼로, 파운더로 내리쳐 '정'의 역할을 했다.

[†] '미완성 오벨리스크'는 길이가 42m에 달해, 제대로 완성됐다면 세상에서 가장 큰 오벨리스크가 될 뻔했다.

… 샤후레 피라미드 사원의 돌기둥

　더 놀라운 것은, 이 기둥에 쓰인 화강암을 약 800km 떨어진 남쪽 아스완Aswan에서 피라미드가 세워진 아부시르Abusir까지 운반해 왔다는 것이다. 잘 굴러가는 수레가 있었다면 큰 문제가 아니었겠지만, 이때만 해도 이집트에서 바퀴나 수레가 운송수단으로 사용됐다는 기록이 없고 고왕국 후기(BC 2675~2130)쯤에서야 가벼운 물건을 운반하는 수레의 흔적이 나타난다. 게다가 이 돌기둥은 나일강을 건너야 했다.

　하지만, 고대 이집트인들에겐 평균 2.5톤이나 되는 피라미드의 돌 블록을 운반한 기술이 있었다. 먼저, 육지에선 수레 대신 나무 썰매를 이용했다는 것이 정설이다. 썰매를 끌 때는 짐승의 도움 없이 인력만이 유일한

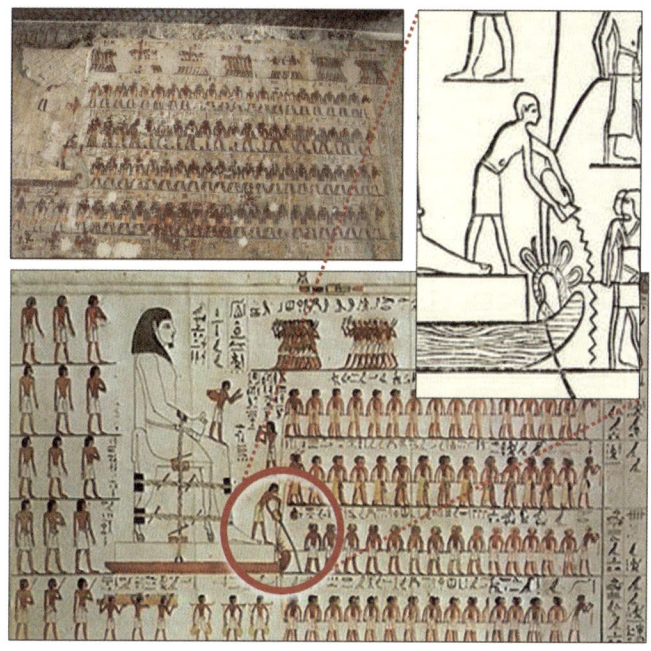

수단이었고, 사막을 지날 때는 썰매 앞에 물, 또는 물과 기름을 섞은 윤활
제를 뿌려서 썰매와 지면 사이의 마찰력을 줄였다. 나무로 만든 레일을 깔
았다거나 통나무를 이용했다는 설도 있다.

강을 만나면 두 척의 바지선을 양옆에 두고 가운데 돌 부재를 매달아 나
일상을 건넜다. 아스윈은 니일강의 상류 지역에 있었기 때문에, 별다른 동
력 없이 배를 띄울 수 있었고, 배를 돌려보낼 때는 돛을 달아 바람에 태우
면 항해에 전혀 문제가 없었다.

이 통짜 기둥을 세우는 방법은 아직 정확하게 밝혀지지 않았고, 다양한
아이디어가 제시되어 있다. 그중 하나가 돌기둥이 놓일 자리에 앞뒤로 벽

돌이나 흙을 쌓아 거대한 버팀벽을 만들고, 그곳에 모래를 채운 다음 돌기둥을 이동시키면서 버팀대 아래쪽에서 모래를 빼내는 방법이다. 모래가 빠져나갈수록 기둥은 버팀벽 사이로 미끄러지면서 똑바로 서게 된다. 이런 아이디어가 사실이 아니더라도 별다른 장비 없이 무거운 돌기둥을 세우는 데에는 분명 그들만의 비책이 있었을 것이다.

또 3,000년을 건너뛰는 얘기지만, 오벨리스크의 이동과 관련한 재미있는 사례가 있다. 서기 37년에 로마의 카리굴라 황제Caligula(재위 37~41)가 이집트 헬리오폴리스Heliopolis에서 오벨리스크를* 하나 가져와 바티칸의 '네로의 서커스Circus of Nero(경기장)'에 세웠는데, 이것을 1586년 교황 식스토 5세Pope Sixtus V(1521~1590)가 성 베드로 광장으로 이전해 다시 세우게 된다. 무게 320톤에 높이 25m가 넘는 오벨리스크를 옮기는 이 프로젝트에는 거대한 목재 틀과 900여 명의 인력, 75마리의 말, 44대의 크레인이 동원됐다. 이 과정을 건축가이자 엔지니어였던 도메니코 폰타나Domenico Fontana(1543~1607)가 계획하여 실행에 옮겼고, 그 장면이 여러 그림으로 전해지고 있다.

---

* 이 오벨리스크는 BC 1835년에 만들어졌으며 본래 높이는 25.3m, 로마가 만든 받침대를 합치면 40m가량 된다.

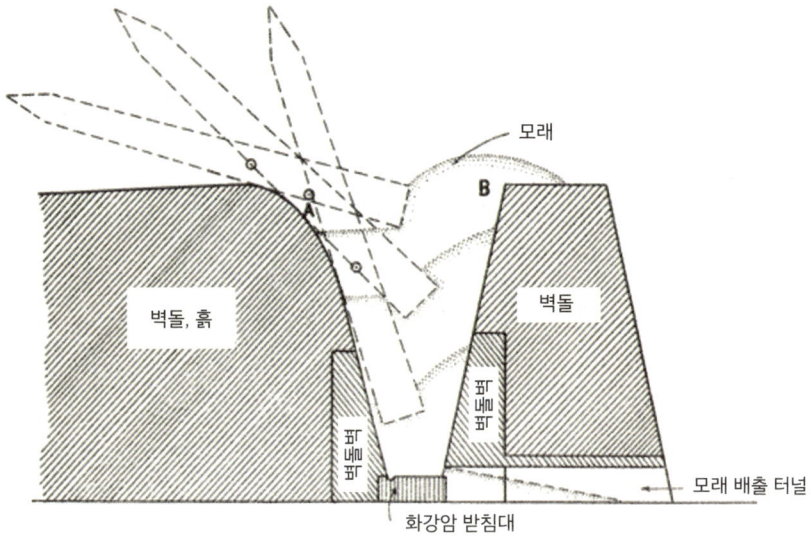

모래

B

벽돌, 흙

벽돌

화강암

화강암

화강암

모래 배출 터널

화강암 받침대

··· 고대 이집트의 오벨리스크 세우기 방법의 제안

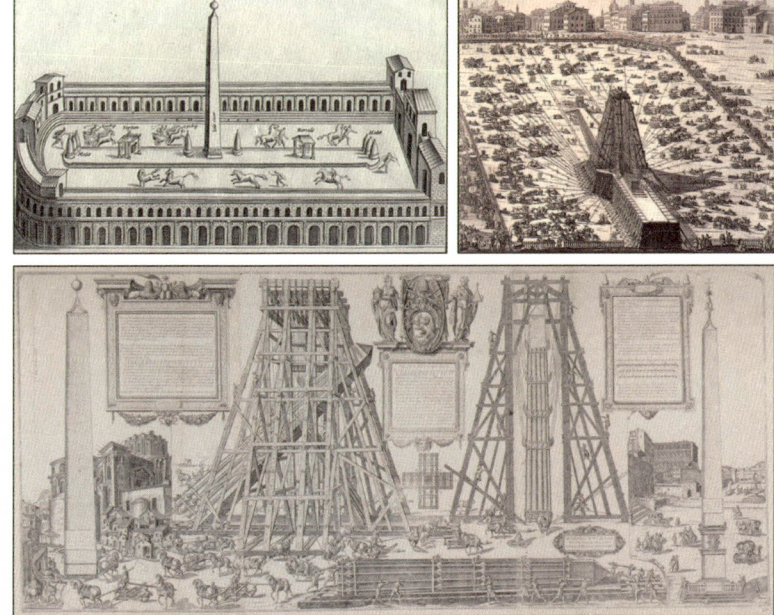

CIRCVS NERONIS IN VATICANO VBI HODIE TEPLVM D·PETRI

··· 네로의 서커스에 세워졌던 오벨리스크(좌측 상단)와 1586년 바티칸 광장으로 이전하는 광경(우측 상단) 및 계획 설계도(하단)

이후 문명이 발전하고 건물의 규모가 커지면서 기둥도 함께 커지게 됐다. 이제 커다란 통짜 기둥을 만드는 것은 채굴과 운반, 그리고 현장에서 세우는 일까지 엄청난 인력이 필요한 무척 비효율적인 일이 되고 말았다. 또 미완성 오벨리스크처럼 설치도 하기 전에 금이라도 가면 이만저만한 낭패가 아닐 수 없었다. 그 결과, 언제부터인지 정확히는 알 수 없지만, 또 통짜 기둥이 완전히 사라진 것은 아니지만, 이집트인들은 커다란 기둥을 조립식으로 만드는 아이디어를 생각해 냈다. 그리고 이런 방법의 대표적인 사례가 바로 카르나크 신전의 기둥들이다.

카르나크 신전은 룩소르Luxor((구)테베Thebes) 근처 카르나크 지역에 있는 이집트 최대의 신전 콤플렉스로, 크게 아문-라Amun-Ra 신전, 뮤트Mut 신전, 멘투Menthu, 또는 Montu 신전*으로 나뉘어 있다. 이 중에서 아문-라의 신전이 가장 큰 비중을 차지하고 있어서 이 신전과 카르나크 신전이 같은 것으로 불리곤 한다. 여기에는 신전 외에도 탑문pylon†, 오벨리스크, 스핑크스 등 수많은 건축물과 조각상이 모여 있고, 현재는 많은 부분이 소실되었지만 원래 다른 신들을 위한 신전이 20개 정도 함께 있었다고 한다.

---

\* 원래 테베의 지역 신이었던 '아문'이 태양신 '라Ra'와 융합해 강력한 창조신 '아문-라'가 됐다. '무트'는 모성, 다산, 보호의 여신이고, 멘투는 영웅과 전쟁의 신이다. 이 세 신의 신전은 카르나크 영역 안에 따로 분리되어 있고, 아문-라와 무트의 아들이자 달의 신, 치유와 악령 퇴치의 능력을 가진 '콘수Khonsu'의 신전은 아문-라 신전의 영내에 있다. 아문과 무트, 콘스는 테베를 대표하는 3신으로 알려져 있다.

† 높고 큰 성벽 모양의 문

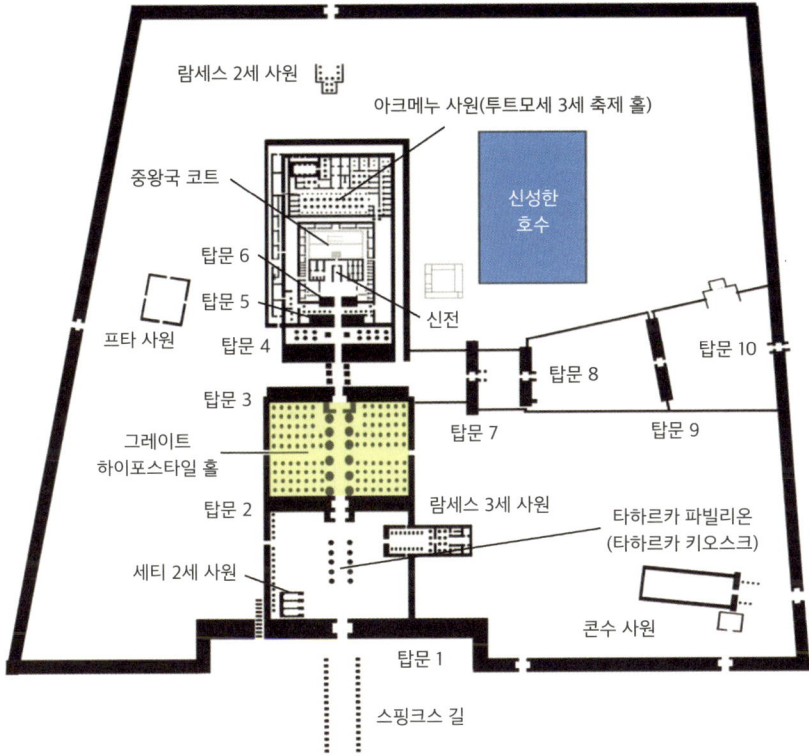

람세스 2세 사원

아크메누 사원(투트모세 3세 축제 홀)

중왕국 코트

신성한
호수

탑문 6

탑문 5

프타 사원

탑문 4

신전

탑문 3

탑문 10

탑문 8

그레이트
하이포스타일 홀

탑문 7

탑문 9

탑문 2

람세스 3세 사원

타하르카 파빌리온
(타하르카 키오스크)

세티 2세 사원

콘수 사원

탑문 1

스핑크스 길

··· 카르나크의 아문-라 신전

　'이집트' 하면 사람들이 피라미드를 떠올리지만, 카르나크는 여러 면에서 피라미드에 버금가는, 어쩌면 훨씬 더 가치가 있는 곳이다. 우선 이 신전에는 유구한 역사가 있다. 고대 이집트 중왕국 시대의 파라오 세누스레트 1세Senusret I(재위 BC 1971~1919) 때 시작되어, 프톨레마이우스 왕조 시대(BC 305~30)까지 무려 2,000여 년간 크고 작은 증·개축이 계속됐다.[‡] 규

---

‡　이 신전 건설에 기여한 대표적인 파라오로 투트모세 3세Thutmose III(재위 BC 1479~1425), 세티 1세Seti I(재위 BC 1294~1279), 람세스 2세Ramses II(재위 BC 1279~1213)를 꼽는다. '그레이트 하이포스타일 홀'은 세티 1세 때 건축됐다.

모는 말할 것도 없다. 아문-라 신전이 있는 영역만 면적이 약 30만m²에 이른다. 상암동 월드컵경기장 전체 면적의 5배, 그 안에 있는 축구장만 놓고 보면 약 42배의 크기다. 이런 규모에 어울리게 이 신전을 '카르나크 대신전Great Temple of Karnak'이라 부르기도 한다.

이 영내에는 건축적으로 이집트를 대표하는 또 다른 'Great'가 있다. 입구에서 주 신전으로 들어가는 길에 있는 '그레이트 하이포스타일 홀Great Hypostyle Hall'*이 그것으로, 이곳에는 무려 134개의 사암 돌기둥이 숲을 이루고 있다. 기둥의 개수도 놀랍지만, 가운데 네이브를 중심으로 양옆에 2줄로 늘어선 12개의 기둥은 지름이 3.4m, 높이가 약 20m에 이르고, 나머지 122개는 지름 2.9m에 높이 10m다.† 큰 기둥은 현대 건물로 치면 5~6층 높이고, 지름 3.4m는 새해에 타종했던 보신각 동종普信閣 銅鍾‡의 지름 2.28m보다 1m 이상 큰 것이다. 그 규모에 어울리게 이 12개의 기둥에도 'Great Column'이란 별명이 붙었다.

이 중 가운데 기둥이 더 높은 것에는 큰 그림이 숨어있다. 이 홀에 지붕을 덮으면 사방이 벽으로 둘러싸여 암실이 되어버리는데, 기둥의 높이 차이로 지붕 높이가 달라지면서 그 사이로 햇빛이 들어와 자연 채광이 된다.

기둥의 간격이 촘촘한 데에도 이유가 있어 보인다. 이 카르나크 신전의 구조 방식은 기둥 위에 보를 얹어 놓은 가구식 구조인데, 기둥과 기둥 사

---

* 'hypostyle'은 '다주식(多柱式)'이란 뜻으로 'Great Hypostyle Hall'은 우리말로 '대열주실'이라 번역해 부른다.

† 문헌마다 기둥의 높이는 다소 차이가 있으나, 공통적으로 대기둥의 높이를 20m 이상으로 보고 있다.

‡ 1985년까지 섣달그믐 자정에 타종하던 보신각 동종은 종의 보호를 위해 국립중앙박물관으로 옮겨졌고, 이후 보신각에 걸어 둔 종은 성덕대왕신종의 복제품이다. 이 종은 지름이 2.27m로 본래 동종과 거의 같다.

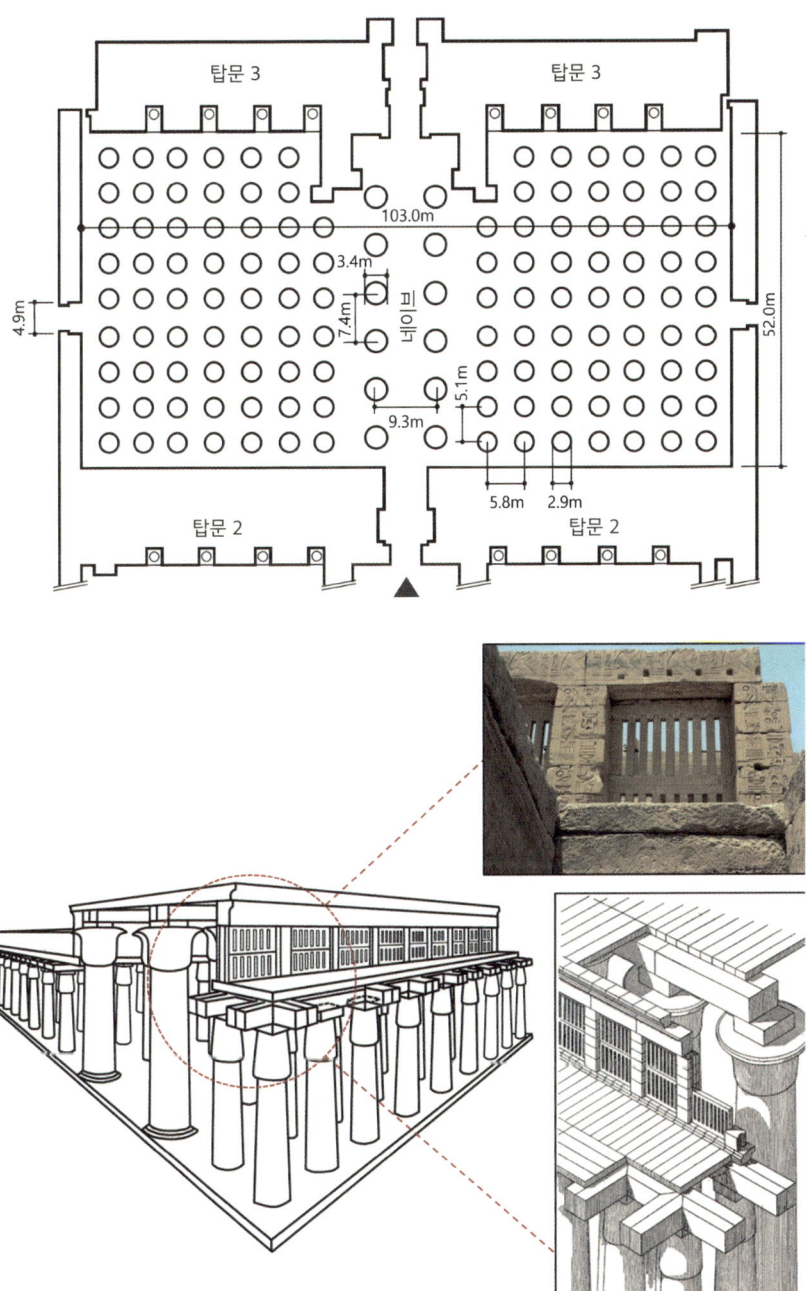

··· 카르나크 신전 그레이트 하이포스타일 홀의 평면과 구조

이에 올려진 돌 보 하나의 무게가 무려 70톤에 이른다. 게다가 돌은 재료의 특성상 긴 수평보로 쓰기에 적합하지 않다. 무게를 버티지 못하고 부러질 수 있다는 얘기다. 결국, 돌로 만든 보가 보로서 역할을 하고 그 무게를 감당하려면 기둥의 간격을 좁힐 수밖에 없었을 것이다. 이런 역학적 원리를 이해했던 것인지, 아니면 그저 촘촘한 기둥 숲을 만들고 싶었는지는 알 수 없지만, 사람들이 이 '그레이트 하이포스타일 홀'에 들어서면 지붕에서 내리쬐는 빛줄기와 함께 신전의 신비감을 느끼기 충분했을 것 같다.

이밖에 이 기둥들에 관한 많은 얘기가 있지만, 진짜 궁금한 것은 이 거대한 돌기둥들을 4,000년 전에 어떻게 만들고 세웠냐는 것이다. 앞에서 본 통짜 기둥과 같은 방법이었을까? 돌을 현장까지 운반하는 방법은 크게 다르지 않았겠지만, 기둥 간격이 너무 좁고 기둥의 수가 많아 같은 방법으로는 불가능했을 것이다.

⋯ 카르나크의 미완성 돌기둥과 완성된 돌기둥

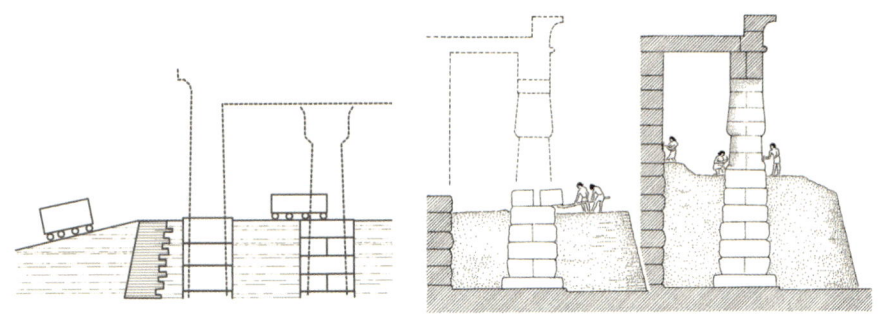

··· 램프와 둑을 이용한 돌 운반, 돌기둥 쌓기와 해체 작업

이집트인들은 이 문제를 원반 모양의 돌을 여러 층으로 쌓은 다음, 그것을 기둥 형태로 매끄럽게 다듬고 그 위에 조각과 색을 입히는 방법으로 해결해버렸다. 이 방법은 굳이 상상력을 발휘하지 않아도 미처 완성하지 못한 카르나크 신전의 기둥에서 바로 확인할 수 있다. 원반 모양의 돌이 투박하게 쌓여 있는 미완성 기둥은 표면이 깔끔하게 다듬어진 바로 옆의 기둥과 한눈에 비교가 된다. 신전이 건축될 당시에는 이 기둥 표면을 다양한 부조와 그림, 색채로 장식해서 돌의 이음매조차 알아보기 어려웠을 것이라고 한다.

여기서 또 궁금해지는 것은 돌 원반을 쌓는 방법이다. 통짜 기둥보단 효율적인 방법이었겠지만, 어쨌든 무거운 돌덩어리를 차곡차곡 쌓아 올려야 했다. 그들에겐 마땅한 크레인도 없었고 가진 것이라곤 나무 썰매와 인력, 그리고 나귀, 소 같은 짐승의 힘밖에 없었다.

이런 상황에서 이집트인들이 사용한 방법은 램프와 둑이었다. 즉, 흙으로 램프와 둑을 만들고 돌을 운반해 한 켜를 쌓은 다음, 다시 흙을 쌓아 램

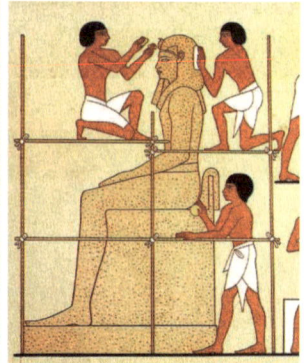

··· 돌기둥의 마무리 작업과 무덤에서 발견된 비계 벽화

프를 만들었다. 이 작업을 반복해서 원하는 기둥 높이에 도달하면 쌓았던 흙을 제거하고 기둥을 다듬는다. 기둥을 마무리할 때 흙을 완전히 제거하고 했는지, 아니면 단계적으로 진행했는지는 정확하지 않은데, 한 이집트 귀족의 무덤 벽화에서 발견된 비계의 모습이 이에 대한 힌트를 줬다. 비계를 이용해 높은 곳에서 작업이 가능했다면 굳이 단계적인 방법을 쓰지 않아도 되고, 둑을 모두 해체한 다음 한 번에 작업하는 것이 더 효율적이었을 것이다.

이집트인들이 생각해 낸 방법들은 이 시대에만 그치지 않았다. 조금씩 세련되게 진화하고 점차 발전된 첨단 장비의 도움을 받았지만, 그리스, 로마, 그리고 그 이후 시대에 이르기까지 많은 기둥이 이와 유사한 방법으로 만들어졌다. 고대 이집트의 지혜가 없었다면 훗날 서양건축의 기본이 된 파르테논이나 하늘을 향해 치솟았던 고딕 성당도 수백 년 후에나 가능했을지도 모른다.

# 서양건축의 모델, 고대 그리스 파르테논의 기둥

## 파르테논의 건축적 의미

고대 그리스의 문화와 문명은 현대 사회에까지 지대한 영향을 미쳤다. 철학, 수학, 과학, 문화, 예술 분야에서 그들이 남겨 놓은 흔적은 여전히 우리 곁에 남아있다. 그만큼 고대 그리스 자체를 서구 문명의 시작이라 해도 과언이 아닐 것이다. 그중에서 빼놓을 수 없는 것이 건축이다.

그리스는 매년 3천만 명이 넘는 관광객으로부터 33조 원이 넘는 수입을 올린다. 상당 부분이 건축 유적 덕분이다. 그리스에는 어디를 가나 공사를 하다 말고 버려진 것 같은 건축물 유적이 널려 있다. 하지만 그중에서도 가장 많은 시선을 끄는 것은 아테네 시내 한복판에 있는 아크로폴리스와 파르테논 신전이다.

파르테논을 직접 보지는 못했어도 그 모습을 모르는 사람은 거의 없을 것이다. 특히 삼각형의 페디먼트와 전면의 기둥이 매우 상징적이어서 후대에까지 이를 본뜬 건물들을 많이 볼 수 있다. 심지어 지구 반대편에 있는 우리나라 덕수궁의 석조전도 어딘가 모르게 닮아있다.

서양건축사 책을 보면 이 파르테논이 건축적 특징에 관한 설명이 많이 나온다. 특히 파르테논의 기둥은 여러모로 상징성이 크므로, 이에 대한 정보도 많다. 기둥의 오더, 개수와 크기, 높이, 간격 등의 기본적인 스펙은 물론이고 그 외에 건축 계획이나 설계 관점에서의 분석이 잘 알려져 있다.

예를 들면, '바깥쪽 기둥들이 약간 안쪽으로 기울어져 있고, 위로 갈수록 작아지는 기둥의 굵기와 배흘림, 전면 기둥들의 서로 다른 간격 등이 착시현상을 일으켜 파사드에 안정감을 준다', '이러한 시각적인 안정감과 균형, 비례가 파르테논을 아름답게 만든다', 그리고 이런 것들이 '그리스인들의 지혜로 사전에 의도된 것이었다', 등의 설명이다.

그런데 그런 건축적, 예술적 분석 못지않게 궁금한 것이 있다. 어떻게 그 무거운 돌기둥을 운반하고 세웠으며, 또 어떻게 그 높이에 돌로 만든 페디먼트를 올렸는가다. 그들에게 이런 건물을 지을 수 있는 기술이 없었다면 파르테논이 서양건축의 모델이 되는 일도, 유네스코의 로고로 선정되는 일도 없었을 것이다.

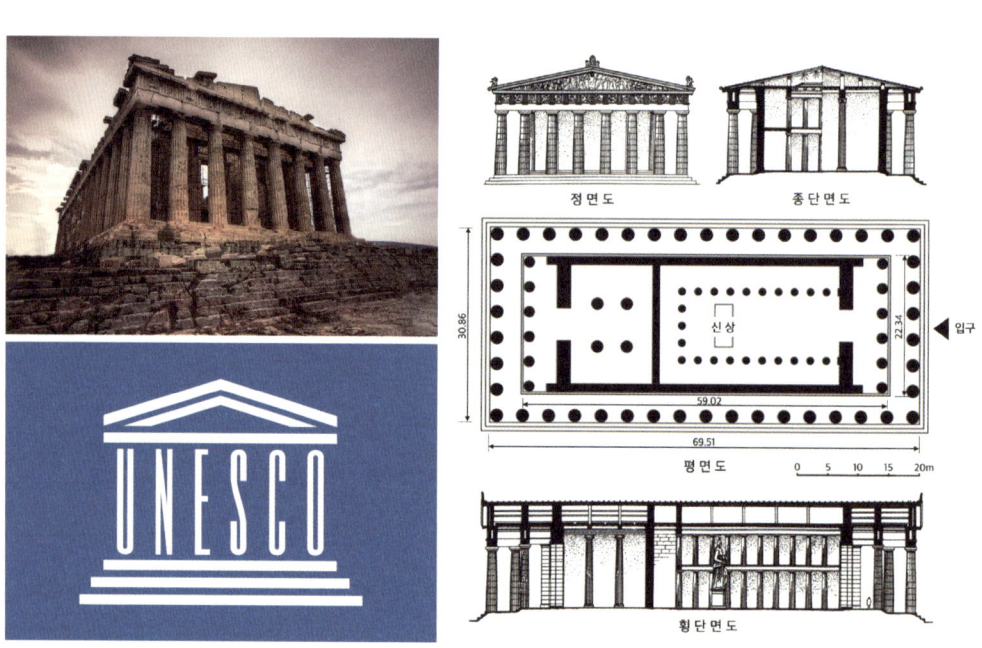

··· 파르테논 신전

# 새로운 기둥 건축기술의 출현

앞에서 설명한 이집트의 카르나크 신전, 특히 그레이트 하이포스타일 홀은 세티 1세 때 시작돼서 그의 아들 람세스 2세가 완성했다고 알려진다. BC 1290년에서 BC 1210년쯤이다.

이 시기를 고대 그리스의 역사와 비교해 보자. 고대 그리스는 크레타 문명 Crete Civilization (BC 3650~BC 1170), 키클라데스 문명 Cycladic Civilization (BC 3300~BC 2000), 그리고 미케네 문명 Mycenaen Civilizaton (BC 1600~1100)을 뿌리로 해서 고대 올림피아 경기가 개최된 BC 776년 이후로 본격적인 문명으로 발전했다. 지리적으로 보면 지중해만 건너면 갈 수 있는 곳이었기에 이집트와는 크레타 문명 때부터 서로 교류가 있었고 미케네 문명 때는 더욱 활발해졌다.

알렉산드로스 대왕 Alexandros the Great (BC 356~BC 323)이 이집트까지 영토를 넓혔을 때나 헬레니즘 시대는 말할 것도 없다. 이집트의 마지막 왕조였던 프톨레마이오스 왕조(BD 305~BC 30)의 시조, 프톨레마이오스 1세 Ptolemy I Soter (BC 369~BC 282)가 알렉산드로스 수하의 장군이었고, 대왕이 죽자 정복지 이집트를 다스리기 위해 새 왕조를 열었다는 것만 봐도 이 두 나라의 관계가 상당히 밀접했으리란 것을 알 수 있다.

파르테논 신진은 BC 447년에 시작돼서 BC 432년에 완성됐다. 물론 파르테논 신전이 고대 그리스 최초의 신전은 아니다. 현재 파르테논 자리에는 BC 480년, 페르시아의 공격으로 파괴된 'Older Parthenon' 또는 'Pre-Parthenon'이라 부르는 옛 신전이 있었다. 또 200년을 거슬러 올라가 BC 690~BC 650년경에는 최초의 그리스 스타일 신전인 이스트미아 신전Temple of Isthmia이, 그리고 미케네 문명 때는 메가론megaron이라는 신전의 원조 모델이 있었다. 두 나라의 역사적 관계를 놓고 볼 때 충분히 이집트의 영향을 받을 수 있는 건축물들이다. 종합해 보면, 그리스는 이집트로부터 선진 기술과 지식, 예술, 철학, 심지어 신화와 종교까지도 많은 영향을 받았으며 건축양식 역시 그 영향에서 빼놓을 수 없는 분야였다.

그런데 카르나크와 파르테논의 기둥은 그 모습이 서로 달라 보인다. 카르나크 기둥은 더 굵고 장식이 많지만, 파르테논의 것은 상대적으로 가늘고 매끈하며 조각 대신 플루팅이 새겨져 있다. 하지만 두 나라 모두 기둥을 건축의 상징적인 요소로 사용했고, 그 구성이 캐피탈과 기둥부, 베이스로 나뉘는 것도 동일하다. 아칸서스acanthus 잎 모양으로 장식한 그리스의 코린티안 오더와, 연꽃이나 파피루스 등의 식물을 주제로 만든 이집트의 캐피탈을 비교

··· 이집트(좌), 그리스(우측 상단), 파르테논 기둥의 캐피탈(우측 하단)

해 보면 여기에서도 유사점을 발견할 수 있다. 또 주로 나무 기둥을 쓰던 그리스가 돌기둥을 사용하게 된 것도 이집트의 영향이라고 한다.

기둥의 제작 방법도 그리스가 이집트의 영향을 받은 흔적이 보인다. 단, 그리스는 더 발전된 기술을 보여준다. 예를 들어, 파르테논의 기둥도 카르나크에서처럼 여러 조각의 돌을 조립해서 만들었는데, 이집트는 높이가 낮은 원반 모양의 돌을 쌓았고, 그리스에선 약 1m 정도 높이의 드럼 형태로 돌을 가공해 조립했다. 파르테논에선 10m가 조금 넘는 기둥을 10~12개의 드럼으로 나눠 쌓았다.

이 방법이 여러 개의 돌덩이를 얹는 것보다 훨씬 효율적일 것 같기는 한데, 드럼 1개의 무게가 무거워지는 단점도 있어 보인다. 그들도 이집트인들과 같이 이 돌 드럼을 운반하고 쌓기 위해 썰매와 램프, 둑을 동원했을까?

우선 돌 부재의 운송 수단으로 그리스에는 튼튼한 바퀴가 날린 수레가 있었다. 부실했던 이집트의 바퀴나 수레가 세월이 흐르면서 발전한 것이다. 기록을 보면, 수레바퀴의 지름은 사람의 키보다 훨씬 컸고 소 30쌍이 끄는 수레로 최대 22톤의 돌 부재를 싣고 옮길 수 있었다고 한다.

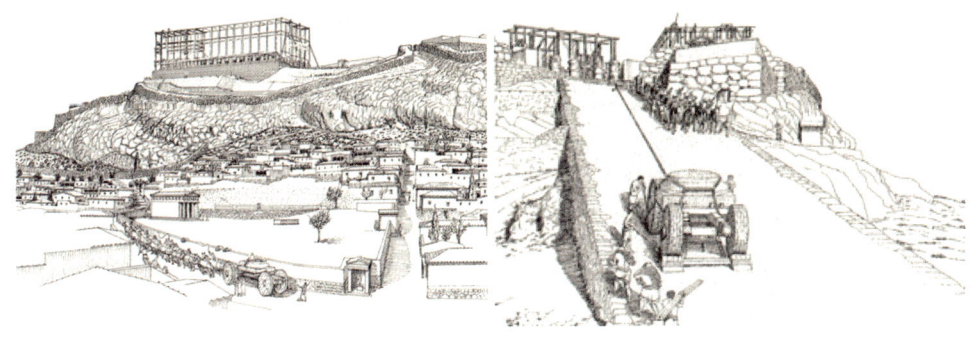

··· 파르테논까지 돌기둥 드럼 운반하기

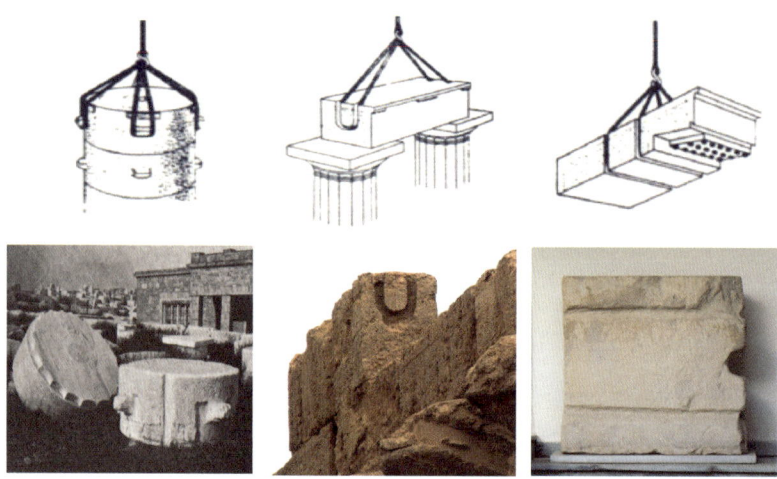

··· 크레인과 로프를 이용하기 위한 돌 부재 가공

　파르테논 기둥 드럼 한 개의 무게가 약 7~8톤 정도, 신전 본체에 사용된 돌 블록 하나의 무게가 최대 10톤 정도였다니까 너끈히 운반할 수 있었을 것이다. 기둥 하나가 80톤은 됐을 텐데, 이것을 여러 토막으로 나눈 것도 이유 있는 해결책이었다. 거기다 더해 고대 그리스인들은 돌로 된 도로포장 기술까지 갖추고 있어서 무거운 수레를 움직이는 데에도 큰 문제가 없었다.

　이제 채석장에서 현장까지의 운송은 해결됐는데, 기둥을 쌓는 방법이 문제다. 이집트인들은 흙을 기둥 높이까지 쌓았다가 다시 허무는 방법을 썼지만, 고대 그리스에서는 크레인이 등장한다. 로프와 윈치, 도르래를 사용한 크레인의 파워는 돌기둥 드럼과 블록을 들어 올리는 데 충분했으며, 그 방법도 절묘했다. 즉, 돌 부재를 만들 때 돌출부나 홈을 만든 다음, 거기에 크레인 로프를 걸어 부재를 들어 올리거나 이동시켰다. 그리스의 유적 곳곳에는 이 흔적이 뚜렷이 남아있다.

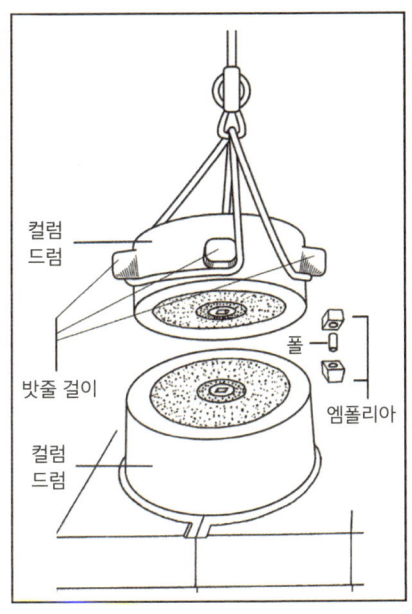

컬럼
드럼

밧줄 걸이

컬럼
드럼

폴

엠폴리아

··· 돌기둥 드럼에 설치하는 폴과 엠폴리아

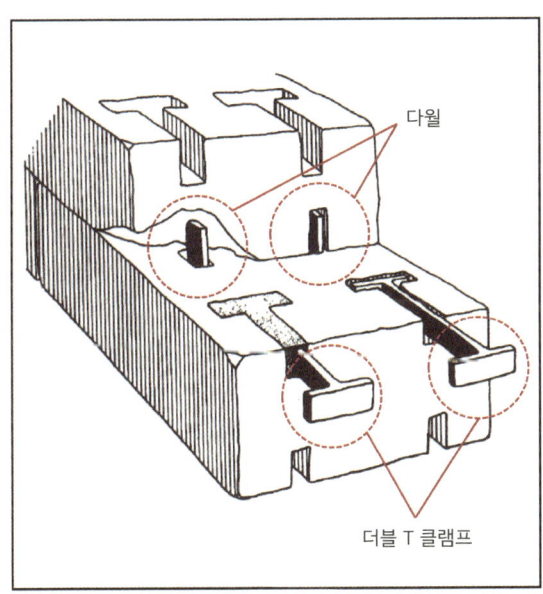
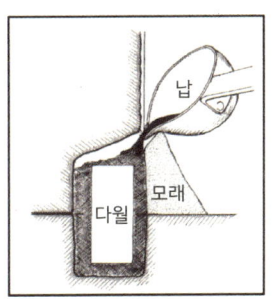
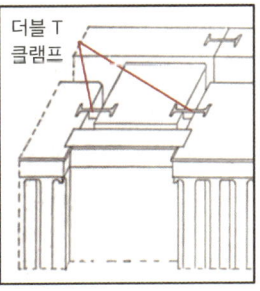

다월

납

다월

모래

더블 T
클램프

더블 T 클램프

··· 다월, 클램프의 연결과 납 처리

차곡차곡 쌓아진 드럼을 고정하는 방법에도 이집트와 차이가 있었다. 이집트의 기둥은 원반 형태의 돌을 쌓으면서도 별다른 접합 방법을 쓰지 않고, 돌의 무게와 마찰력에만 의지했었다. 반면, 그리스에선 드럼의 아랫 면과 윗면의 중앙에 홈을 파내고 사다리꼴 육면체 모양으로 생긴 엠폴리 아empolia를 끼운 다음, 그 가운데에 폴pole, polo이라는 나무 핀을 끼워 아 래위 드럼을 맞췄다. 폴은 기둥 드럼의 중심축을 맞춰 아래위 드럼을 연결 하는 역할을 했고, 좀 더 연질의 나무로 만든 엠폴리오는 폴이 돌에 닿아 손상되는 것을 방지하는 동시에 폴이 연결되었을 때 어느 정도의 유연성 까지 확보해 줬다.

이렇게 드럼이 제자리를 잡으면 그제야 로프를 걸었던 돌출부를 따내 고 매끈하게 플루팅을 만들어 기둥을 완성한다. 이 모든 과정에 튼튼한 비 계가 함께 사용됐는데, 이집트처럼 가벼운 작업용이 아니라 본격적인 공 사용 비계였다.

기둥이 아닌 벽체에 돌 블록을 쌓을 때는 철로 된 다월dowel과 클램프 clamp를 사용해 블록끼리 서로 단단히 연결되도록 했다. 파르테논 역시 카 르나크 신전과 같은 가구식 구조이지만, 이 연결 방법으로 구조적인 성능 을 보강할 수 있었다. 특히 여기서 신의 한 수는 철물이 들어갈 홈을 조금 여유 있게 파고 철물과 여유 공간에 납을 녹여 넣는 것이다. 이 납은 철물 과 돌의 접합을 더 단단하게 해주고, 공기의 접촉을 막아 철물에 녹이 스 는 것도 방지해 준다. 또 납은 신축성이 있어서 온도 변화로 인한 철물의 수축과 팽창에 대응할 수 있고 지진으로 흔들림이 발생할 때 완충재 역할 도 해준다. 이런 비법은 로마에 이어 고딕 시대까지 전수된다.

# 기둥의 진화를 알린 고대 로마

## 전통을 이은 판테온의 통짜 기둥

로마의 기둥은 크게 돌로 만든 통짜 기둥, 드럼식 기둥, 그리고 벽돌 기둥의 세 가지로 구분되는데, 그중 통짜 기둥의 대표적인 사례는 놀랍게도 그 유명한 판테온에 있다. 이 건물이 지어진 것이 AD 126년이니까 이집트 사후레 피라미드 사원의 돌기둥 이후 약 2,600년이 지나서까지 이런 방법이 사용된 것이다. 판테온을 콘크리트로 만들 정도로 발전된 기술을 가지고 있었던 로마가 가장 오래된 방법으로 기둥을 만들었다는 것이 의외인데, 그만큼 판테온이 중요하고 상징적인 건물이었기에 가장 멋진 기둥을 만들려고 했던 것 같다.

또 놀라운 것은 이 통짜 기둥들이 수입품이란 것이다. 판테온의 입구 포르티코protico*에 있는 16개 기둥의 샤프트는 멀리 이집트에서 화강석을 통째로 가져와 만들었고, 화려한 코린티안 양식의 캐피탈은 그리스산 대리석이다. 이 기둥은 캐피탈을 제외하고도 높이가 약 12m, 지름 1.5m, 한 개의 무게가 약 60톤이다. 이 기둥을 배에 싣고 바다를 건너 로마 한복판까지 가져올 만큼 로마인들은 이 판테온에 진심이었다.

그런데 여기에 전해오는 비화가 하나 있다. 판테온을 정면에서 바라보면 맨 앞의 포르티코 뒤로 또 다른 페디먼트의 윤곽이 보이는데, 원래 포

---

* 특히 대형 건물 입구에 기둥을 받쳐 만든 현관을 말한다.

··· 판테온 포르티코의 기둥과 캐피탈

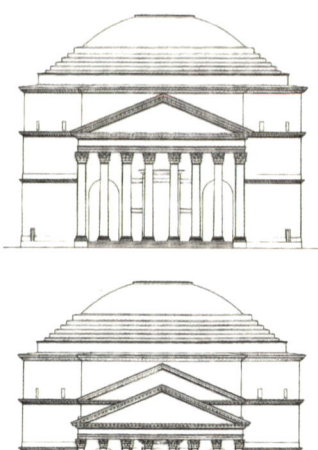

··· 판테온의 최초 설계(상)와 현재의 정면(하)

르티코의 크기가 그 선에 맞춰서 설계됐었고, 따라서 애초에 계획된 기둥의 높이는 지금보다 약 3m가량 길었다는 것이다. 왜 그랬을까. 그 이유로는, 로툰다rotunta* 공사가 끝나고 포르티코만 완성하면 되는데 정작 그 높이에 맞는 석재를 구하기 어려웠다는 설, 운송하는 과정에서 문제가 생겼을 것이라는 설, 어찌 된 일인지 이집트에서 가져와 다른 곳에 써버렸다는 설 등 여러 가지가 있다. 하지만, 판테온을 감상하는 데에 중요한 일은 아닌 것 같다.

---

\* 원형 건물이나 원형 홀을 지칭하는 용어로, 판테온에서는 포르티코 뒤편에 있는 원형 공간이 해당된다.

## 드럼식 기둥과 거대해진 트라야누스의 기둥

드럼식 기둥의 경우에는 조립 방법이 그리스와 크게 다르지 않다. 차이가 있다면 그리스 기둥에 사용됐던 목제 폴이 철제 막대기로 바뀌었고, 엠폴리아 대신 드럼과 드럼 사이에 홈을 파고 녹인 납을 흘려 넣어 폴과 돌간의 공간을 채웠다는 점이다. 그리스에서 돌 블록을 연결할 때 클램프 주위에 납을 부어 넣었던 방법과 같고, 기둥은 더 큰 강성을 갖게 됐다. 이 방법은 고딕 건축에서도 비슷하게 사용된다.

그런데 건물 안에 있는 것은 아니지만, 이집트의 오벨리스크처럼 기념비적이고 주목할 만한 기둥이 있다. 로마의 황제들이 세워 놓은 여러 기념 기둥이 그것으로, 이것들도 드럼식으로 세워졌다. 그중에 바실리카 울피아 앞에 서 있는 트라야누스의 기둥Trajan's Column(107~113)이 가장 먼저 지어졌는데, 이는 가장 대표적인 기둥이자 이후 세워진 기념 기둥들의 모델이 되었다.[†]

이 기둥은 트라야누스 황제가 101년부터 106년까지 로마제국령을 넘보던 다키아인

연결 철심 삽입 구멍

녹인 납을 부어 넣었던 홈 자국

··· 로마 기둥 드럼의 연결 철물과 납 채움 홈 자국

---

[†] 고대 로마는 이후 마르쿠스 아우렐리우스의 기둥Column of Marcus Aurelius(176, 높이 39.7m), 콘스탄티누스의 기둥Column of Constantine(328, 높이 34.8m), 포카스의 기둥Column of Phocas(608, 높이 13.6m) 등을 세웠다.

··· 트라야누스 기둥 - 외관과 내부, 표면에 새겨진 부조, 드럼의 형태

들을<sup>*</sup> 격파한 전쟁Trajan's Dacian을 기념하기 위해 세운 것으로, 지면에서 맨 위 동상 받침대까지의 높이가 38.4m,<sup>†</sup> 기둥의 맨 하부 지름이 3.7m, 상부 끝은 3.2m다. 기둥 샤프트는 20개의 대리석 드럼으로 이루어져 있고, 드럼 하나의 높이는 평균 1.5m, 무게는 약 32톤이며, 기둥 전체의 무게는 총 1,100톤에 이른다.

---

\*   현재 루마니아, 몰도바, 불가리아, 세르비아, 헝가리, 슬로바키아, 체코, 폴란드, 우크라이나 등의 일부 지역에서 BC 82년부터 왕국을 건설하고 거주하던 민족
†   동상과 맨 아래 받침대를 제외하고 기둥의 베이스, 샤프트, 캐피탈을 포함한 높이가 30m, 샤프트만의 높이는 27m다.

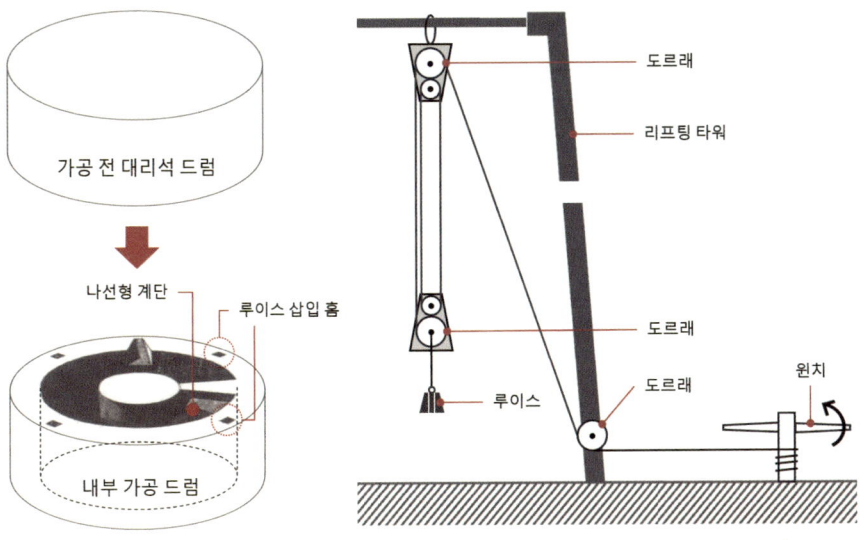

가공 전 대리석 드럼

나선형 계단 ─ 루이스 삽입 홈

내부 가공 드럼

··· 트라야누스 기둥의 드럼

도르래

리프팅 타워

루이스

도르래

도르래

윈치

··· 리프팅 타워 도르래 시스템

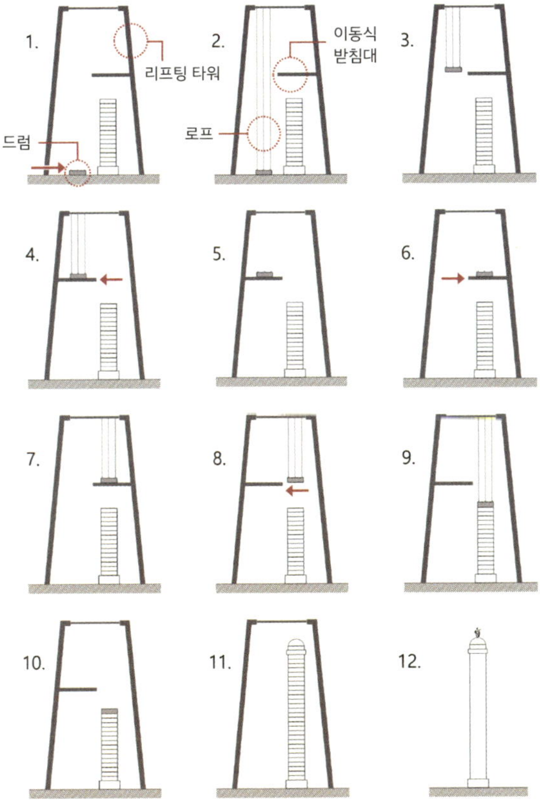

1. 리프팅 타워

드럼

2. 이동식 받침대

로프

3.

4.

5.

6.

7.

8.

9.

10.

11.

12.

1. 타워 안으로 드럼 이동
2. 드럼에 로프 연결
3. 드럼 양중
4. 받침대를 이동한 후 드럼 내리기
5. 드럼에서 로프 분리
6. 받침대를 기둥 위치로 이동
7. 드럼에 로프 연결
8. 받침대를 반대 위치로 이동
9. 드럼을 기둥 위치로 내리기
10. 드럼에서 로프 분리
11. 같은 작업을 반복해 기둥을 완성
　 하고 부조 새기기
12. 타워 해체

··· 리프팅 타워를 이용한 트라야누스 기둥의 공사과정

또, 기둥 둘레에 새겨진 부조는 이 기둥의 건축적 의미와 함께 유네스코 세계 문화유산에 등재되어 있을 만큼 유명하다. 그래서인지 건축사를 다루는 문헌 대부분은 이 부조의 내용을 의미 있게 다룬다. 그런데 어떻게 이 시대에 10층짜리 현대 건물과 맞먹는 이 거대한 기둥을 완성할 수 있었는지가 더 놀랍고 대단한 것 아닐까.

여기에는 로마인들의 번뜩이는 지혜와 기술이 숨어있다. 첫째, 드럼 속에 나선형 계단을 만들어 맨 밑 출입구에서 꼭대기 동상까지 접근할 수 있도록 해놨다. 이 계단은 통로 역할을 하면서 일단 속이 꽉 찬 드럼보다 무게를 줄일 수 있었다.

둘째, 이 기둥만을 위한 맞춤식 리프팅 타워lifting tower를 제작했다. 리프팅 타워는 기둥 전체가 들어갈 만큼 높고 크게 만들었고, 로프와 도르래, 윈치를 사용해서 드럼을 끌어 올리는 장치였다. 또 타워 안에는 수평 이동이 가능한 받침대를 설치해서 드럼을 리프팅하고 제 위치에 올려놓는 작업을 효과적으로 할 수 있도록 했다.

셋째, 그리스에서 석재를 들어 올릴 때 로프를 걸었던 돌출부 대신 로마인들은 철제 루이스lewis를 사용했다. 그리스어로 홀리벨라Holivela라고도 불리는 이 장치는 아주 간단하면서도 무릎을 치게 하는 아이디어다.[*]

루이스는 로프를 연결하는 고리와 양옆에 쐐기 모양의 발, 가운데 직사각형의 발,[†] 그리고 이 발과 고리를 연결하는 핀으로 구성되고 모두 쇠로

---

[*] 'lewis'란 용어에는 라틴어로 '들어 올리다lift'를 뜻하는 'levo'에서 유래했다는 설, 그냥 사람의 이름이었다는 설이 있다. 그리스어로 '홀리벨라'라는 이름 때문에 이 장치가 원래 BC 200~300년경 그리스에서 발명됐다는 설이 있지만, 어찌 됐든 정작 빛을 발한 건 로마 건축에서다.

[†] 세 개의 발로 된 삼발 루이스three legged lewis가 일반적이지만, 가운데 직사각형 발이 두 개 이상인 루이스도 있다.

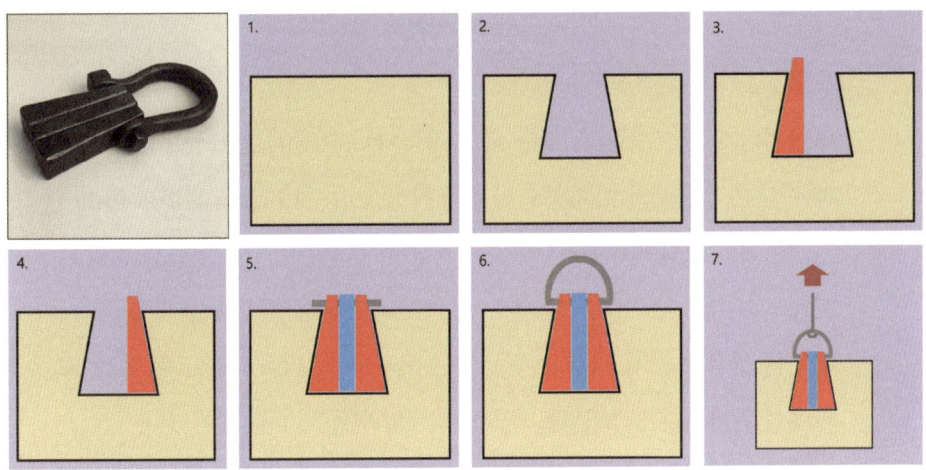

… 루이스 사용법

만들어져 있다. 사용 방법은 이렇다. 먼저 석재 안쪽에 사다리꼴 모양으로 홈을 파내고, 양옆에 홈 모양에 딱 맞는 쐐기 발을 끼워 넣은 다음, 가운데 발을 마저 끼우고 핀과 고리를 연결한다. 이렇게 하면 쐐기 발이 돌과 맞물려 절대 빠지지 않고 쉽게 리프팅 할 수 있다.

알고 보면 간단해 보이지만 재치가 번뜩인다. 이 모두가 오래전부터 있었던 기술들이 차곡차곡 축적되어 이루어진 결과이고, 이런 기술이 없었다면 당시의 건축가들이 이 거대한 기둥을 만들 상상조차 하지 못했을 것이다.

# 벽돌의 제국다운 벽돌 기둥

마지막 로마 기둥의 유형은 벽돌 기둥이다. 벽돌과 콘크리트의 제국답게 이들은 기둥에도 이 재료들을 빼놓지 않았다. 큰 하중을 받아야 하거나 기념비적인 건물에 사용된 것 같지는 않은 듯하지만, 나름 용도도 많았고, 형태도 다양했다. 현대 건물에는 콘크리트가 흔해서 기둥을 벽돌만으로 만드는 경우는 보기 어렵고, 만든다면 사각형 단면의 기둥이 될 텐데, 로마에선 원형이나 꽃 모양 등 특별한 형태의 벽돌 기둥을 만들었다.

벽돌의 장점은 작업을 쉽고 빠르게 할 수 있고 무엇보다 저렴하다는 점인데, 겉면을 석고로 마감해서 마치 비싼 돌기둥처럼 보이게 만들기도 했다. 또 강성을 보강할 목적이었는지 종종 벽돌 기둥의 중심에 콘크리트를 채우기도 했다.

a. 폼페이의 마켈룸(Macellum of Pompeii) 입구에 있는 기둥
b. 꽃잎 모양의 벽돌 기둥(폼페이)
c. 조각 벽돌로 만든 기둥(스페인 카르테이아)

··· 로마 벽돌 기둥의 다양한 형태

# 고딕의 완성, 고딕 기둥과 플라잉 버트레스

## 기둥 건축의 결정판

서로마제국의 멸망은 유럽에 많은 변화를 가져온다. 그 큰 제국이 여러 지역으로 쪼개지고 국가의 형태로 발전하는가 하면, 각 지역의 독자적인 특징과 문화가 나타나기 시작한다. 이런 상황에서 유럽을 묶어주는 기반이 된 것이 바로 기독교다. 특히 건축에 있어서는 로마네스크를 거쳐 고딕 시대로 넘어오면서 종교건축, 성당건축이 서양건축의 중심이 된다. 이 시대에도 다양한 용도의 건축물들이 있었겠지만, 건축사에서 이 시대를 대표하는 것은 대부분 거대한 성당들이고 이들의 규모는 현대의 건축물과 비교해도 전혀 손색이 없다.

특히 높이에서는 놀라울 만큼 압도적이다. 후기 고딕을 대표하는 울름 대성당의 경우, 에펠 타워가 지어질 때까지 세계에서 가장 높은 건물이었고, 이런 예가 아니더라도 고딕 이전엔 어쩌다 나올 법한 높이의 건물들이 고딕 시대에는 널려 있었다. 과연 그 비결이 무엇이었을까?

우선 높이를 감당하려면 무엇보다 건물의 기둥이 튼튼해야 한다. 그런데 기둥의 재료를 보면, 성당과 같은 대규모 건축의 경우 로마의 멸망과 함께 모두 돌로 회귀한다. 그도 그럴 것이 돌은 압축력에 강하고 유럽에는 양질의 돌이 풍부했으며, 가공 기술도 꽤 축적되어 있었으니 자연스러운 결과였다.

기둥을 만드는 방법은 기본적으로 드럼식이라 할 수 있지만, 드럼을 여러 개의 블록으로 나누는 더 정교한 조립식 방법이 등장한다. 예를 들어, 대형 기둥의 경우 기둥 드럼 한 단을 네 개의 블록으로 나누고 이 블록에 철제 스테이플을 박아 단단히 연결했으며, 종종 중심에 가벼운 골재를 채워 넣기도 했다. 이렇게 하면 기둥의 강성을 유지하면서 운반할 드럼의 무게를 줄일 수 있었고, 여러 조각으로 나눈 드럼은 가공하기도 수월해서 고딕 기둥 특유의 올록볼록한 모양을 만들기에도 안성맞춤이었다. 또 드럼 사이에 석회 모르타르를 발라 접착제로 쓰기도 했다.

작은 기둥에는 로마의 기술을 더 발전된 형태로 적용했다. 기둥 드럼 가운데에 홈을 파고 철심을 끼운 다음, 녹인 납을 채워 위아래 블록을 연결하는 것까지는 로마와 비슷하다. 차이점으로는 위쪽 블록을 올리기 전에 아래 드럼 위에 고임쇠를 놓고, 납 물이 새어나가지 않도록 두 블록의 이음새 둘레를 점토로 막는 작업이 추가됐다. 이 상태에서 납 물을 부으면 철심과 구멍 간의 공간이 메워지고 위아래 드럼 사이엔 납 줄눈이 생긴다. 납의 신축성은 드럼과 철심을 잡아주면서 진동에 대응하는 역할을 했고 드럼 사이의 접착제 문제도 해결할 수 있었다.

장비도 더 세련되어졌다. 특히 각종 크레인을 용도별로 제작했는데, 조립 해체가 가능한 소형 크레인을 만들어 테라스 층에 설치하기도 했고, 기둥뿐만 아니라 성당의 모든 부위를 건축하는 데에 사용했다.

드럼 블록

철재 스테플

골재

드럼 블록

철재 스테플로 블록 결합

철재 스테플 위에 납 포장

블록 및 드럼 연속 설치

··· 고딕 싱딩의 큰 기둥 드럼 블록 접합

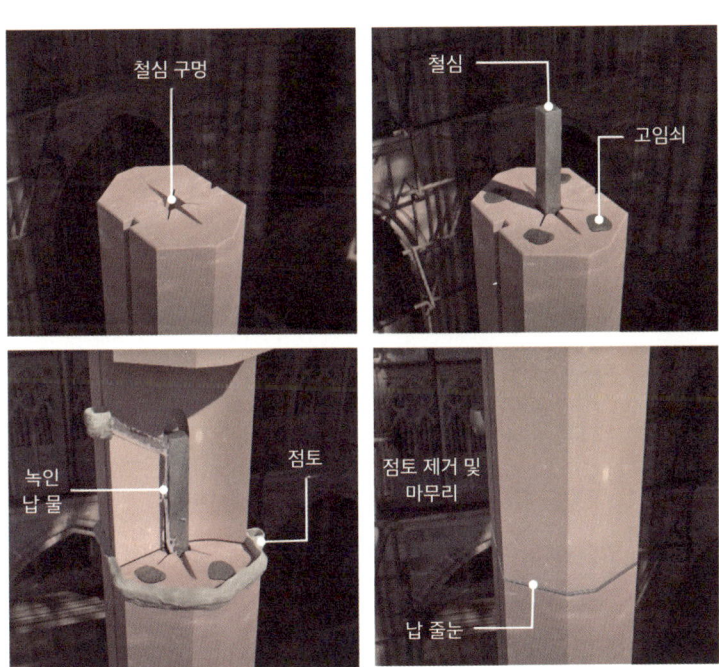

철심 구멍

철심

고임쇠

녹인 납 물

점토

점토 제거 및 마무리

납 줄눈

··· 고딕 성당의 작은 기둥 드럼 블록 접합

# 기둥의 파트너, 플라잉 버트레스

고딕을 고딕답게 만든 일등 공신을 꼽으라면 기둥의 파트너 플라잉 버트레스flying buttress를 빼놓을 수 없다. 플라잉 버트레스의 'flying'은 그 구조체가 건물 밖으로 튀어나와 공중을 나는 듯한, 또는 공중에 떠 있는 듯한 형상을 하고 있어서 붙여진 이름이다.

버트레스는 우리말로 '버팀벽', '부축벽扶築壁' 또는 '부벽扶壁'이라 하며 세계 어디에서나 시대를 막론하고 흔하게 볼 수 있다. 버팀벽의 기능은 돌이나 벽돌, 블록을 쌓아 만든 조적식 벽체에서 벽이 쓰러지지 않도록 지지해 주는 것이다. 조적식 구조가 수평 방향의 횡력에 취약한 단점을 보완하기 위해, 특히 벽체가 길고 높아질수록 반드시 필요하다.

이 버트레스가 건축물의 특징으로 떠오르기 시작한 것은 앞서 보았듯이 로마네스크 시대부터로, 건물의 규모가 커지고 높아지면서 건물 바깥으로 벽체에 붙여 버트레스를 댔다. 이 버트레스가 고딕으로 접어들면서 플라잉 버트레스로 진화한다. 버트레스를 건물 본체와 분리시킨 것이다. 이렇게 해서 건물이 넘어지지 않도록 양옆에서 지지해 주는 기능은 유지하되, 벽에 바짝 붙어있던 로마네스크 버트레스보다 더 큰 힘으로 본체를 지지할 수 있었다. 또 플라잉 버트레스가 내부의 기둥과 연결되어 위에서 내려오는 하중이 분산되니 기둥은 구조적 부담을 덜게 되고 건물은 더 높아질 수 있었으며 하중을 받지 않는 벽체는 더 얇아졌다.

로마네스크의 성당은 창문도 작고 두꺼운 버트레스의 그림자 때문에 늘 음침했지만, 이제는 플라잉 버트레스 사이로 햇빛이 들어오며 벽에 큰 창문과 스테인드글라스를 설치할 수 있는 공간이 생겼다. 마침내 색색깔

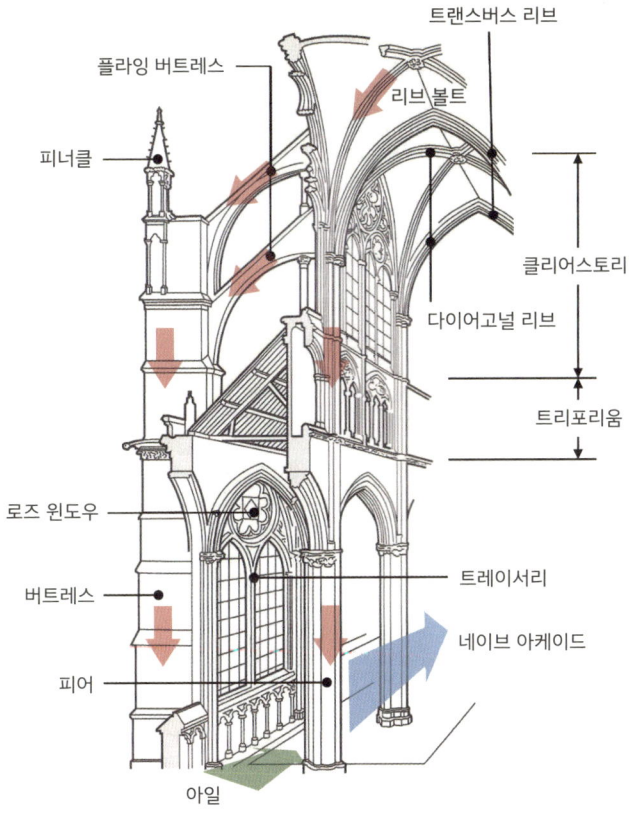

트랜스버스 리브

플라잉 버트레스

리브볼트

피너클

클리어스토리

다이어고널 리브

트리포리움

로즈 윈도우

트레이서리

버트레스

네이브 아케이드

피어

아일

··· 고딕 성당의 구조와 플라잉 버트레스

··· 영국 요크 민스터(York Minster, 1472)의 플라잉 버트레스

의 영롱한 빛이 교회 안을 가득 채우게 됐다. 플라잉 버트레스는 구조적인 혁신이었을 뿐만 아니라, 교회에 딱 어울리는 성스러운 공간을 창조해 낸 것이다.

결론적으로, 고딕의 기둥과 플라잉 버트레스가 없었다면 우리가 알고 있는 유럽의 옛 성당은 전혀 다른 모습이었을 것이다. 하늘을 찌를 듯한 첨탑과 중세 유럽 예술의 진수를 보여주는 조각과 장식, 그리고 화려한 스테인드글라스까지, 구조적 문제가 해결되지 않았다면 결코 얻을 수 없는 것들이었다. 비약일진 몰라도, 플라잉 버트레스 덕분에 더 많은 신도가 교회로 모여들었고 그 덕분에 중세의 문화가 지속됐을 수도 있다. 좀 더 현실적으로, 플라잉 버트레스가 없었다면 유럽 관광 코스에서 성당 방문은 사라졌을 것이다.

# 기능에 충실해진 근현대의 기둥

고딕 이후로 이어지는 르네상스, 바로크 등의 시대까지 기둥의 모습은 크게 달라지지 않았다. 특히 '고전'이란 말이 붙은 건축양식에선 다시 그리스나 로마의 기둥 양식이 모델이 된다. 그런데 우리 주변의 현대건축을 보면 캐피탈, 플루팅, 베이스 등 옛 기둥 양식의 흔적을 찾을 수 없다. 무미건조한 정사각형 단면의 기둥이 대부분이다. 왜 이렇게 됐을까?

이 질문에 대한 정확한 답은 없지만, 추측해 보건대 가장 큰 원인으로 건축재료의 변화와 사회적인 변화를 들 수 있을 것 같다. 그 기점은 산업혁명이다.

산업혁명 이후 대규모 건물에서 벽돌과 돌을 대체한 것이 콘크리트와 철골인데, 둘 다 조각이나 장식과는 거리가 먼 재료다. 특히 콘크리트는 거푸집을 짜서 형태를 만드는데, 이전 시대처럼 원형 기둥을 만들려면 거푸집 제작과 철근 배근 등, 그 시공 과정이 매우 복잡하고 정밀성도 장담하기 어렵다. 그러니까 가장 간단한 방법이 사각형 거푸집이다. 철골 구조의 기둥은 그 형태가 더 단순할 수밖에 없다.

그런데 마침 산업혁명으로 건축의 중심이 종교나 왕실, 귀족에서 공업과 상업, 그리고 자본가에게로 넘어온다. 그들은 장식에는 관심이 없었고 생산적이고 기능적인 건축이 더 필요해졌다. 불필요한 비용은 절대 금물이었다. 기념비적이거나 대표성을 가진 건물에 고전의 모티브를 따오는 일이 가끔 있었지만, 대세는 이미 넘어간 다음이었다.

건축가들도 이와 같은 시대적인 요구에 부응했다. 모더니즘 건축가 루이스 설리번의 '형태는 기능을 따른다'라는 말이 설계에 어떤 개념이 우선됐는지를 단적으로 보여준다. 기둥으로 멋 부리던 시절은 끝이 났고 건축의 특징을 결정하는 요소 중에 '기둥'이라는 항목은 완전히 사라졌다. 기둥은 이제 본연의 기능에 충실하게 된 것이다.

그렇다고 해서 현대건축의 기둥이 쉬워진 것은 절대 아니다. 건물의 규모가 커진 만큼 기둥은 더 잘 버티고 더 작고 효율적인, 그리고 시간과 비용을 절약할 수 있는, 즉 구조적 성능과 시공성, 경제성 등을 추구하는 방향으로 계속 진화하고 있다.

## 우리 전통건축의 기둥과 기둥 연구

수백 년, 수천 년 전의 서양건축에는 대단한 규모의 건축물들이 많지만, 아쉽게도 우리 전통건축에선 높이를 자랑할 만한 건축물이나 그런 건물을 받치고 있는 기둥을 찾기가 어렵다. 규모가 큰 궁전이나 사찰도 모두 목조이므로 높이에 한계가 있고 조각으로 모양을 내기도 어렵다.

우리 전통건축은 저자의 전공 분야가 아니라, 답답한 마음에 우리나라에서 '제일 유명한 기둥'이란 키워드로 인터넷 검색을 해봤다. 통도사 대웅전 기둥, 법주사 일주문 기둥 등이 답으로 제시된다. 유명한 이유에 대해선 자세한 설명이 없다. 다른 전통건축 기둥들을 더 찾아보니 오래 되었고, 배흘림 형식이고, 곡선미가 아름답다는 표현 외에는 별다른 내용이 없다. 전통건축을 연구하는 학자들이 많은 연구결과를 내놓았겠지만, 단순한 검색으로 얻을 수 있는 정보는 이 정도였다.

또 '제일 높은 기둥'을 찾으니 AI가 엉뚱하게 우리나라에서 제일 높은 롯데월드타워의 '코어'라고 답을 한다. 뒤에 나올 초고층 빌딩의 '코어 구조' 방식을 보면 건물의 코어가 핵심적인 구조체 역할을 하는데, 기둥과는 거리가 멀다. 놀라웠던 것은 현재의 AI 수준이 아직 이 정도구나 하는 것, 그리고 우리 건축에 대한 정보가 그만큼 부족하다는 것이었다. AI도 축적된 정보와 지식이 있어야 옳은 대답을 할 텐데 말이다.

한편, 현대건축에서 기둥을 대상으로 한 연구는 주로 구조공학 분야에서 진행된다. 구조재료인 철근콘크리트나 철골 부재의 설계와 성능 향상에 관한 연구가 주를 이루고, 재료의 강도, 기둥의 크기나 철근의 개수, 거푸집, 시공법 등이 주제가 되며, 종종 컴퓨터 시뮬레이션이나 실물을 만들어 깨 보는 실험까지 함께 수행된다. 같은 건축공학 전공자라도 이 분야 전문가가 아니면 알아들을 수 없을 정도로 복잡하고 수학, 물리, 화학 등이 총동원된다.

그런가 하면, 기둥 디자인은 이제 건축가들의 관심 밖에 있다. '기둥을 어떻게 디자인할까', '어떤 장식이 어울릴까'를 주제로 하는 연구는 들어본 적이 없다. 문제 해결은 구조공학, 구조설계 전문가의 몫이 됐다.

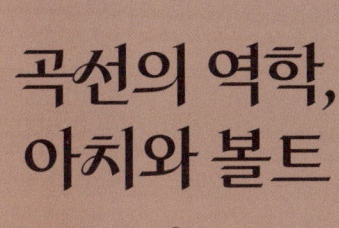

# 곡선의 역학,
# 아치와 볼트

아치는 서양건축을 대표하는 건축요소 중 하나다. 오래된 성당 입구 위에, 창문 위에, 내부 아일에 아치가 올려져 있다. 아치 위에는 현란한 조각과 장식이 더해지기도 하고 웅장한 기둥과 짝을 이룬다.

아치와 파트너 관계라 할 수 있는 볼트도 빼놓을 수 없다. 다만, 볼트는 천장에 만들어지므로 아치처럼 한눈에 보이지 않고 고개를 들어야 볼 수 있다. 그러나 정작 그 아름다움에 놀라면서도, 볼트라는 용어에는 익숙하지 않다.

아치와 볼트는 그 역사에서부터 생긴 모습, 만드는 방법, 역학적인 원리 등에서 형제 같은 관계이다. 그만큼 시대별 건축양식을 얘기할 때 이들의 모양이 어떻게 변했는지가 중요한 특징으로 꼽힌다. 왠지 이국적이고 아름다워서인지 현대건축에서도 고풍스러운 분위기를 내고 싶은 건물에 아치나 볼트를 넣곤 한다.

그런데 옛 건축가들이 건물을 멋지게 할 목적으로 아치와 볼트를 만들었을까? 장식적인 요소가 더해지고 점점 더 화려한 모습으로 발전하긴 했지만, 시작은 거기에 있지 않았을 것이다. 아치와 볼트의 존재 이유는 역학적인 기능에 있었고, 이것이 다양한 형태로 발전한 데에는 그것을 가능케 한 기술이 있었기 때문이다. 이제 그 본모습을 알아보도록 하자.

# 아치와 볼트의 역학적 원리

아치와 볼트의 역학적 기능이란 무엇일까? 먼저 아치를 보자면, 옛 건축가들에게 아치는 미적인 효과 이전에 어쩌면 어쩔 수 없는 선택이었을 것이다. 간단한 예로, 사람이 드나드는 출입구를 생각해 보자. 우리 주변의 출입구를 잘 관찰해 보면 위쪽으로 벽이 있거나 천장과 붙어있는 경우가 많고, 이런 벽이나 위층의 무게가 바로 문틀에 하중으로 작용한다. 이때 문틀이 충분히 튼튼하거나 문의 폭이 좁다면 괜찮겠지만, 그렇지 않다면?

여기서 말하는 문틀은 인방*과 문설주로 나눌 수 있는데, 인방은 문틀 위의 수평부재, 문설주는 문틀의 기둥과 같은 역할을 한다. 하중이 수평부재에 작용하면 이 부재가 휘면서 위쪽에는 압축력이, 아래쪽에는 인장력이 발생한다. 이때 부재 내부에는 외력에 저항하는 '응력應力, stress'†이 생기는데, 만약 하중이 이 응력을 넘어서면 그 재료는 파괴되고 만다.

압축력에는 강하고 인장력엔 약한 돌의 경우 이것을 기둥, 즉 수직부재로 쓰면 아주 훌륭한 역할을 하지만, 인방이나 수평부재로 쓰면 아래쪽에 생기는 인장력을 버티지 못해 부러지기 쉽다. 또 수평부재에 작용하는 하중은 고스란히 양쪽 기둥에 나뉘어 전달되므로 기둥의 부담도 커진다. 서양건축, 특히 고딕 양식에선 주요 건축재료가 돌인데 문마다, 지붕마다 돌

---

* 인방은 창이나 문 위에 가로로 설치하는 나무 또는 돌로 된 수평재를 말한다. 인방 위에서 작용하는 하중이 크면 창틀이나 문틀보다 양쪽으로 길게 빼 벽에 묻히도록 하고 하중이 창틀, 문틀에 직접 작용하지 않도록 한다.
† 부재 내부에 생기는 휘어지지 않으려는 저항력 또는 휘어지는 정도를 휨 모멘트, 부러지지 않으려고 버티는 저항력을 전단 응력이라고 한다.

을 수평부재로 올리면 이런 현상이 생기기 쉽다.

그런데 문틀을 아치로 만든다면 어떨까? 아치에선 수평부재와 달리 상부의 하중이 곡선을 타고 기둥까지 전달되면서, 아치 부재 내부에는 압축력만이 작용하고 하중은 수평 방향과 수직 방향으로 분해되는 효과가 생긴다. 그러니까 아치의 재료가 돌이라면 그 돌은 압축력에만 버티면 되고, 하중이 분해되니까 기둥의 부담은 줄어든다. 따라서 수평부재로 된 문틀보다 더 넓은 공간을 커버할 수 있고, 덤으로 더 높은 높이를 얻을 수 있다. 단, 아치에 작용하는 하중이 분해될 때, 수평 방향의 하중은 아치와 기둥이 만나는 지점에서 아치 바깥쪽으로 작용하기 때문에 이것을 잡아 줄 받침대나 받침 벽이 있어야 아치가 안정적으로 버틸 수 있다.

그렇다면 현대건축에선 왜 아치가 흔하지 않은 것일까? 넓은 출입구도 그냥 사각형인 경우가 많지 않은가. 답은 건축재료에 있다. 현대건축에선 철근콘크리트 구조, 철골 구조, 트러스 구조 등으로 출입구나 개구부의 폭과 높이를 조절할 수 있고, 얼마든지 이런 구조적인 문제를 해결할 수 있

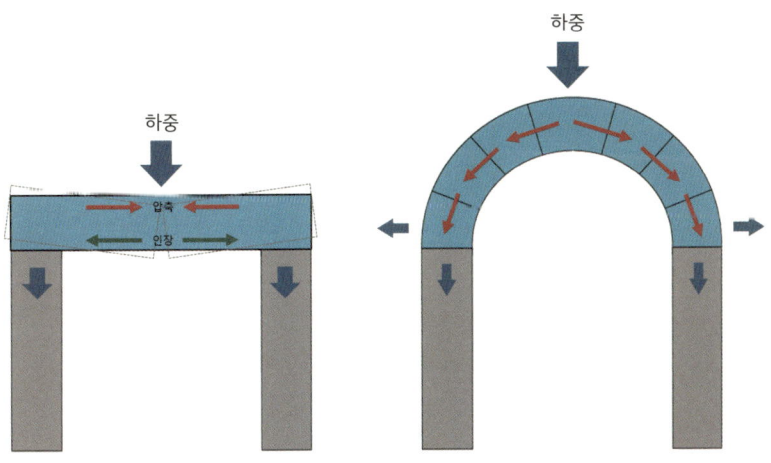

··· 수평 보와 아치에 작용하는 하중의 비교

다. 아치가 선택이 아닌 필수였을 수 있다는 것은 이런 공법이 불가능했던 시절의 얘기다.

볼트의 역학적 원리도 아치와 다르지 않다. 아치가 한 방향으로 연속되어 있을 뿐이다. 거기다 로마네스크나 고딕 등에선 아치와 볼트가 결합하면서 더 이상적인 구조를 창조해 냈다. 그러면 아치는 현대건축에서 흔하지 않다면서 왜 터널은 볼트 구조로 되어있을까? 현대에 지어지는 터널도 철근콘크리트 구조가 대부분이지만, 산 아래, 바다 밑에서 터널에 미치는 하중은 건축물에서의 것과 비교할 수 없을 정도로 크기 때문이다. 따라서 아무리 튼튼한 철근콘크리트 구조라 해도 하중을 최대한 효율적으로 받아내기 위해선 볼트 구조가 최선이 된다.

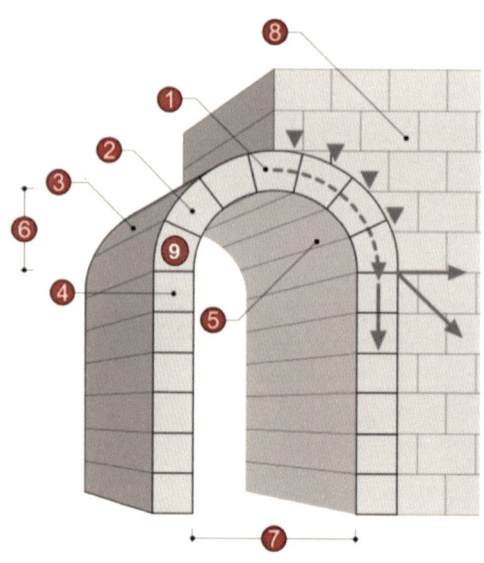

… 아치의 구성과 부위별 명칭

1. 키스톤(keystone, 아치 이맛돌, 홍예정석, 虹蜺頂石): 아치 정중앙에 놓이는 쐐기 모양의 돌
2. 브스와(voussoir, 아치돌, 홍예석): 아치를 구성하는 각각의 쐐기 모양의 돌
3. 엑스트라도스(extrados, 바깥둘레): 아치의 위 곡선 부분
4. 임포스트(impost, 아치굽): 아치가 끝나서 바닥에 수직으로 부재가 놓여 하중이 전달되는 부분의 시작점
5. 안둘레면(intrados, 안둘레): 아치의 안쪽 곡선 부분
6. 라이즈(rise, 아치 높이): 아치가 시작되는 지점부터 최정점까지의 높이
7. 베이(bay, 아치 폭): 아치의 실제 안쪽 실거리
8. 어바트먼트(abutment, 아치대, 홍예지지대): 아치 주변에서 아치를 받쳐주는 받침대 또는 받침벽
9. 스프링거(springer, 아치받이돌): 아치가 시작되는 가장 밑 첫 번째 돌

# 고대의 아치와 볼트

아치와 볼트 형태의 구조는 꽤 오래전부터 사용되어 왔다. 인류는 언제부터 아치와 볼트가 구조적으로 우수하다는 것을 알았을까? 구조역학도 배우지 않았을 텐데 말이다. 공식이나 계산은 당연히 없었을 것이고 누가 시작했는지도 알 수 없지만, 아마 자연에서 본 아치에서 시작되었을 가능성이 크다. 퇴적된 지층이 오랜 시간에 걸쳐 파도나 바람에 의해 풍화되어 '자연 아치'가 만들어지는 것을 심심치 않게 볼 수 있기 때문이다.

어디서 아이디어를 따왔든, 인간이 만든 사례는 이미 고대 문명에서부터 나타난다. BC 4000~3800년경 메소포타미아 수메르의 도시 니푸르 Nippur에서 아치와 볼트 형태를 갖춘 지하 수로가 있었고, 이집트에선 일찌감치 갈대를 엮어 아치 모양의 제단이나 배의 선실을 만들었으며, 석회암 절벽을 깎고 파내서 만든 파라오, 왕족, 귀족의 무덤에서 아치, 볼트형 천장을 가진 무덤들이 여럿 발견됐다.

이외에 미케네 문명이나 마야 문명 등 다른 지역에서도 오래전부터 아치가 있고, 쐐기 모양의 브스와를 사용한 아치 외에 돌이나 벽돌을 조금씩 안쪽으로 내어 쌓아 만든 '유사 아치' 또는 '코벌 아치 false arch,

… 이집트 무덤 내부에 있는 아치 볼트 구조

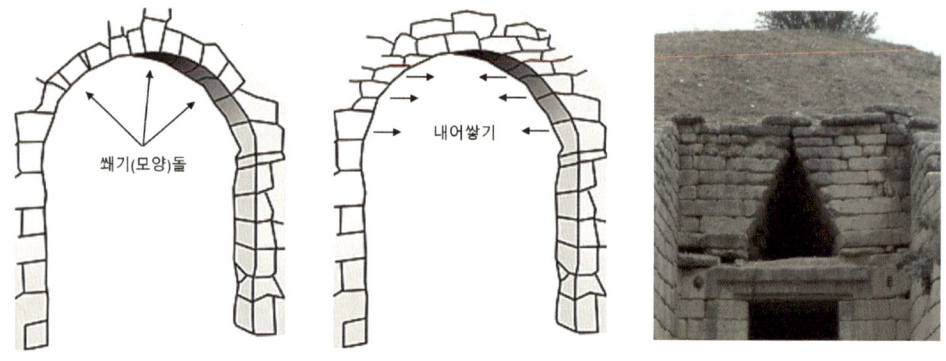

··· 일반 아치, 유사 아치(코벌 아치)의 개념과 실제 모습

corbel arch가 발견되기도 했다.

아치가 2차원적이라면 볼트는 3차원적이므로 더 고도의 기술이 필요할 것 같은데, 고대 메소포타미아나 이집트에서는 이미 BC 3000년경부터 중요한 건축물에 벽돌로 볼트를 만들었다.

고대인들이 사용한 가장 전형적인 방법은 원심형 볼트radial vault로, 먼저 양쪽에 버팀벽을 세우고 통로가 될 부분과 아치 부분을 돌이나 벽돌로 꽉 채운 다음 그 위에 벽돌로 원형 지붕을 덮어가는 방법이다. 두 번째 방법은 경사형 벽돌 볼트pitched-brick vault로, 이 방법도 양쪽 버팀벽을 먼저 만드는 것은 같지만, 벽 위로 맨 뒤부터 벽돌을 미끄러지지 않도록 비스듬히 세워가면서 아치 형태를 만들어 간다. 이렇게 하면 원심형 볼트처럼 볼트 속을 채웠다가 다시 비워내지 않아도 되는 장점이 있다. 대신 아치 뒤쪽 벽돌의 첫 켜가 기댈 수 있는 벽체가 있어야 한다. 세 번째 방법은 뼈대형 볼트ribbed vault로, 아예 곡률이 큰 벽돌을 제작해 두 개를 서로 맞대어 아치 선을 이루도록 했다. 오랜 시행착오 끝에 얻은 방법이겠지만 고대인들의 지혜가 잘 드러나 있다.

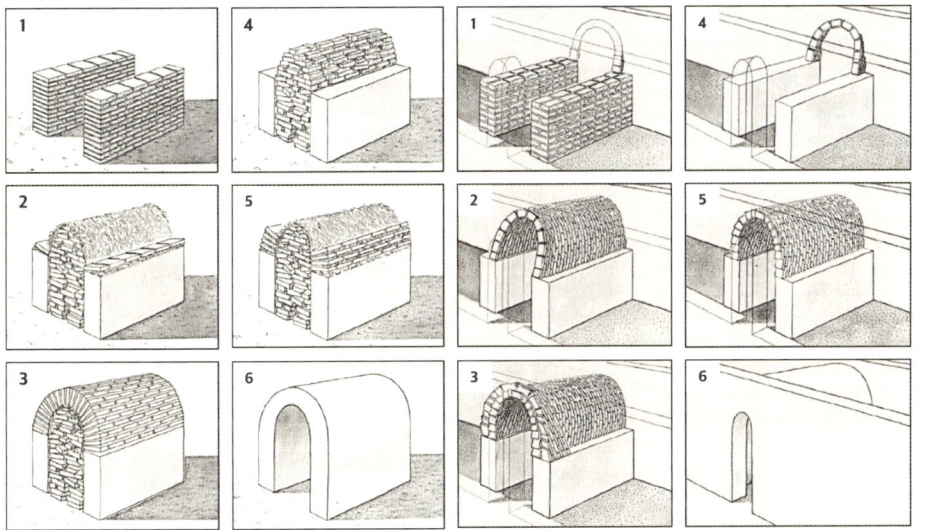

··· 원심형 볼트

··· 경사형 볼트

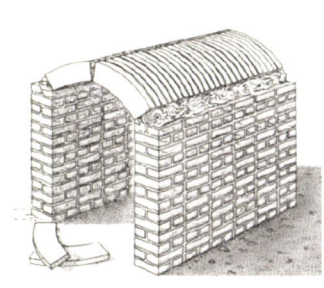

··· 완성된 뼈대형 볼트

# 아치와 볼트의 시대를 연 로마

## 로마의 대표 아치와 볼트

아치와 볼트를 제대로 건축물에 적용하기 시작한 것은 고대 로마 시대부터였고, 로마인들이 만들어낸 결과는 서양건축에 지대한 영향을 미쳤다. 사실 로마인들은 BC 8세기경 지금의 이탈리아 중부 지역에서 번성했던 에트루리아Etruria인들에게서 아치 만드는 방법을 배워 왔다고 한다. 청출어람이라고 해야 할까. 로마는 아치를 놀라운 수준으로 발전시켰고, 그들의 볼트는 거대했다.

아치의 사례 중에 가장 압권인 것은 프랑스 남부 도시인 님을 지나는 수도Nimes aqueduct의 수도교, 퐁 뒤 가르Pont du Gard[*] (BC 50년경)다. 이 수도교에는 맨 아래층에 6개, 두 번째 층에 11개, 맨 위층에 47개 등 모두 62개의 아치가 3개 층에 나뉘어 배치되어 있다.[†] 아래 두 개 층의 아치는 폭이 15~24m, 맨 위층의 아치 폭은 약 4.6m고, 높이는 아래서부터 22m, 20m, 7m다. 아치 하나만 봐도 상당한 크기인데, 이런 아치들을 세 개 층에 걸쳐 수십 개를 만들었다니, 그것도 2000년 전의 기술이라고는 믿어지지 않을 정도다.

건축물에서도 예외는 아니었다. 로마의 대표작 콜로세움을 보자. 지금

---

[*]  프랑스어로 '가드Gard강의 다리'라는 뜻으로, 퐁 뒤 가르는 가르 지역의 가르동 강Gardon river 위를 지난다.

[†]  맨 위층 47개 중 현재는 35개가 남아있다.

··· 아치 수도교 퐁 뒤 가르(위)와 콜로세움의 아치(아래)

은 아치를 포함해 많은 부분이 손상되어 있지만, 본래는 1층부터 3층까지
각층에 80개씩 총 240개의 아치가 이 경기장을 둘러싸고 있었다. 아치의
높이는 1층이 7.1m, 2, 3층이 6.5m이고, 폭은 모두 4.2m이며 4층에는 아
치 대신 사각형의 작은 개구부가 나 있다.

개선문은 또 어떤가. 로마의 황제들이 자신들의 업적이나 승전을 기념하기 위해 지은 이 건축물에 한자어로 붙인 이름이 '개선문凱旋門'이지, 본래 이름은 영어로 'triumphal arch'다. 앞서 대표적인 로마 건축의 예로 들었던 콘스탄티누스 개선문도 영어 이름은 'Arch of Constantine', 이탈리아어로는 'Arco di Costantino'로 이름 그 자체가 '아치'다. 이 개선문은 로마의 개선문 중 가장 큰 규모로, 전체 높이가 21m, 폭 25.9m, 두께가 7.4m이고, 가운데 가장 큰 아치는 높이가 11.5m, 폭이 6.5다. 재료로는 내부에 벽돌과 콘크리트를 사용했고, 외부는 대리석으로 마감했다.

같은 콘스탄티누스 시대에 완공된 바실리카 콘스탄티누스Basilica of Constantine*는 초대형 볼트의 사례다. 이 바실리카는 중앙 네이브의 전체 길이가 80m, 폭 25m, 높이 35m이고, 양옆에 있는 아일의 폭이 16m, 높이가 24.5m로 압도적인 규모를 자랑하며, 네이브와 아일 모두가 볼트로 덮여 있었다. 네이브 방향으로 기둥 간격이 20m가 넘는데, 기둥 사이의 네이브 면적을 계산해 보면 프로 농구 경기장보다† 큰 면적에 기둥 없이 볼트로만 천정을 받치고 있는 구조다. 아쉽게도 현재는 북쪽 아일의 볼트를 포함한 일부 구조물만 남아있지만, 현재의 모습만 보아도 로마의 기술력에 감탄하지 않을 수 없다.

---

* 이 바실리카는 308년에 막센티우스가 시작해서 312년 콘스탄티누스 때 완공되어 바실리카 막센티우스Basilica of Maxentius(308-302)라고도 불린다.

† 프로 농구 경기장의 규격은 28×15m다.

아일

네이브

아일

··· 바실리카 콘스탄티누스의 볼트

고대 문명에서 고대 그리스로 넘어오면서 아치와 볼트는 소강상태에 있었다. 파르테논 신전만 봐도 반듯한 직선으로 되어있고 아크로폴리스 어디에도 아치나 볼트의 모습은 보이지 않는다. 그런데 그리스를 훌쩍 뛰어넘은 로마 시대에선 이런 아치와 볼트를 식은 죽 먹듯이 만들어냈다. 대체 무슨 비결이 있었던 것일까?

로마인들은 아치나 볼트를 만들 때 돌, 벽돌, 콘크리트를 함께 사용했는데, 재료가 무엇이든 그들이 이 구조물을 자유자재로 만들 수 있었던 것은 그들의 최신 장비가 있었기 때문이다. 그중에서도 아치의 둥근 모양을 만들어내는 틀, 즉 센터링centering과 비계scaffolding가 가장 대표적이다.

예부터 쐐기 모양의 돌로 둥근 아치를 만들 수 있다는 것을 알았어도, 문제는 그 밑을 어떻게 받쳐주는가였다. 로마 이전에는 고대의 볼트 제작 방법처럼 먼저 아치가 될 부분 밑에 돌이나 흙을 채워 둥근 모양을 만들고, 그 위에 아치 돌을 얹은 다음, 밑에 있던 재료를 제거해서 아치를 만들었다. 매우 번거롭고 큰 노력이 필요했다.

그런데 로마는 가벼운 목재 틀인 센터링으로 이 문제를 해결해 버렸다. 축구 경기에서 공격팀이 좌우측에서 가운데로 공을 높게 차올리는 그 센터링 얘기가 아니다. 어떤 모양을 만들기 위해 다른 재료로 만든 틀을 말하는데, 우리말로 '형틀'이라고 표할 수 있지만 건설 현장에서 '형틀'은 콘크리트를 채워 넣는 '거푸집'과 같은 의미로 사용될 때가 많다. 따라서 이 책에서는 혼돈을 피하고자, 아치, 볼트, 돔을 만들 때 사용하는 틀을 영어 표현 그대로 '센터링'이라 부르기로 한다.

… 로마의 벽돌 아치, 석재 아치, 콘크리트와 벽돌을 함께 사용한 아치

이 목재 센터링은 비교적 가벼워서 운반, 설치, 해체가 편리하고, 가공 또한 쉬우며, 아치를 이어 볼트로 만든다든지, 다른 위치에 똑같은 크기와 모양의 아치를 만들 때 반복해서 사용할 수가 있었다. 게다가 이런 방식은 노동력과 비용을 줄이는 데에도 최고였다.

로마의 아치에는 한 가지 더 해결해야 할 문제가 있었다. 바로 높이였다. 낮은 건물이라면 몰라도 둥근 센터링을 어떤 방법으로든 높은 곳까지 올려 작업해야 했다. 퐁 뒤 가르 수도교의 아치나 바실리카 콘스탄티누스의 볼트를 보면 얼마나 어려운 일이었을지 짐작할 만하다.

그런데 이 문제에는 이미 고대 그리스가 해결책을 내놓았다. 고대 그리스에선 신전과 같이 큰 규모의 건축물을 공사할 때 목재 비계와 크레인을 사용했고, 로마인들은 이 방법을 그대로 가져왔다. 특히 크레인의 경우 그리스의 것보다 훨씬 성능이 좋은 '트리스파스토스trispastos', '폴리스파스토스polyspastos' 등 최신 장비를 만들어냈고, 폴리파스토스는 무려 6톤의 무게를 들어 올렸다고 한다. 목재나 벽돌은 물론이고 웬만한 돌 블록쯤은 들어 올리는 데 아무 문제가 없었을 것이다.

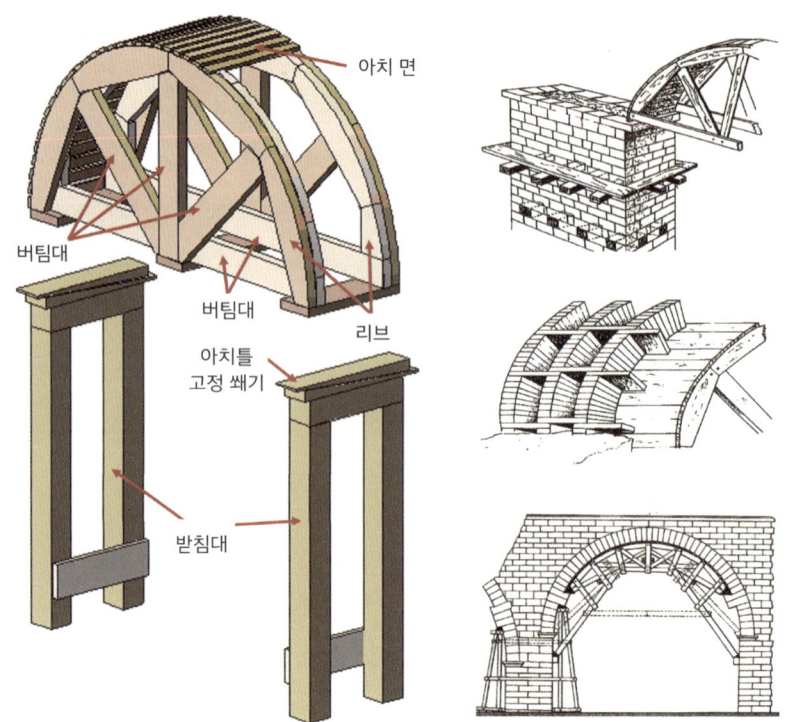

··· 로마 시대의 아치 센터링

버팀대

버팀대

리브

아치틀
고정 쐐기

아치 면

받침대

　또 한 가지 신의 한 수는 볼트에 사용한 '코퍼coffer'였다. 바실리카 콘스
탄티누스의 볼트와 같이 규모가 커지면 커질수록 해결해야 할 문제가 있
었다. 볼트의 무게를 줄여야 한다는 것이다. 아무리 아치와 볼트가 하중
전달에 효과적이라 해도 기둥 간격을 넓히면 볼트의 크기가 크고 두꺼워
져야 하고, 그러다 보면 볼트 자체의 무게가 커져 구조적으로 위험해진다.

　여기서 로마인들은 '코퍼'라는 개념을 내놓았다. 바실리카 콘스탄티누
스의 볼트 천장 안쪽 면을 보면 가운데가 움푹 들어간 여러 개의 팔각형
조각이 보이는데, 이것이 코퍼이고 가운데가 꺼져 있는 만큼 천장의 무게
를 줄일 수 있었다. 천장의 무게, 즉 하중은 코퍼의 얇은 안쪽 면을 통해 코

··· 바실리카 콘스탄티누스와 판테온의 코퍼, 현대 코퍼식 천장[*]

··· 센터링, 비계, 크레인 등을 사용한 수도교 공사 상상도

퍼의 두꺼운 쪽으로 전달되고, 다시 이것과 연결된 기둥이나 벽을 통해 아래쪽으로 전달된다. 게다가 바실리카 콘스탄티누스의 볼트 천장은 콘크리트로 제작되었으므로 거푸집만 잘 만들면 팔각형 모양을 내는 것은 어렵지 않았다. 이 코퍼는 뒤에 나오는 판테온의 돔에서도 사용됐고, 대부분 장식용이지만 현대건축에서도 가끔 사용된다.

---

[*] 현대건축에선 코퍼식 천장을 구조적인 목적보다 장식용으로 더 많이 사용한다.

# 고딕의 꽃, 아치와 볼트

## 포인티드 아치의 등장

서로마가 멸망하면서 그들이 애용하던 벽돌과 콘크리트까지 서서히 자취를 감춰버렸고, 석재가 다시 주된 건축재료로 돌아온다.

건물의 모습에도 변화가 생겼다. 이미 로마 때부터 건물의 규모가 커졌고, 건물의 하중도 따라서 커졌다. 거기다 로마네스크 이후 상대적으로 가벼운 벽돌 대신 돌로 건물을 지으려니 하중은 더 늘어났다. 이런 구조에서 아치는 개구부를 만드는 데 아주 유용한 방법이었다.

고딕 시대에도 돌이 주요 재료이긴 마찬가지였다. 그런데 차이가 있다면, 로마네스크 후반부터 모습을 보이기 시작하던 포인티드 아치가 로마의 라운드 아치를 완전히 대체해버린 것이다. 왜 그랬을까? 끝이 뾰족한 포인티드 아치는 현대적인 관점에서 볼 때 라운드 아치보다 더 세련돼 보이는데, 그 시대의 건축가들이 그것을 노린 것이었을까?

포인티드 아치가 고딕 건축의 아이콘이 된 것은 디자인적인 측면도 있겠지만, 라운드 아치가 가지고 있던 구조적 한계를 넘어설 수 있었기 때문이다.

앞에서 얘기했던 아치 구조의 원리를 다시 한번 정리해 보자. 라운드 아치는 하중이 아치 곡선을 타고 내려오면서 수직으로 전달되는 하중은 줄지만, 수평 방향으로도 하중이 분산되기 때문에 이를 잡아 줄 어바트먼트, 즉 받침대의 역할이 중요하다. 로마네스크에서도 아치가 있었지만 벽체가 두꺼워

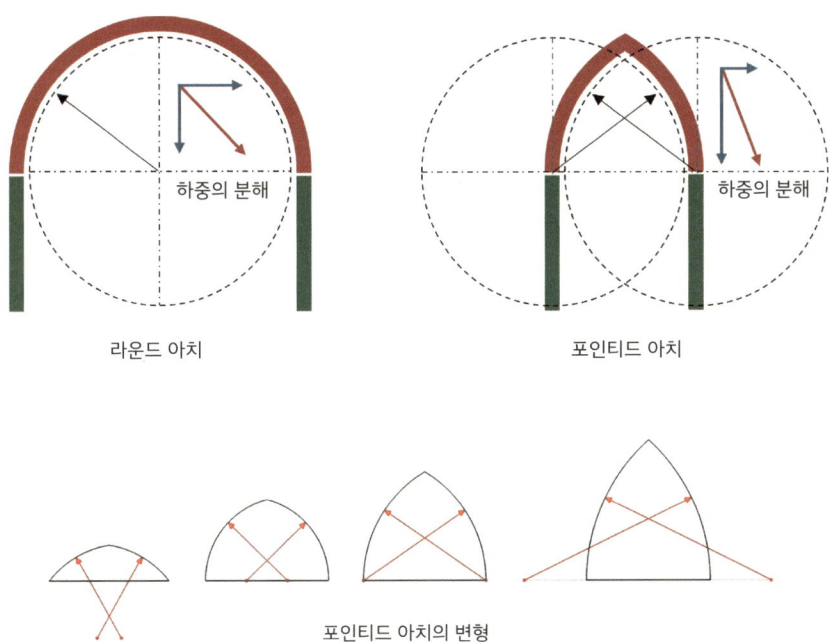

라운드 아치

포인티드 아치

포인티드 아치의 변형

··· 라운드 아치와 포인티드 아치의 설계

지고 창문이 작아진 것도 이와 관련이 있다.

반면, 포인티드 아치는 수평 방향으로 퍼져 나가는 하중을 줄여 주고 더 많은 하중을 수직 방향으로 전달해 주므로 아치가 퍼지는 위험을 덜어 준다. 이 얘기는 아치 주변의 벽체가 얇아도 되고, 벽체의 부담이 작아지니 창문이 커질 수 있음을 말한다. 이렇게 벽체 자체의 무게가 줄어들면, 건물을 더 높게 지을 수 있다. 바로 고딕 성당의 모습이다.

또한, 포인티드 아치는 리브 볼트의 기본 요소이기도 하다. 이 유형의 볼트에서 포인티드 아치는 리브로서 역할을 하는데, 여러 개의 리브가 하나의 기둥에 모이면 서로 등을 맞대고 있는 것과 같이 버티는 힘이 세지고, 플라잉 버트레스로 하중을 효과적으로 전달하게 된다.

볼트는 천장의 높이를 조절하는 데에도 유리하다. 고딕 성당은 건물 그 자체로 종교적인 거룩함과 숭고함을 나타내려 했으므로 하늘 높이 솟은 건물과 높은 천장은 기본이었다. 그런데 라운드 아치의 경우, 아치의 높이, 즉 원의 반경을 키우면 기둥의 간격도 넓어지게 돼서 아치 자체가 구조적으로 부담스러워진다. 반면, 포인티드 아치는 기둥의 간격을 그대로 두고도 아치의 높이를 높일 수 있다.

이 높이 조절의 장점은 로마네스크나 고딕 성당에서 라운드 아치와 포인티드 아치를 함께 썼을 때, 그러니까 배럴 볼트와 리브 볼트를 같이 적용했을 때도 효과를 본다. 즉, 네이브를 가운데 두고 대각선 방향의 기둥을 잇는 아치(다이어고널 리브diagonal rib)와 서로 마주 선 기둥을 잇는 아치(트랜스버스 리브transverse rib)로 리브 볼트를 만들게 되는데, 이때 모든 아치를 라운드 아치로 만들면 대각선 방향의 기둥 간격이 마주 보는 기둥 간의 간격보다 길게 되므로, 아치의 높이가 서로 맞지 않는 결과가 생긴다. 바로 이때 아치의 높이 조절이 가능한 포인티드 아치를 사용하면 모든 아치의 정점을 같은 높이로 쉽게 조정할 수 있다. 또, 라운드 아치 없이도 서로 다른 곡률의 포인티드 아치를 함께 사용하는 것이 가능하다.

한마디로 포인티드 아치는 더 높은 천장과 더 긴 스팬을 가능하게 했고, 디자인 측면에서도 하늘을 향해 솟아오르는 듯한 고딕 양식에 딱 어울리는 것이었다.

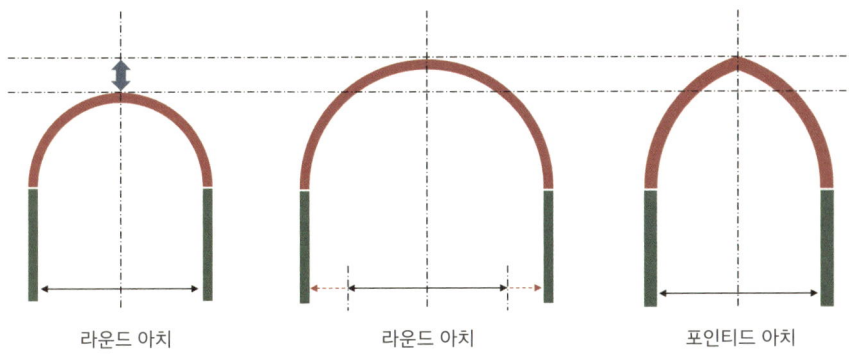

라운드 아치         라운드 아치         포인티드 아치

··· 라운드 아치와 포인티드 아치의 기둥 간격과 높이의 관계

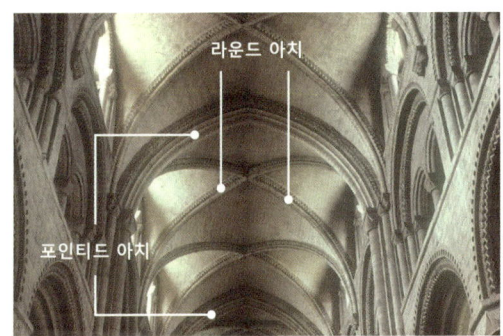

더럼 대성당 네이브의 볼트

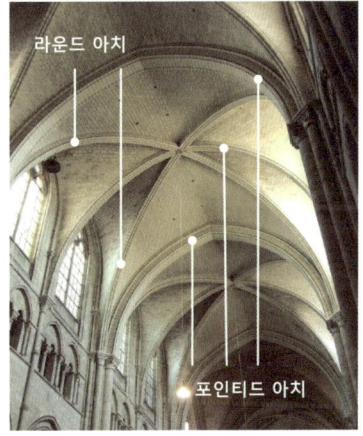

상스 대성당 네이브의 볼트

··· 라운드 아치와 포인티드 아치가 함께 사용된 리브 볼트 사례

## 고딕의 정점을 만든 리브 볼트

앞에서 볼트의 유형이 배럴 볼트, 그로인 볼트, 리브 볼트로 구분되는 것을 보았다. 로마 때는 배럴 볼트, 그리고 특히 교회건축에서 볼트가 적극적으로 사용되기 시작한 로마네스크 시대에는 이 세 가지 볼트가 점진적으로 모두 사용되었고 고딕 시대에 와서 한 단계 더 발전한다.

고딕 건축에서는 포인티드 아치가 뼈대 역할을 하는 리브 볼트가 대세가 됐는데, 포인티드 아치를 사용하면 앞서 얘기한 것처럼 구조적으로나 높이 조절 측면에서 유리해지고, 리브 볼트는 공간을 더 높고 더 넓게 만들어 준다.

볼트에서 리브의 역할은 이렇게 생각하면 이해하기가 쉽다. 사람 몸에는 뼈와 근육이 함께 있으면서 뼈는 몸을 서 있게 하는 구조체 역할을 하고 근육은 뼈를 잡아주는 역할을 한다. 리브는 뼈에 해당하고, 리브와 리브 사이를 연결하고 메꿔주는 웨브는 근육과 같다. 따라서 리브 볼트에선 천장의 하중을 리브로 집중시킬 수 있어서 전체 구조체의 두께를 줄일 수 있고, 천장이 가벼워지면 기둥도 더 가늘게 만들거나 더 높게 만들 수 있다. 그러므로 고딕 양식의 성당이나 교회건축엔 매우 적합한 구조 방식이 된다. 로마가 코퍼를 사용했던 것과 같은 원리라고 보면 되는데, 로마네스크나 고딕에서 더 이상 코퍼가 필요 없게 된 이유이기도 하다.

이렇게 포인티드 아치로 된 리브 볼트는 고딕 볼트의 전형이 되었으며, 그 예로 하이 고딕의 샤르트르 대성당과 아미앵 대성당Amiens Cathedral(프랑스, 1220~1270) 네이브의 볼트를 들 수 있다.

한편, 고딕의 리브 볼트는 후반으로 가면서 리브의 개수와 형태가 변화

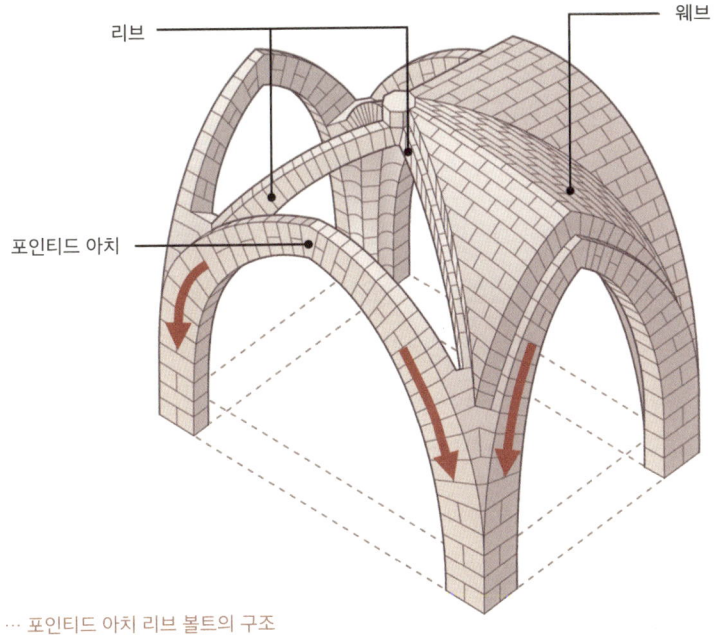

리브            웨브

포인티드 아치

··· 포인티드 아치 리브 볼트의 구조

··· 포인티드 아치로 구성된 아미앵 대성당 네이브의 볼트

무쌍해진다. 그 예로, 기둥에서 여러 갈래의 리브가 뻗어 나온 형태의 '티에세론 리브 볼트Tierceron rib vault(방사상 볼트)'가 있다. '티에세론'이란 용어는 '세 번째'를 뜻하는 프랑스어 'tioerce'에서 유래했는데 기존의 리브에 추가된 리브가 있음을 뜻한다.

'리에르네 리브 볼트Lierne rib vault'도 있다. 여기서 '리에느레'는 '엮다'라는 뜻의 프랑스어 'lier'에서 왔고, 이 볼트에선 제3의 리브가 리브와 리브를 연결하면서 더 복잡한 모양을 만들어낸다. 티에세론 리브와 리에르네 리브가 합해져서 별 모양이 만들어지면 이런 볼트를 '세텔라 볼트stellar vault'라 부른다. 그런가 하면 퍼펜디큘라 고딕의 대표 사례였던 글로스터 대성당에는 마치 아름다운 부채가 펼쳐지듯 기둥에서 여러 개의 리브가 솟구쳐 나와 천장을 장식하고 있는데, 이런 볼트를 생긴 모습 그대로 '팬 볼트fan vault'라고 한다.

또한 후기 고딕 끝 무렵, 마치 여러 송이의 꽃이 피어있는 것 같은 아름다운 리브 볼트도 있다. 체코 세인트 바바라 교회St. Barbara's Church(1388~)에 있는 이 화려한 볼트는 교회를 더 화려하고 아름답게 만들고자 한 건축가의 실험적인 디자인과 상상력의 극치를 보여준다.

그런데 이런 변형된 리브 볼트가 구조적으로 더 효과적이라고 보기는 어렵다. 물론 리브가 많아지면 천장의 하중을 받는 데 조금은 더 유리하고 리브 하나의 두께를 줄일 수는 있겠지만, 팬 볼트나 꽃송이 볼트처럼 현란하기까지 한 볼트는 성당을 더 아름답게 꾸미고자 했던 건축가의 의도가 과도했다는 생각도 든다.

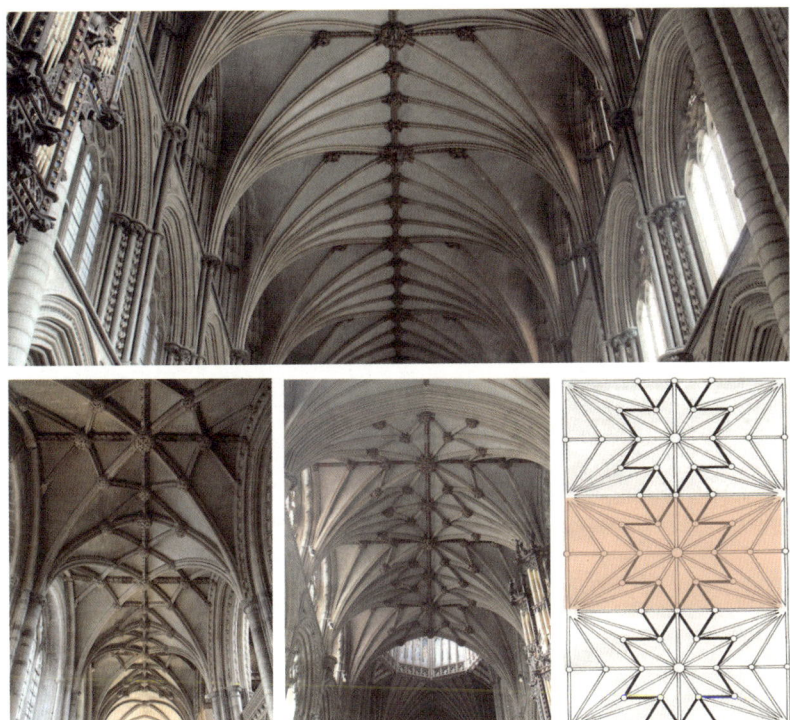

··· 엘리 대성당(Ely Cathedral, 영국, 1083-1375) 티에세론 리브 볼트, 리에르네 리브 볼트, 세텔라 볼트

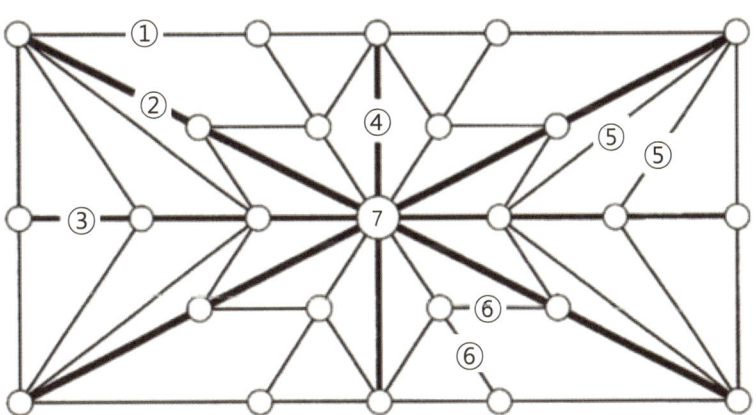

1. 트랜스버스 리브(transverse rib)
2. 다이어고널 리브(diagonal rib)
3. 트랜스버스 리지 리브(transverse ridge rib)
4. 롱기튜디널 리지 리브(longitudinal ridge rib)
5. 티에세론 리브(tierceron rib)
6. 리에르네 리브(lierne rib)
7. 보스(Boss)

··· 엘리 대성당 세텔라 볼트의 구성

··· 글로스터 대성당의 팬 볼트

··· 세인트 바바라 교회 네이브 천장의 볼트

# 볼트의 재료와 건축

그러면 이 볼트는 무엇으로 어떻게 만들었을까? 먼저, 로마 시대엔 주로 배럴 볼트를 사용했으니 리브의 재료는 생각할 필요 없고, 배럴에는 콘크리트, 벽돌, 돌을 사용했다. 바실리카 콘스탄티누스의 볼트가 콘크리트로 만들어졌다 해서 모든 볼트가 같은 재료를 사용한 것은 아니었다.

로마네스크 시대엔 보강 리브가 있는 배럴 볼트를 만들기도 했는데 리브 재료로는 돌과 벽돌을, 웨브에는 콘크리트, 돌, 벽돌을 사용했고, 로마에서 멀어질수록 콘크리트는 사라지고 벽돌 역시 사용 빈도가 줄어든다.

고딕 시대에는 리브나 웨브 모두 주로 돌로 만들었다. 대리석이나 사암, 화강석 또는 주변에서 구하기 쉬운 석재를 썼고, 웨브에 아직 벽돌을 쓰는 예도 있었으며, 드물게 목재도 사용했다. 웨브에 돌을 사용할 때는 패널 모양으로 석재를 가공해서 이어 붙이기도 했다.

리브가 화려해질수록 리브의 재료로는 다른 어떤 재료보다 돌이 더 유용했다. 그 시대엔 아무래도 돌이 가장 단단하고, 원하는 모양을 만들기가 쉬웠기 때문이다. 하지만 아무리 큰 돌을 사용한다 하더라도 하나의 돌로 리브든, 이를 받치는 기둥이든 온전한 크기로 만든다는 것은 불가능했다. 때문에 기둥 드럼을 여러 개의 블록으로 나누어 제작했듯 리브에도 같은 방법을 썼다. 이렇게 하면 고딕 성당에서 볼 수 있는 어떤 화려한 곡선 부재도 못 만들 것이 없었다. 돌 블록을 서로 이을 때는 기둥에서와 마찬가지로 양쪽 부재 사이에 철심을 넣고 틈새에 녹인 납을 부어 넣어 고정했다. 납이 철심과 돌 사이를 단단히 잡아주고, 납의 신축성으로 부재가 진

a. 벽돌로 만든 고대 로마의 배럴 볼트
b. 돌로 만든 고대 로마의 배럴 볼트
c. 돌로 만든 고딕 리브 볼트

… 서로 다른 재료로 만든 다양한 볼트

동으로 흔들려도 안정된 접합 상태가 유지됐다. 그밖에 부재의 연결부나 웨브 제작에는 석회나 석고 모르타르, 또는 아교 등을 접착제로 사용했다.

　이 정도면 그 엄청난 볼트를 어떻게 만들었을지 대략 그림이 그려진다. 하지만 의문이 하나 생긴다. 왜 로마네스크나 고딕 성당에선 이렇게 멋진 볼트를 그렇게 힘들여 만들고 나서, 그 위에 다시 트러스 지붕을 덮었던 것일까?

　보통 건물이라면 지붕을 트러스만으로 해결하면 됐을 텐데, 아마 가장 직관적인 이유는 미적인 부분일 것이다. 먼저 네이브와 아일의 볼트를 보자. 가장 아름답고 화려해야 할 성당에 고개를 들어 천장을 보니 앙상한 보통 건물처럼 트러스만 보인다면 어떨까? 현대건축이라면 다양한 천장 마감재가 있어서 간단하게 해결할 수 있었겠지만, 그 시대엔 큰 고민거리였을 수 있다. 그러다 누군가 볼트로 천장을 덮어 보자는 아이디어를 떠올리지 않았을까. 그 볼트는 점점 화려해졌고, 바로크 이후로 가면 성화가 그려지는 캔버스가 됐다. 또, 건물을 높게 올리려면 기둥이나 벽체에 돌이나 벽돌을 사용할 수밖에 없었을 텐데, 트러스보다는 볼트가 일체화된 구조를 만들어주고 벽체도 더 얇게 할 수 있었으니 이것도 장점이었을 것이다. 이제 '왜 볼트였는가'의 이유는 이해가 됐다.

볼트의 벽돌이나 돌은 방화에도 유리했다. 2019년 프랑스 파리의 노트르담 대성당 화재가 큰 이슈였지만, 이 사고는 보수 공사 중에 첨탑 주변에서 불씨가 생겨 지붕으로 번진 것이었다. 만약 네이브에서 불이 났다면 노출된 목재 트러스보다 돌로 만든 볼트가 불길을 막는 데 더 도움이 됐을 것이다.

짓고 나서 얻은 결과일지 모르지만, 음향 효과 또한 엄청나다. 유럽의 성당에서 파이프 오르간 소리나 성가대의 노래를 들어본 사람이라면 무슨 말인지 금방 알 수 있을 것이다. 기둥, 아치, 볼트 등의 재료와 건물의 기하학적인 구조는 소리의 잔향과 확산, 전달력에서 최신의 음향 기기가 흉내 낼 수 없는 효과를 낸다.

그렇다면 왜 볼트를 그대로 노출해 지붕으로 만들지 않았던 것일까? 생각해 보면, 볼트 위에 다시 삼각 트러스와 박공지붕을 얹은 것은 현명한 선택이었다. 볼트는 리브든 웨브든 수많은 조각을 이어 붙여 만든다. 이음

··· 고딕 성당의 아치 부재 접합

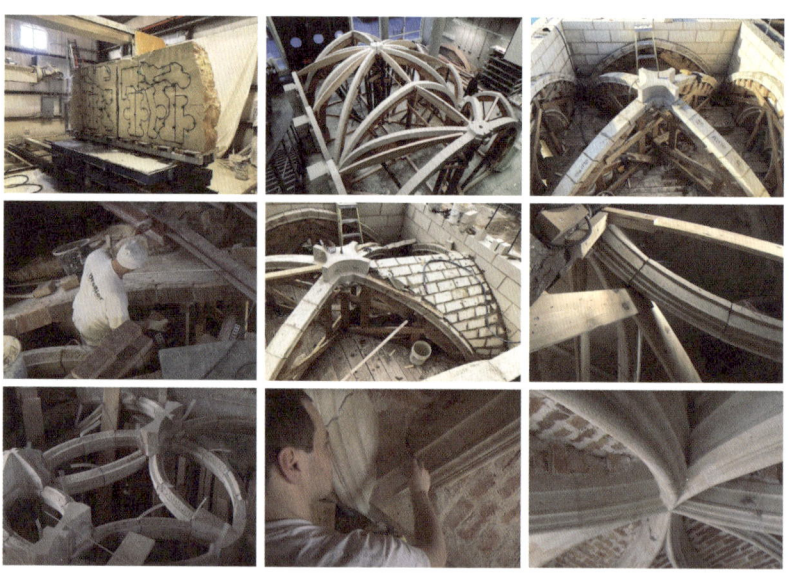

··· 현대의 볼트 제작 및 보수 작업

새가 많아지면 분명히 누수의 원인이 되고, 천장 어디선가 비가 새면 찾기도, 보수하기도 어렵다. 이런 문제를 해결하기 위함이었는지, 아니면 시행착오로 깨우친 것인지, 중세 교회건축에는 주로 돌로 만든 슬레이트, 납이나 구리로 만든 판재, 나무 판재 등을 지붕 재료로 사용해서 빗물이 지붕의 경사를 타고 흘러내리게 했다. 특히 고딕 성당에선 지붕과 플라잉 버트레스에 정교한 홈통을 만들고 가고일gargoyle*을 설치해 빗물이 벽면에 직접 닿지 않고 건물 멀리에 떨어지도록 했다. 빗물 처리까지 과학적이었다.

··· 고딕 성당의 가고일

---

\* 　가고일 또는 이무깃돌은 빗물이 건물 밖으로 배출되도록 지붕 끝에 만들어 놓은 장식으로 중세에는 석재나 금속으로 사자·용·박쥐 따위의 위협적인 짐승 모습으로 형상화했다. 빗물이 벽면을 타고 흐르지 않도록 해 벽체가 침식되는 것을 막아준다.

# 고딕 이후의 아치와 볼트

고딕 이후에는 획기적인 아치와 볼트를 찾아보기 어렵다. 아치는 오히려 고전 시대로 돌아가 라운드 아치가 다시 나타났고 볼트는 리브 볼트가 계속됐지만, 고딕 때와 같은 장식은 배제됐다. 바로크 건축에선 아치와 볼트가 아예 관심거리가 아니었던 것 같다. 다른 장식할 곳이 더 많았기 때문이다.

산업혁명 이후엔 건물을 튼튼하게 해주는 재료와 공법에 혁신이 일어나면서 건축요소로서, 또 구조체로서의 아치와 볼트의 역할은 저물어 가기 시작한다. 이제 높고 넓은 공간이 필요하거나 무거운 건물의 하중을 버

… 현대의 아치, 볼트와 그 원리를 응용한 건축물

텨야 한다면 굳이 아치와 볼트를 만들지 않아도 콘크리트, 철골, 트러스 등으로 쉽게 문제 해결이 가능하다.

물론 현대건축에서도 아치와 볼트를 볼 수 있지만, 예전처럼 그 방법이 아니면 원하는 건축이 불가능해서가 아니라, 의장적인 차원에서 건축가의 선택일 때가 많다. 그 원리를 응용해 변형된 구조 방식도 다양하다. 역시 기능적인 해결이라기보다 건축가의 선택이다. 이도 저도 아니라면 그저 장식용, 아니면 인테리어용일 것이다. 하지만 고대부터 전해 내려온 아치와 볼트가 없었다면, 그리고 오랜 세월 터득한 지혜와 기술이 없었다면 이런 선택이 가능했을지 의문이다.

수십 세기 전에 만들어진 이 건축요소들은 그 자체가 예술이면서 과학이었다. 이제 이 책을 읽고 유럽의 대성당에 가게 된다면 저 화려한 아치 문이, 저 높고 찬란한 성당 안의 볼트가 왜 그리고 어떻게 만들어졌는지 대략 설명할 수 있을 것이다. 무엇보다 그 위에 놓인 조각과 장식보다 옛 장인들의 기술에 더 감탄하게 될 것이다.

## 우리 전통건축에 아치와 볼트가 없는 이유

우리나라 전통건축에선 아치나 볼트를 찾아보기 어렵다. 오래된 고궁이나 사찰같이 큰 건물을 가 봐도 정면이나 입면은 물론이고, 창문이나 문짝까지 모두 네모반듯하고 둥근 부분이라곤 아예 눈 씻고 봐도 없다. 지붕의 기와를 제외한 건축재료가 대부분 목재라 상대적으로 가볍고, 건물의 규모가 크지 않으니 이런 구조와 양식만으로도 충분했을 것이다. 유럽의 종교건축처럼, 많은 사람이 함께 모일 공간이 필요치 않았다는 것을 이유로 꼽을 수는 없을 것이다. 유럽이 더 훌륭했고 우리나라가 그렇지 못해서가 아니라, 건축은 이렇게 주어진 환경에 따라 발전 방향이 달라진다.

그래도 우리 조상들이 만든 아치와 볼트가 전혀 없는 것은 아니다. 건물 속에는 없지만, 주로 다리를 만들 때 아치를 썼다. 아치는 우리말로는 무지개 모양이란 뜻의 홍예虹蜺 구조, 홍예 양식이라 부르며, 돌로 만든 홍예교虹蜺橋의 초기 사례는 3~4세기경 고구려의 낙랑 고분에서부터 발견된다고 한다. 현존하는 것으로는 8세기경 지어진 불국사의 청운교·백운교·칠보교·연화교가 가장 오래됐고, 이 다리의 옆모습을 보면 아치 돌의 구성과 아치와 기둥이 만나는 곳에 받침대가 제대로 된 형태를 갖추고 있다. 하지만 우리나라식 시설 구분에 따른다면, 이들은 건축보다 토목 구조물이라고 보는 것이 맞다.

이 다리들보다는 한참 뒤에 만들어졌지만, 남대문과 같은 도성의 출입문, 우리나라의 대표 궁궐인 경복궁의 출입문에도 아치가 있다. 사용된 재료는 모두 돌이다.

# 과학으로
# 빚어낸 돔

앞에서 아치와 볼트가 어떻게 만들어졌고 또 발전했는지 살펴보았다. 라운드 아치가 일렬로 쭉 늘어서면 볼트가 되고, 360도 회전하면 돔이 된다. 돔은 꼭 공을 반으로 갈라놓은 것처럼 완전한 구형일 필요는 없고, 특히 현대에는 우리나라 최초의 돔 야구장인 고척돔처럼, 비정형의 둥근 지붕을 가진 건축물도 돔이라고 부른다.

건축사에서 돔의 역사는 꽤 길다. 원시인들의 움집도, 에스키모의 이글루도, 몽골의 게르도 형태적으론 돔이라 부를 수 있다. 그런데 그보다 훨씬 더 전인 4,000년 전 메소포타미아 문명 때부터 돔의 흔적을 찾을 수 있다고 한다. 왜 돔이었을까?

돔은 아치, 볼트와 마찬가지로 구조적으로 안정적이고 큰 공간을 덮을 수 있다는 장점이 있다. 즉, 기둥과 벽, 보와 천장이 직각을 이루는 구조물보다 튼튼하면서도 넓고 높은 공간을 만들어낼 수 있다. 인류가 최초로 만든 돔은 규모가 작았겠지만, 건축기술이 발전하면서 뭔가 상징적이고 기념할 만한 역사적 의미가 있는 건축물, 또는 많은 사람을 수용해야 하는 건축물에 돔을 올렸다.

거기에 더해 상징적인 의미도 컸다. 인류는 예부터 하늘의 모양이 구(球)와 같다고 생각했고, 이 믿음이 종교로 이어지면서 건물 안에 높고 거룩한 하늘을 끌어들이고자 했다. 건물 안의 돔은 하늘이자 천체였고, 천국과 영원을 상징했다. 뾰족한 고딕 성당에서도 네이브와 트랜셉트가 만나는 크로싱 위에 서광이 비치는 둥근 돔을 올렸고, 바로크 교회의 돔은 천국을 묘사하는 화폭이었다. 우리나라 사람들이 즐겨 찾는 비잔틴 건축의 하기아 소피아도 대표적인 돔 건축이며 그들 나름대로 천상을 돔으로 꾸며놓았다.

학교에서 배우는 서양건축사에선 이 부분에 초점을 맞춘다. 돔의 규모, 생김새, 그 안에 만들어 놓은 장식과 성화 등이 이야깃거리다. 그런데 그런 돔을 볼 때마다 더 알고 싶은 것이 생긴다. 도대체 어떻게 저런 형태의, 저런 규모의 돔을 지을 수 있었을까? 아치나 볼트도 신기했지만, 돔은 너무나 압도적이기에 더 신기하다. 이제 그 신기함을 풀어보도록 하자.

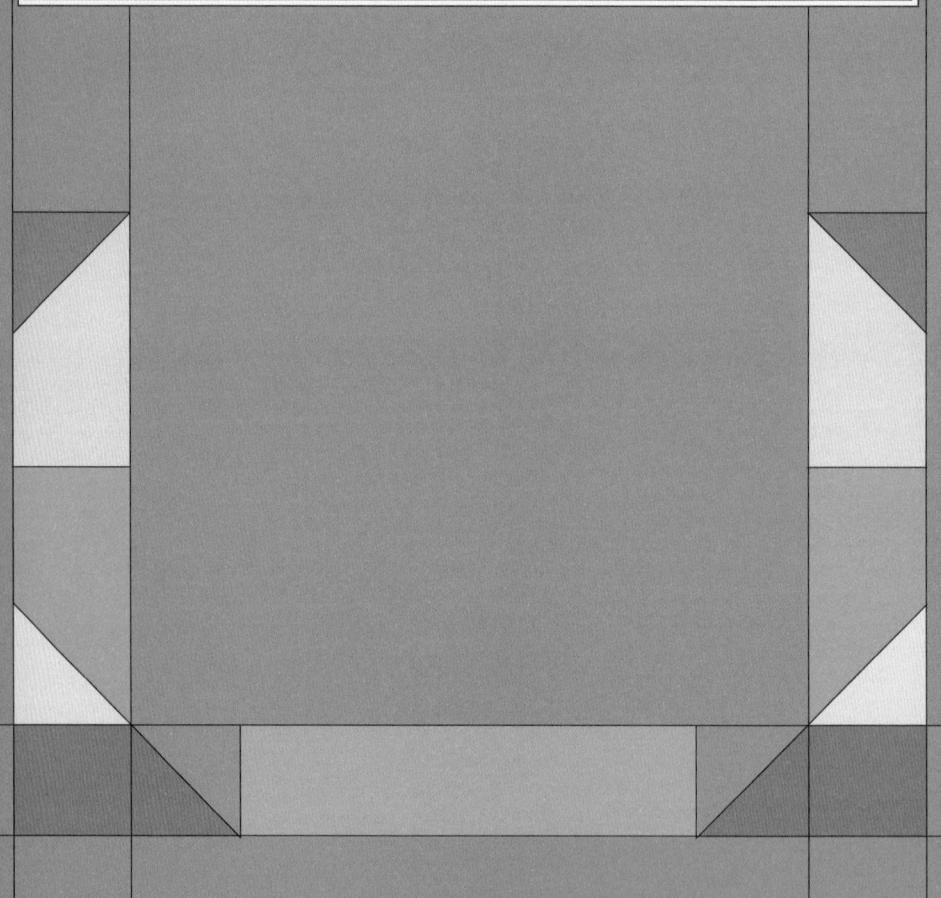

# 돔을 위한, 돔에 의한 판테온

## 로마 건축기술의 종합판

현재 우리가 아는 판테온은 같은 이름의 세 번째 건물로, BC 27~BC 25년, 아우구스투스Gaius Julius Caesar Augustus(BC 63~AD 14)의 악티움 전쟁 승리를 기념하기 위해 처음 지어졌다가 AD 80년 화재로 소실되었고, 도미티아누스 황제Titus Flavius Domitianus, Domitian(AD 51~96) 때 곧바로 재건했지만 110년, 이번엔 벼락을 맞아 불타버렸다. 그러다 광장과 기둥 등 기념적인 건축을 좋아했던 트라야누스 황제가 다시 건축을 시작해 하드리아누스 황제Publius Aelius Hadrianus(AD 76~138) 집권 시기였던 AD 126년에 지금의 모습으로 완공됐다.

이렇게 우여곡절 끝에 완성된 판테온은 오랜 세월이 지났어도 건축사의 한 부분을 장식하고 있다. 서양건축사에서는 판테온을 이렇게 설명한다. 전면 포르티코의 기둥과 페디먼트는 고대 그리스의 양식을 따왔고, 평면 역시 그리스 신전을 모델로 하고 있으며, 로툰다의 원형 평면과 돔의 지름이 정확히 일치한다. 돔 천장에는 오큘러스oculus라고 부르는 원형 천창을 내어 채광과 환기 문제를 해결했다. 그리고 이 건물의 돔은 20세기 이전까지 최대의 콘크리트 구조물이었으며, 아직도 세계 최대의 '무근콘크리트' 구조물이다... 등이다. 사실 이런 설명 없이도 건물 안이든 밖이든, 판테온의 엄청난 규모와 화려한 인테리어에 반하지 않을 수 없다.

그런데 이 판테온은 건축설계나 계획 차원에서뿐만 아니라, 로마 건축 기술의 종합판이자 결정판이란 점에서 의미가 크다. 앞에 기둥을 얘기할 때도 나왔고, 뒤에서도 나올 텐데, 이렇게 자주 언급되는 이유가 이 때문이다. 특히 모든 설계와 엔지니어링이 건물 위에 돔을 올리기 위해 작정하고 진행되었다고 해도 과언이 아니며, 곳곳에 공학적인 지혜가 넘친다.

　　무엇이 그렇게 특별한가를 설명하기 전에 판테온 돔의 스펙을 간단히 살펴보면, 돔은 완전한 반구半球형으로 돔과 로툰다의 지름이 43.4m로 똑같고, 돔 자체의 높이와 그것을 받치고 있는 벽체의 높이도 21.7m로 같으며, 돔의 무게는 4,535톤으로 추정된다. 현대 건물 높이로 치면 13~15층, 돔의 무게는 에펠 타워 총 무게의 거의 절반에 육박하는 거대하고 육중한 건물이다.

## 완벽한 콘크리트 기초와 벽체

판테온에선 이 무거운 돔을 벽체와 기초로 완벽하게 받치고 있다. 그 비결은 그들이 즐겨 사용하던 콘크리트였다. 전형적인 로만 콘크리트는 천연 화산재인 포졸라나pozzolana와 석회, 깬 돌이나 타일 조각, 그리고 물을 섞어 만들었고, 동물의 지방, 우유, 피 등을 혼합하기도 했다. 현대와 로마의 콘크리트를 비교하자면, 이 시대엔 시멘트를 따로 만드는 과정이 생략됐다는 것, 콘크리트 반죽을 거푸집 속에 부어 만드는 것이 아니라 꾸덕꾸덕한 상태의 반죽을 한 켜 한 켜 두껍게 바르는 방식으로 시공을 했다는 것 등의 차이가 있다. 또 가끔 목제 거푸집을 사용하거나 땅에 트렌치를 파고 콘크리트를 채우는 방법을 썼지만, 보통은 돌이나 벽돌로 벽을 쌓은 다음, 그 안에 콘크리트를 채워 벽체를 완성했고, 로마인들은 현대 철근콘크리트의 필수 재료인 철근 없이도 '세계 최대의 무근콘크리트 구조'를 만들어냈다.

큰 건물을 지으려면 가장 먼저 해결해야 할 것이 있는데, 바로 기초다. 건물을 지을 때는 단단한 지반 위에 기초를 올리거나 단단한 지반이 되도록 조치한 뒤 기초를 설치해야 하는데, 판테온이 세워진 위치는 원래 습지였고 땅은 무른 점토질이었다. 이런 불리한 조건에서 규모가 큰 건물을 세우면 건물의 선부 또는 일부가 가리앉을 수 있고, 심각한 피해가 초래될 수 있다.

로마인들은 이 무른 땅의 문제를 콘크리트 기초로 해결했다. 로마의 기술자들은 기초를 만들기 위해 포치 밑에는 사각형의 트렌치를, 로툰다 밑에는 벽체 평면을 따라 도넛 모양의 트렌치를 파고 콘크리트를 채웠다.

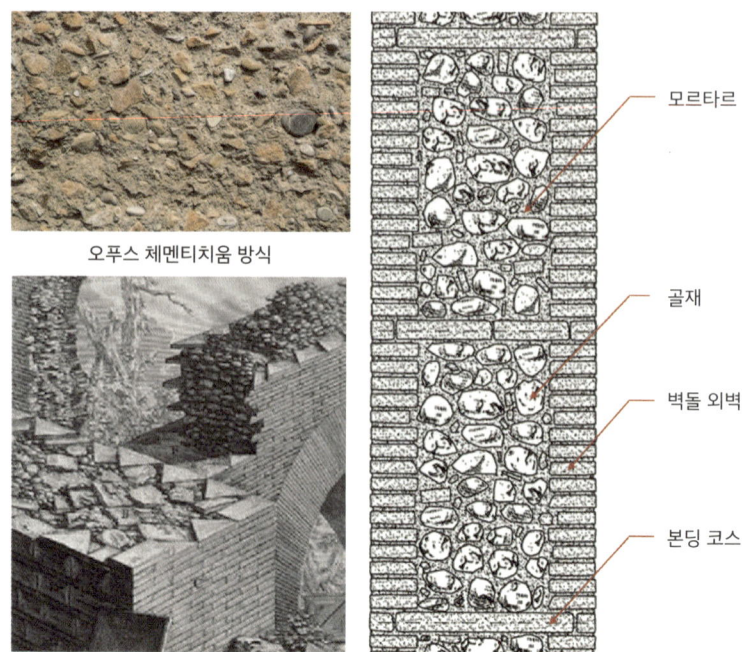

오푸스 체멘티치움 방식

오푸스 라테리시움 방식

모르타르

골재

벽돌 외벽

본딩 코스

··· 판테온의 기초와 벽체에 사용된 로만 콘크리트 방식

즉, 거푸집 없이 콘크리트를 만드는 오푸스 체멘티치움opus caementicium 방식을 썼고* 도넛 트렌치는 깊이가 4.7m, 폭이 10m를 넘었으며, 일부 구역에는 벽돌벽까지 세워 기초를 보강했다. 거의 2,000년에 가깝도록 판테온이 멀쩡한 것을 보면, 트렌치의 깊이가 단단한 땅까지 도달하기에 충분했고 콘크리트 기초의 강도도 넉넉했던 것 같다. 판테온이 지어지기 40년 전 콜로세움을 건설할 때도 같은 방법을 썼기 때문에 기초공사에 대한 노하우는 충분했을 것으로 보인다.

돔의 무게를 직접 받는 벽체에서도 로마의 기술이 돋보인다. 벽체에는

---

\* 오푸스 체멘티치움opus caementicium은 고대 로마에서 콘크리트를 만드는 방식 중 하나이기도 하고, 그 용어 자체로 로만 콘크리트를 의미하기도 한다.

기초와는 다르게 벽돌벽을 거푸집 삼아 시공하는 오푸스 라테리시움opus latericium 방식을 사용했다. 내부에선 대리석 마감과 실내장식으로 보이지 않지만, 현재 외부에서 보면 콘크리트를 쌓고 있는 이 벽돌벽이 그대로 노출되어 보인다.

벽체의 가장 두꺼운 부분은 두께가 약 6m로, 무거운 콘크리트 돔을 튼튼히 받치고 있으며, 여기에도 그들의 지혜가 숨어있다. 높은 곳으로 갈수록 하중을 줄이기 위해 무게가 덜 나가는 골재를 사용한 것이다. 즉, 맨 아래 하층부에는 경질의 응회암과 대리석을, 그 위로는 응회암과 점토 타일 혹은 깬 벽돌, 그리고 돔에는 작은 응회암 자갈과 다공질의 화산 부석 조각 등 위로 갈수록 가벼운 골재를 사용했다.

또 한 가지 특이한 것은 중간중간 배치된 벽돌 아치다. 콘크리트 벽체라면서 벽돌 아치라니? 여기에도 특별한 이유가 있다. 첫째는 아치의 기능 그대로 하중을 적절히 분산시키기 위해서다. 평면을 보면 벽체가 두꺼운

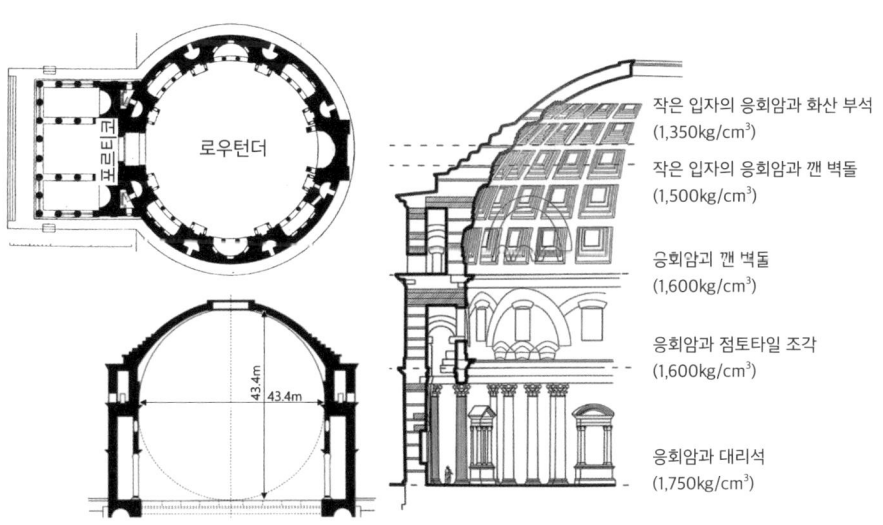

작은 입자의 응회암과 화산 부석
(1,350kg/cm³)

작은 입자의 응회암과 깬 벽돌
(1,500kg/cm³)

응회암과 깬 벽돌
(1,600kg/cm³)

응회암과 점토타일 조각
(1,600kg/cm³)

응회암과 대리석
(1,750kg/cm³)

로우턴더

포르티코

43.4m 43.4m

… 판테온의 평면과 단면

부분과 그렇지 않은 부분이 보이는데, 만약 이 벽체를 전체적으로 같은 두께로 두껍게 만들었다면 그만큼 건물 자체의 무게가 늘어났을 것이다. 그래서 벽체의 두께를 조절해 무게는 줄이되, 마치 기둥처럼 하중이 벽체에 숨겨진 아치를 타고 전달될 수 있도록 설계한 것이다. 또 아치를 주로 벽이 움푹 들어간 니치niche 또는 개구부 위에 배치해서, 하중이 이곳에 직접 작용하지 않도록 했다.

둘째는 아치가 버텨 주면 콘크리트와는 상관없이 아치 윗부분의 공사를 계속할 수 있기 때문이다. 콘크리트는 예나 지금이나 어느 정도 시간이 지나야 제대로 굳어 원하는 강도에 이를 수 있는데, 아치가 하중을 받쳐주니까 아래쪽 콘크리트가 완전히 굳지 않아도 윗부분 공사를 진행할 수 있었고, 이는 공사 안전과 공사 기간 단축에도 효과적인 방법이었다.

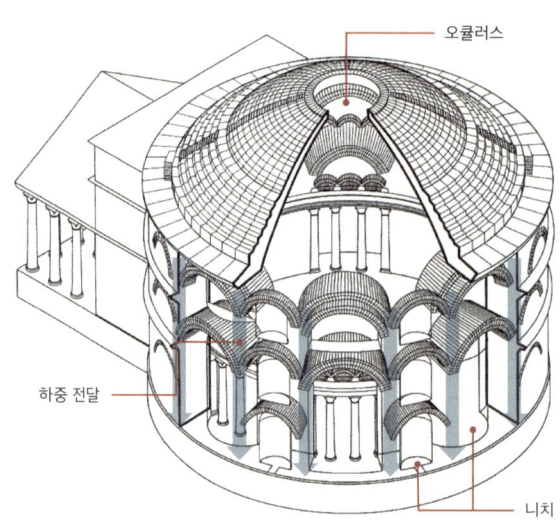

오큘러스

하중 전달

니치

… 판테온 벽체 속의 벽돌 아치

## 시대를 뛰어넘은 돔 건축기술

이제 드디어 돔을 올릴 차례다. 정확한 기록은 없지만, 현재 판테온의 구조를 분석해 현대 학자들이 내놓은 공사 절차와 방법은 다음과 같다. 조금 복잡할 수 있으니 그림과 같이 따라가 보자.

먼저 평면 모양대로 벽돌벽을 쌓고, 콘크리트를 채워 가면서 벽체를 완성한 뒤, 건물 내부에 돔을 받칠 센터링을 세운다. 그다음, 센터링 위에 코퍼의 라인과 층에 맞추어 벽돌로 리브를 만들고, 그렇게 해서 만들어진 사각형 공간에 코퍼 형틀을 올린 뒤, 그 위에 콘크리트를 채운다. 코퍼 부분의 콘크리트판을 만드는 작업이다.

코퍼의 콘크리트가 굳으면 그 위에 다시 아치 형태의 콘크리트 뼈대를 만들어 보강한 뒤, 마지막으로 돔의 외부면 전체에 콘크리트를 바른다. 이

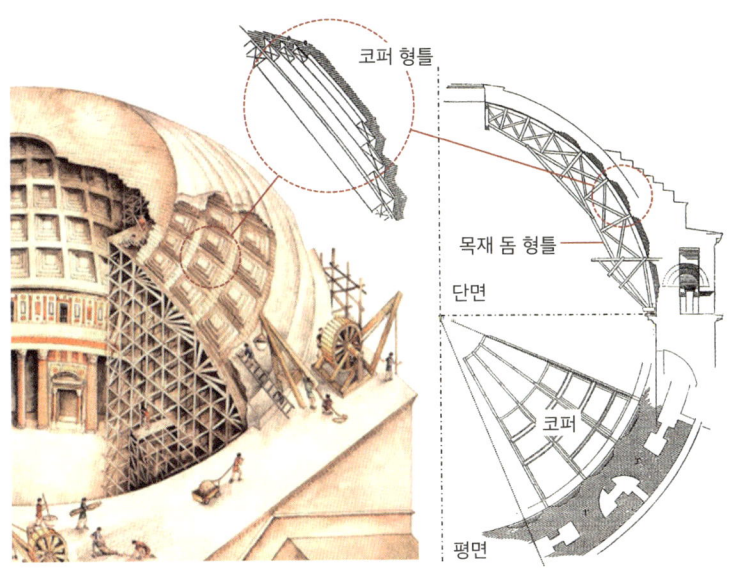

··· 판테온에 사용한 비계, 센터링, 형틀

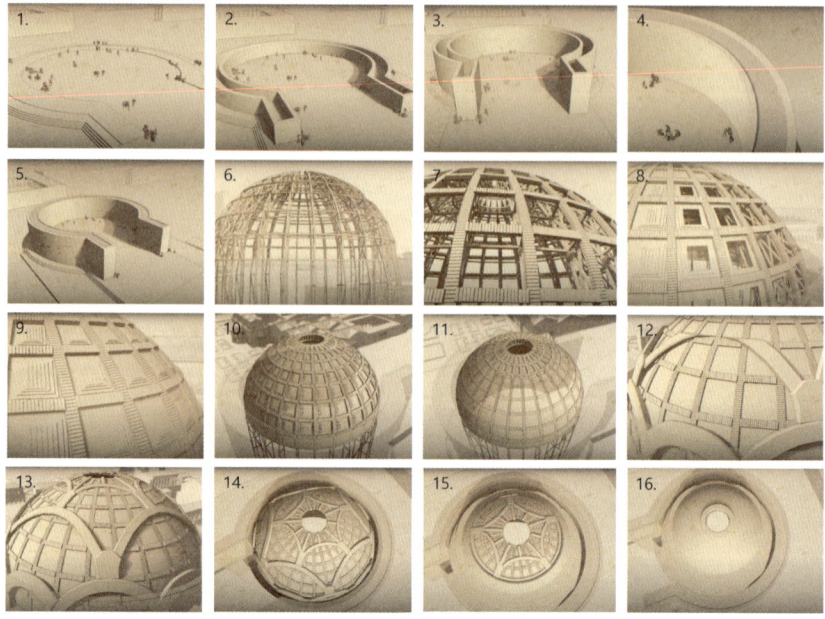

··· 판테온의 건축과정

제 돔의 표면이 매끈하게 만들어지고 마감 콘크리트가 충분히 굳으면, 안쪽에 세웠던 센터링과 비계를 제거한다. 인테리어는 대리석으로, 외장은 타일 등으로 마무리하면 끝이다.

한편, 판테온의 벽체가 무거운 돔을 지탱할 수 있었던 데에는 또 다른 비결이 있었다. 돔의 단면을 보면 위쪽의 오큘러스 쪽이 얇고 벽체와 만나는 부분이 훨씬 두꺼운데, 이것은 돔의 무게를 조절하기 위한 목적도 있지만, 로마인들이 돔 구조의 역학적 특징을 정확히 알고 있었음을 의미한다.

즉, 돔에서는 아치와 마찬가지로 정점에서 아래쪽까지 수직 방향으로 압축력이 작용하고, 돔의 둘레에는 정점으로 갈수록 수평 방향의 원주를 따라 압축력hoop compression이, 밑동으로 갈수록 인장력hoop tension, 즉 밖으로 퍼지려는 힘이 작용한다. 따라서 돔에 걸리는 하중이 클수록, 또는 무게가 무거울수록 돔의 아래쪽에선 퍼지려는 힘이 작용하고, 이것이 제어가 안 되면 결국 밑동부터 금이 가 붕괴하는 결과가 발생한다.

이런 현상을 막으려면 돔의 밑동을 꽉 잡아주는 것이 필요한데, 판테온에서 돔과 벽이 만나는 부분에 구조체의 두께를 두껍게 한 것이 바로 이런 목적이었다. 현대건축에선 정밀한 구조 계산이 가능하겠지만, 어떻게 이런 방법을 썼는지 정말 대단한 일이 아닐 수 없다. 또, 가운데가 움푹 들어간 코퍼도 장식적인 효과 외에 바실리카 콘스탄티누스에서처럼 돔 전체의 하중을 줄이기 위한 것이었다.

이처럼 판테온의 돔 건축에는 로마가 가지고 있던 건축기술, 즉 콘크리트, 센터링, 비계, 그리고 자재 운반을 위한 크레인과 각종 장비가 모두 동원됐다. 무엇보다 판테온은 이후 로마 시대에 지어진 여러 돔의 모델이 되었을 뿐만 아니라 여기서 얻은 원리와 지혜는 시대를 뛰어넘어 돔의 세계를 여는 데 매우 중요한 역할을 했다.

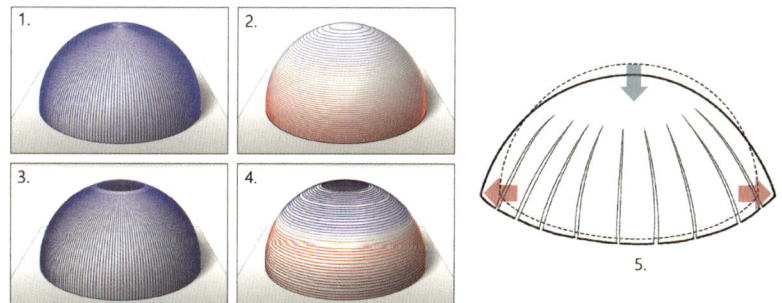

1. 일반 돔의 수직 압축력 분포(파란색)
2. 일반 돔의 후프 콤프레션(hoop compression, 파란색)과 후프 텐션(hoop tension, 빨간색) 분포
3. 판테온과 같이 오큘러스가 있는 돔의 수직 압축력 분포(파란색)
4. 판테온과 같이 오큘러스가 있는 돔의 후프 콤프레션(파란색)과 후프 텐션(빨간색) 분포
5. 압축력과 인장력에 의한 돔의 변형

… 돔에 미치는 하중과 변형

# 돔의 신세계, 하기아 소피아

## 시련의 하기아 소피아

판테온이 완공되고 400여 년 후 돔 건축의 새로운 세계가 열린다. 콘스탄티노플의 하기아 소피아Hagia Sophia다. 이 이름은 고대 그리스어로 '거룩한 지혜'라는 뜻으로 기독교의 성당일 때나 이슬람의 모스크로 사용될 때나 같은 이름으로 불렸다.

우리나라 여행객들에게도 익숙한 이 건물은, 안으로 들어가 보면 입이 딱 벌어진다. 엄청난 크기의 뻥 뚫린 공간과 하늘을 덮고 있는 듯한 천장, 화려한 내부 장식 등은 로마와 비잔틴 건축의 정수를 보여준다.* 특히 하기아 소피아의 돔은 르네상스 건축을 연 피렌체 대성당의 돔 이전까지 세계에서 가장 큰 벽돌 돔이었다. 어떻게 이런 공간을 만들 수 있었을까. 그런데 이렇게 대단한 건물이 한 번에 이루어진 것은 아니었다. 파란만장한 역사가 있었다.

그 시작은 360년, 기독교를 공인한 콘스탄티누스 대제의 아들 콘스탄티누스 2세가 콘스탄티노플에 대표 성당을 지으면서부터다. 하지만, 대주교와 황후 간의 갈등으로 대주교가 수도에서 쫓겨나는 사태가 벌어졌고, 이어 군중들이 폭동을 일으켰는데 엉뚱하게 이 대성당이 완전히 불타 없어진다. 이것이 404년의 일이었고, 11년 후 새로운 하기아 소피아가 테오

---

* 단, 현재 하기아 소피아의 내부 장식은 비잔틴 시대의 것이 아니라 모두 이슬람 건축양식에 의한 것이다.

두시우스 2세Theodosius II(401~450)에 의해 건축된다. 이 성당에는 나무로 만든 지름 22m의 돔이 있었고 벽체는 벽돌로 지어진 나름 대규모 건물이 었는데, 532년 또 다른 폭동으로 소실되고 만다.

이 폭동을 '니카 반란Nika riots'이라고 하는데, 그 배경이 재미있기도 하고 황당하기도 하다. 당시 비잔틴에선 말이 끄는 전차 경주가 최고의 인기 스포츠였는데, 시민들은 청색당과 녹색당으로 나뉘어 경기에 출전하는 팀을 지지하고 있었다. 그런데 이 그룹은 경기를 응원하는 데에서 그치지 않고 정치와 군사에 이르기까지 큰 파벌을 형성했고, 532년, 전차 경기가 끝난 뒤에 두 파벌이 충돌하는 사태가 벌어졌다. 당시의 황제 유스티니아누스 1세Justinian I(482~565)는 처음에는 청색당을 지지했지만, 점차 두 당파를 모두 억압하더니 이 충돌 사태를 진압하는 과정에서 양 당파의 지도자를 모두 처형해 버린다. 그동안 황제의 폭정과 관리들의 부정부패에 시달렸던 군중들은 마침내 이를 계기로 합심해 '승리'를 뜻하는 'Nika'를 외치며 폭동을 일으켰고, 진압 과정에서 도시 절반이 파괴되고 인구의 1/10이 사망하고 만다. 폭동은 1주일 만에 진압됐지만 이 사태로 두 번째 하기아 소피아도 사라져 버렸다.

두 번째 하기아 소피아를 잃은 상실감이 컸었던 것인지, 유스티니아누스 1세는 곧바로 훨씬 더 크고 화려한 최고의 성당을 짓기로 한다. 이어 537년, 5년 10개월 만에 지금 그 자리에 서 있는 세 번째 하기아 소피아 성당을 완성하게 된다. 이 성당이 완성됐을 때 유스티니아누스는 스스로 감탄하며 "솔로몬이여, 제가 당신을 이겼습니다"라고 외쳤다고 한다.[†]

---

† 성경에 의하면 솔로몬은 BC 957년경, 신의 지시에 따라 가장 호화로운 성전을 건설했다. 이 신전은 약 400년간 존속하다가, BC 586년 바빌로니아에 의해 파괴되었다. 비록, 이후 재건되지는 못

그런데 이 건물의 생애는 완공된 후에도 평탄하지 않았다. 553년과 557년에 대지진으로 중앙 돔과 동쪽 하프 돔half-dome에 균열이 생겼고 558년에는 결국 중앙 돔이 완전히 무너졌다. 유스티니아누스 황제는 즉각 복구를 명했고, 이 작업은 562년에 완료됐다. 솔로몬을 이겼다고 외쳤던 황제의 실망이 대단히 컸을 것 같다.

이후, 726년에 시작된 레오 3세의 성화상파괴 운동, 859년의 대화재, 869년과 989년의 대지진, 4차 십자군 원정에 의한 약탈, 라틴제국에 의한 로마 가톨릭교회 성당으로의 전환, 1261년 비잔틴제국의 탈환, 1453년 오토만제국에 의한 모스크로의 전환 등 정말 일이 많았다. 1935년부터는 튀르키예 정부에 의해 일반인들에게 공개되는 박물관으로 사용되다가, 2020년 다시 모스크로 전환됐다.

하기아 소피아의 전체 면적은 약 7,750m², 중앙의 메인 돔과 양옆 하프 돔의 지름이 30~31m, 바닥 면부터 돔 내부 정상까지의 높이는 55.6m에 이른다. 돔 하나의 크기만 보면 판테온보다 작지만, 중앙의 메인 돔이 있고 양옆에 하프 돔을 끼고 있어서 훨씬 더 넓고 높은 공간이 오픈되어 있다. 15층 이상 높이의 건물 내부가 이러하다면 그 웅장함이 어떠하겠는가.

---

했지만, 이 신전은 기독교에서 중요한 유산으로 평가되고 있다. 유스티니아누스의 외침은 자신의 성당과 솔로몬의 성전을 비교한 데서 나온 것이다.

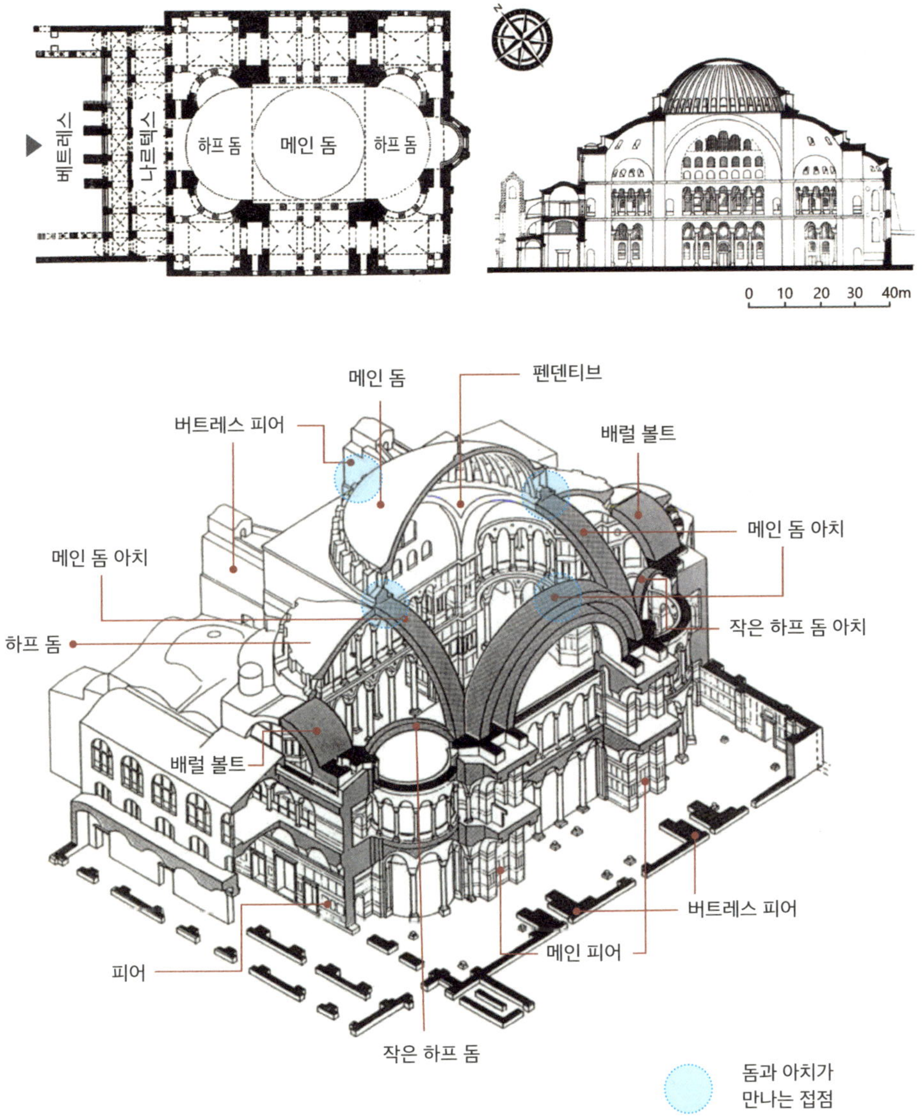

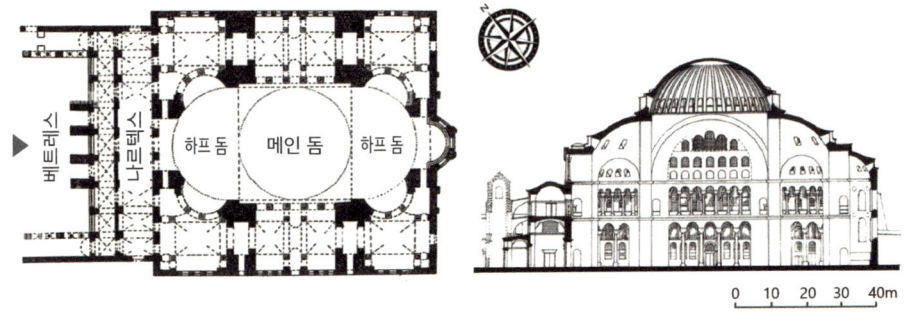

메인 돔 · 펜덴티브

하프 돔 · 메인 돔 · 하프 돔

베트레스 · 나르텍스

메인 돔

버트레스 피어

펜덴티브

배럴 볼트

메인 돔 아치

메인 돔 아치

작은 하프 돔 아치

하프 돔

배럴 볼트

피어

작은 하프 돔

버트레스 피어

메인 피어

돔과 아치가
만나는 접점

0 10 20 30 40m

··· 하기아 소피아의 평면과 단면

유스티니아누스 1세는 이 대규모 성당을 짓기 전에 이미 큰 그림을 그리고 있었다. 그는 판테온의 상징성과 기독교 건축으로서 많은 신도들이 모여 예배를 볼 수 있는 (구)성 베드로 성당의 장점을 한데 모으고 싶어 했다. 즉, 네이브와 아일이 있는 평면, 그리고 커다란 돔이 필요했다. 하지만, 돔 하나만으로는 충분히 넓은 공간을 덮을 수 없었기 때문에 결국 지금과 같이 메인 돔과 하프 돔 두 개가 네이브를 커버하는 형태로 결정됐다.

그런데 크고 높은 공간, 특히 중앙에 돔을 올리는 건축은 이제까지 시도해 본 적이 없었고 당시의 기술로는 구조적으로 취약할 수밖에 없었다. 이런 어려움을 알고 있었는지, 황제는 이 성당의 설계를 기하학과 수학에 능통했던 그리스의 안테미우스Anthemius of Tralles(474~534)와 이시도르Isidore of Miletus(475~537)에게 맡기는 파격적인 인사를 단행했다. 이들의 설계는

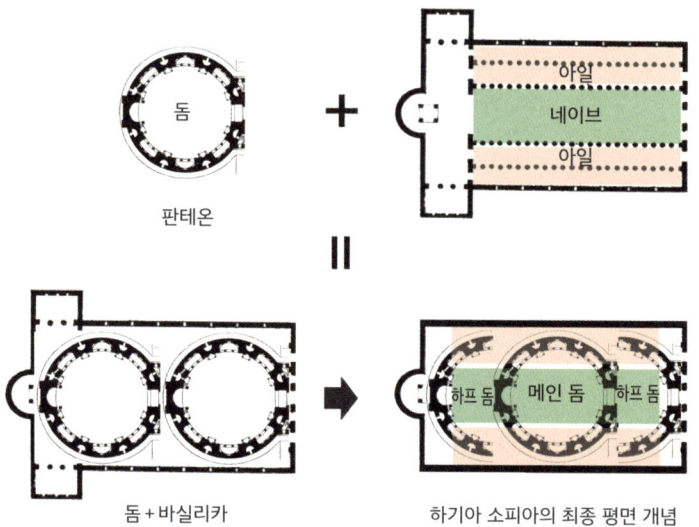

··· 하기아 소피아의 설계 개념

혁신적이었고, 특히 중앙의 메인 돔을 설치하기 위한 기술은 이전까지 사용된 적이 없었던 전혀 새로운 것이었다. 즉, 과거 판테온은 원형의 평면 위에 돔을 얹는 것이었으므로 벽체만 견고하게 버텨 주면 반은 성공한 것이었지만, 이번엔 사각 평면 위에 원형 평면의 돔을 올려야 했기 때문에 상황이 완전히 달랐다.

여기서 안테미우스와 이시도르는 아치를 생각해 냈다. 먼저 정사각형 평면의 각 모서리에 메인 기둥을 세우고, 이 기둥을 연결하는 아치 네 개를 세웠다. 그리고 이렇게 만들어진 아치의 각 정점에 반구형 돔을 얹는 것이다. 그러면 돔의 무게가 아치를 타고 기둥으로 전달되는 구조가 만들어진다. 힘자랑을 좋아하는 친구가 엎드려뻗치기를 한 상태에서 엉덩이에 다른 사람을 올려놓고 버티는 그림을 연상해 보면 딱 맞다.

하지만 아치의 정점과 돔이 만나는 곳이 네 접점에 불과했기 때문에 좀 더 안정적인 하중 전달 시스템이 필요했다. 이 문제를 해결하기 위해 안테미우스와 이시도르는 아치와 돔 사이의 비는 공간을 곡률을 갖는 삼각형으로 메워 주었는데, 이것이 그들의 가장 큰 업적 중 하나인 펜덴티브 pedenetive 다. 이 펜덴티브는 돔과 아치가 직접 만나지 않는 곳에서 돔의 무게를 받아 기둥으로 전달해 주는 구조적 역할을 했고, 내부에서는 성화를 그려 넣는 공간으로 활용됐다.

한편, 서로마세국이 멸망힌 이후 프리 로마네스크와 로마네스크 시대에도 사각형 평면 위에 돔을 올린 교회건축이 많아지는데, 서쪽 유럽에서 돔을 올리는 방법은 이 펜덴티브 방식과 달랐다. 돔의 위치는 네이브와 트랜셉트가 교차하는 크로싱 상부로, 네 개의 아치가 만나 생긴 사각형 평면 위에 돔을 올린다는 개념은 비잔틴 건축과 다르지 않았다. 그런데 이 지역의 돔은 하기아 소피아와 같은 반구형이 아니라 팔각뿔에 더 가까운 형태, 즉 팔각형 평면을 가지고 있었다.

따라서 로마네스크 건축에선 사각형 평면 위에 팔각형의 지지대를 올리고 그 위에 돔을 얹는 방식을 선택했고, 지지대와 사각형 모서리에 생기는 빈 곳을 돌이나 벽돌, 테라코타 등으로 메워 놓았다. 이 삼각형 모양으로 메워진 부분을 스퀸치squinch라고 한다.

이 두 방식을 놓고 어떤 것이 더 좋다고 판단하긴 어렵지만, 모서리가 움푹 들어가 보이는 스퀸치 방식보다 하기아 소피아처럼 부드러운 곡면을 가진 펜덴티브 방식이 더 세련돼 보인다.

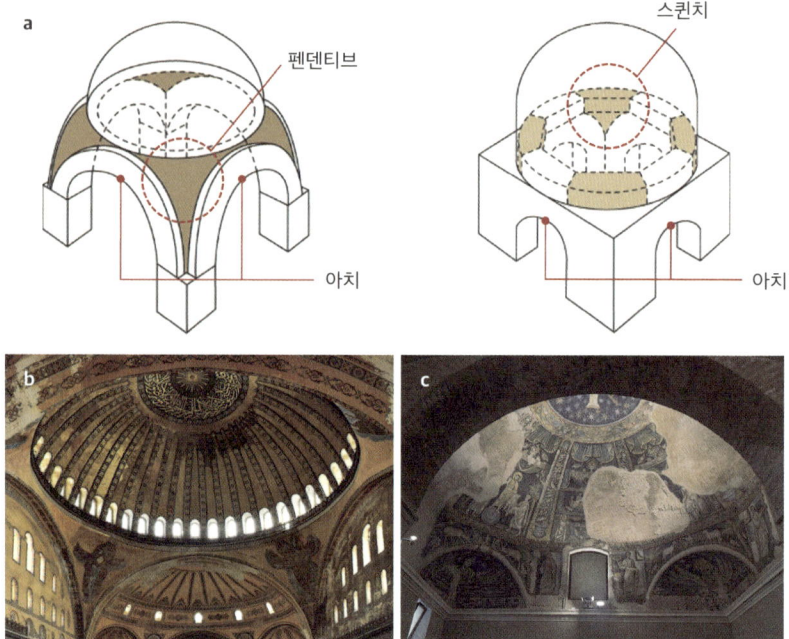

a. 펜덴티브와 스퀸치
b. 하기아 소피아 실내에서 본 펜덴티브
c. 5세기 나폴리 산 조반니 세례당(Baptistery of San Giovanni in Fonte)의 돔과 스퀸치

··· 비잔틴의 펜덴티브와 르네상스, 고딕의 스퀸치

## 돔을 지키기 위한 노력

안테미우스와 이시도르가 해결해야 할 문제는 또 있었다. 판테온에서 본 것처럼, 돔은 아래쪽으로 갈수록 하중에 의해 퍼지려는 성질을 가지고 있다. 이것을 막지 못하면 바로 붕괴다. 그래서 이들은 남북으로 돔을 버텨 줄 거대한 버트레스 피어buttress pier를 세웠고, 동서로 양옆에 붙어있는 하프 돔도 중앙의 돔을 잡아주는 역할을 하도록 설계했다. 그리고 이 하프 돔 앞에도 피어를 댔다.

여기까지 나름 성공적인 것으로 보였다. 하지만 558년 지진으로 돔이 붕괴하면서 돔의 복구는 물론 대규모 보강 작업이 이루어져야 했다. 붕괴의 주요 원인은 돔의 낮은 곡률과 무게였다. 봉긋해야 할 봉우리가 너무 평평했기 때문에 하중이 바깥으로 퍼져버려 피어 쪽으로 온전히 전달되지 못했고, 돔의 무게는 이 문제를 더 키웠다.

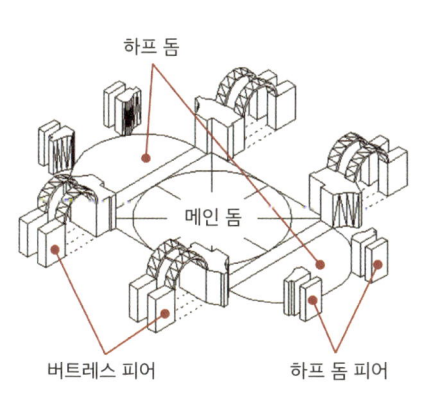
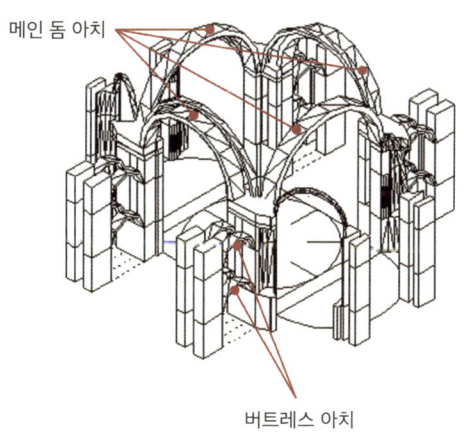

··· 하기아 소피아 돔의 구성과 버트레스 피어

일차적으로 곡률 문제는 돔의 높이를 약 6.3m 높여 해결했고, 돔의 무게는 리브와 창, 그리고 가벼운 재료를 사용해서 줄였다. 폭 1.1m의 40개 리브는 마치 우산살처럼 튼튼한 뼈대 역할을 해 돔 전체의 강성을 높였고 전체적인 두께를 줄일 수 있었다. 리브 사이에 낸 40개의 아치형 창은 돔의 무게를 줄여줄 뿐만 아니라, 실내로 빛을 끌어들여 성당 안에 신성한 분위기를 높이는 데에도 한몫했다.

돔의 재료로는 이전보다 훨씬 가벼운 벽돌을 사용했다. 이 벽돌은 진흙과 다공질의 튜퍼석tufa으로 만들어 당시의 일반 벽돌보다 무게가 1/12에 불과했다. 벽돌을 접합시키는 모르타르도 석회와 화산재의 비중을 조절해 무게를 줄였고 줄눈을 벽돌 두께만큼* 두껍게 발라 벽돌의 사용량과 돔의 무게를 동시에 줄였다.

이쯤이면 모든 문제가 해결되었을 법한데 그렇지 못했던 모양이다. 안타깝게도 콘스탄티노플은 지진대地震帶 위에 있었던 터라, 지진은 항상 하기아 소피아의 골칫거리였다. 현대에는 지진에 대응하기 위한 내진 설계가 적용되지만, 이전에는 건물을 버텨 주는 버트레스가 최고의 수단이었다. 그 결과 9~10세기경 성당 전면에 세워진 네 개의 버트레스를 시작으로, 13세기와 오스만제국이 들어선 16세기까지 총 24개의 버트레스가 추가됐다. 하기아 소피아의 내부를 보면 더할 것 없이 환상적이지만, 외부의 전경이 뭔가 복잡하고 군더더기가 덧붙여진 것 같은 느낌을 주는 것은 이 버트레스 때문이다.

---

* 이 돔에 사용된 벽돌의 두께는 5cm 정도였다.

··· 하기아 소피아의 메인 돔과 버트레스

보통 서양건축사에서 하기아 소피아를 얘기할 때는 그 규모와 내부의 장식, 모자이크에 대해 집중한다. 특히 화려한 모자이크가 오스만 제국 때 어떻게 사라졌다가 다시 발견되고 복원되었는지가 큰 이야깃거리다. 그러나 유스티니아누스 1세와 건축가들의 새로운 시도, 그리고 이 건물을 보존하기 위한 끊임없는 노력이 있었기에 하기아 소피아는 역사적이고 기념비적인 건물이 될 수 있었다. 이 모든 것의 진정한 일등 공신은 건축기술과 엔지니어링이었다.

# 돔의 대혁신, 피렌체 대성당의 돔

## 르네상스의 상징, 피렌체 대성당

'돔' 하면 빠질 수 없는 것이 있다. 바로 피렌체 대성당의 돔이다.<sup>*</sup> 아니, 이 돔은 빼놓을 수 없는 정도가 아니라 돔의 신세계를 연 대혁신이었다.

이 돔을 이해하려면 먼저 피렌체 대성당에 대해 알고 갈 필요가 있다. 로마네스크부터 고딕 시대까지 어마어마한 규모의 성당들이 지어졌지만, 한 숨에 일사천리로 지어진 건물은 거의 없었다. 대부분 재정적인 이유로 수십 년이 걸렸고, 이것저것 완성하는 데 백 년 이상 걸리는 성당도 허다했다. 피렌체 대성당도 크게 다르지 않았기에 최종 완성까지는 130년이 걸렸다.

원래 피렌체에는 이미 900년 된 산타 레파라타 성당<sub>Santa Reparata</sub>이 있었는데, 번영하던 도시를 대표하기엔 규모가 너무 작고 오래된 건물이었다. 따라서 당시 이 도시에서 가장 강력한 세력이었던 양모 상인 길드, 아르테 델라 라나<sub>Arte della Lana, Wool Merchants Guild</sub>가 나서서 어디 내놓아도 빠지지 않을 성당을 새로 짓기로 했다.

---

<sup>*</sup> 'Cattedrale di Santa Maria del Fiore'가 이 성당의 공식적인 이탈리아어 명칭이고 영어로는 'Cathedral of Saint Mary of the Flower', 줄여서 'Duomo Firenze'나 'Florence Cathedral'이라고도 불린다. 피렌체를 플로렌스<sub>Florence</sub>라고도 하는데, 전자는 이탈리아어이고, 후자는 '번성하다' 또는 '꽃피우다'라는 의미의 라틴어 '플로렌티아<sub>Florentia</sub>'에서 유래한 용어다. 로마가 이 도시를 건설할 당시 번영을 기원하면서 붙였던 이름이 영어권으로 전해져 굳어졌다. 'Duomo'는 '성당' 또는 '돔'을 의미하는데, 이 당시 성당 건축에는 돔이 있었으므로 서로 호환되는 의미를 가졌다. 우리말로 이 피렌체 대성당을 '두오모 대성당'이라고 부르면, 이는 같은 단어를 반복하는 것이 되므로 올바른 표기라 할 수 없다.

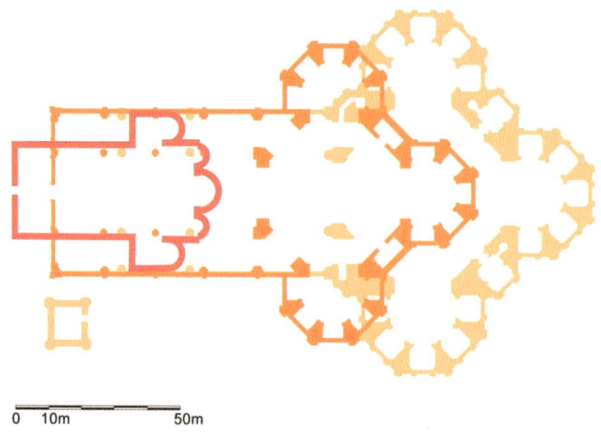

핑크색 평면: 기존 산타 레파라타 성당
오렌지색 평면: 아르놀포 디 캄비오의 설계
노란색 평면: 프란체스코 탈렌티의 확장 설계

… 피렌체 대성당의 설계 변화

설계는 피렌체에서 가장 유명한 건축가 중 한 사람이었던 아르놀포 디 캄비오Arnolfo di Cambio(1240~1302)에게 맡겨졌고, 1296년 9월 착공에 들어갔다. 그러나 아르놀프가 6년 만에 세상을 뜨자 프란체스코 탈렌티 Francesco Talenti(1300~1369)에 의해 대규모 설계 변경이 일어났다. 이후 흑사병으로 공사가 중단되는 등 우여곡절을 겪다가 1380년, 네이브까지 완성되고 공사가 중단된다. 가장 중요한 돔만 미완성 상태였다.

성당을 이 상태로 놔둘 수 없었던 길드는 1429년, 대성당 돔의 설계 공모를 냈고, 여기서 메디치 가문의 후원을 받은 필리포 브루넬레스키Filippo Brunelleschi가 당선되면서 본격적으로 돔 공사가 재개된다. 많은 사람이 이 대성당의 건축가를 브루넬레스키로 알고 있는 것은 그만큼 이 거대한 돔이 피렌체 대성당의 모든 것을 보여주기 때문이다.

성당 규모를 보면 총면적이 8,300m², 전체 길이가 153m, 크로싱의 최대 폭은 90m, 네이브에서 볼트 천장까지의 높이가 약 45m이고, 바닥 면에서 랜턴 끝까지 돔의 높이가 약 115m, 랜턴을 제외한 돔만의 높이는 약 93m, 돔의 하부 외곽 지름이 약 55m다.* 아직도 높이로만 치면 세계에서 다섯 번째로 높은 돔이고, 조적식 돔으론 세계 최대라고 하니, 그 당시 사람들이 느끼는 규모는 정말 대단했을 것이다. 이 공사를 완수한 브루넬레스키가 유명해지는 것은 당연한 일이었다.

··· 피렌체 대성당의 평면, 단면과 외관

---

\* 이 수치는 측정 기준에 따라, 문헌에 따라 조금씩 차이가 있다.

# 난관에 부딪힌 돔 건축

그런데 브루넬레스키가 진짜 칭송받는 이유는 돔의 규모를 넘어, 수많은 악조건을 헤치고 완성해 낸 그의 천재성 때문이다. 이미 네이브까지 완성됐지만 돔을 올리기엔 이 건물에 해결해야 할 문제가 많았다.

먼저, 완성된 벽체와 베이스의 크기로 볼 때 돔의 무게가 상당할 텐데, 애초에 그에 대한 고려가 되어있지 않아서 벽체를 보강한다거나 버트레스를 댈 수 없었다. 특히 플라잉 버트레스는 다른 유럽 지역에선 흔히 사용됐지만 이탈리아에선 경험이 부족했다.

건축 과정에서 돔 꼭대기까지 센터링을 대기에는 높이가 너무 높았고, 완성된 벽체 위에 돔을 세우는 것이어서 기술적으로 어려웠으며 비용도 만만치 않았다. 또 팔각뿔의 돔이 올라갈 하부의 평면이 알고 보니 정팔각형이 아니어서 돔의 중심을 잡기가 어려웠다. 결국, 브루넬리스키는 이전에 검증된 방법들을 대부분 배제하고 돔을 완성해야 했다.

그가 공모전에서 당선되었다곤 하나, 과연 이 프로젝트를 완수할 수 있을지 의심스러운 눈초리도 만만치 않았다. 브루넬리스키는 당대 내로라하는 다른 건축가들과는 달리 한 번도 정식으로 건축을 공부한 적이 없었고, 대성당 이전에 몇몇 프로젝트에 참여하긴 했지만 피렌체 대성당과는 상대가 되지 않는 것들이었다. 하지만 그는 2년간 로마를 돌아다니며 로마의 건축기술을 분석하고 연구했으며, 여기에 그간의 경험과 과학적인 창의성을 더해 이 문제를 해결해 냈다.

피렌체 대성당 돔 건축의 핵심은 이러했다. 첫째, 돔의 무게를 최대한 줄이고, 둘째, 돔의 후프 텐션, 즉 퍼지려는 힘을 기존의 벽체 구조에서 제어해야 했으며, 셋째, 센터링이나 지지 구조물 없이 자체적으로 돔의 형태와 곡률을 잡아야 했다. 그리고 마지막으로 비계 없이 높은 곳까지 벽돌과 돌, 목재 등을 올려야 했다.

먼저 돔의 무게는 이중 쉘double-shell로 해결했다. 즉, 돔의 껍질을 이너 쉘inner shell과 아우터 쉘outer shell로 나누어 큰 힘은 이너 쉘이 맡고 아우터 쉘은 보조적인 역할을 하도록 했다. 이너 쉘은 하단부 기준으로 두께가 2.3m나 됐고 아우터 쉘의 두께는 0.8m 정도로 훨씬 얇았다. 두 쉘 사이에는 약 1.2m 정도의 공간을 두되, 두 쉘이 일체가 되도록 수직, 수평으로 리브를 댔다. 수직 방향으론 팔각 평면을 따라 여덟 개의 메인 리브를, 그리고 메인 리브 사이에 한 쌍의 보조 리브를 넣어 총 24개의 리브를 만들었고, 수평 방향으로 9개의 리브를 배치했다. 이 방법은 판테온의 돔에서

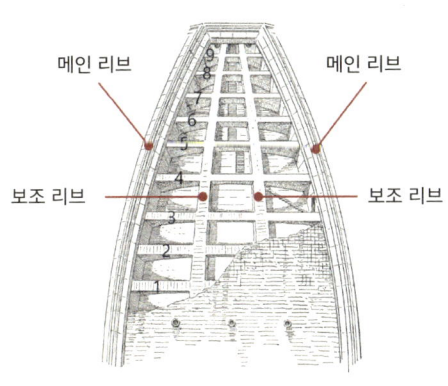

메인 리브 사이의 수직, 수평 리브

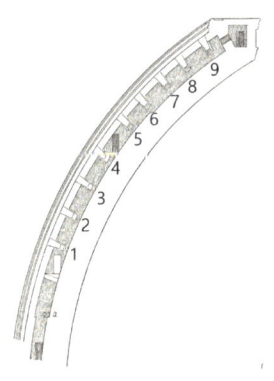

이중 쉘과 리브 단면

··· 피렌체 대성당 돔의 이중 쉘과 리브

기본적인 하중은 리브가 받되, 코퍼로 돔의 무게를 줄인 것과 같은 이치로 보면 된다.

모든 쉘과 리브는 벽돌로 만들었으며, 아우터 쉘 위에는 플라스터를 바르고 타일을 붙였다. 현재 붉은색으로 보이는 지붕이 바로 이 타일이고, 팔각 모서리에 보이는 흰색 테두리는 메인 리브에 붙인 장식용 대리석이다.

돔이 퍼지려는 현상은 돔 둘레에 석제 체인 네 개와 목제 체인 한 개를 벨트처럼 감아 해결했다. 샴페인 병을 보면 철사로 코르크 마개가 빠지지 않도록 고정해 놓는데, 이 체인들이 그런 역할을 한 것이다. 사암으로 만든 석제 체인은 마치 침목과 레일이 있는 기찻길처럼 생겨서 이중 쉘을 연결해주는 역할을 했고, 목제 체인은 오크 통나무를 클램프로 이어 만들었다.

한편, 센터링 없이 벽돌을 쌓으면 모르타르로 벽돌을 붙여 대도 위로 올라갈수록 돔의 경사가 급해져서 벽돌이 아래로 떨어져 내릴 위험이 커진

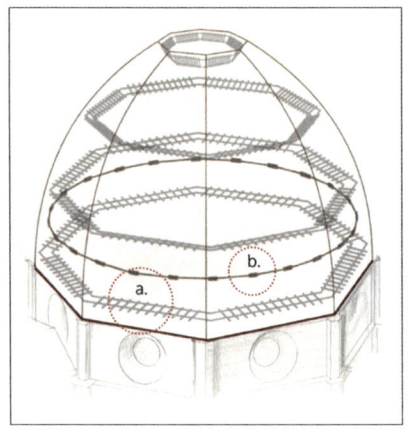

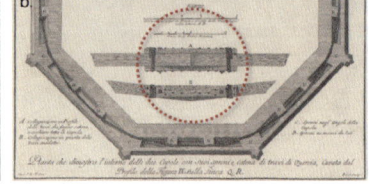

a. 석제 체인 벨트(돔 외부에서 돔과 직각으로 설치된 석재의 끝부분이 돌출되어 보인다)
b. 목제 체인 벨트

… 피렌체 대성당 돔의 체인 시스템

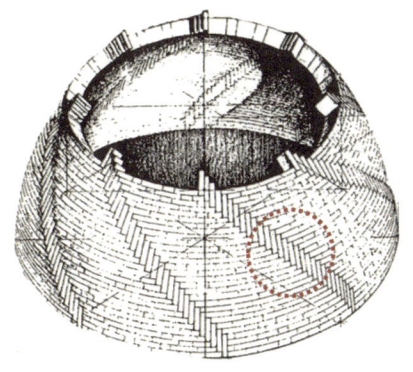

··· 피렌체 대성당 돔의 헤링본 패턴 벽돌 쌓기

다. 그런데 부르넬리스키는 중간중간 벽돌을 길이로 세워 쌓는 헤링본 패턴 herringbone brick pattern 을 끼워 넣어 이 문제를 해결했다. 이렇게 하면 세워 쌓은 벽돌 켜로 구획이 만들어지고, 이 구획 안에서 세워 쌓은 벽돌이 눕혀 쌓은 벽돌을 잡아주므로 벽돌이 안쪽으로 미끄러져 내리는 것을 방지할 수 있다. 또 돔이 좁아지는 위로 갈수록 세워 쌓은 벽돌의 역할은 더 커진다.

여기까지는 이 돔이 지어진 모양을 분석해서 후대의 학자들이 알아낸 것들인데, 돔의 곡률을 어떻게 잡았는가에 대해선 아직 정확한 결론이 나지 않았다. 부르넬리스키는 공모에 참여했을 때 그가 생각하고 있는 계획을 미리 밝히지 않았고, 공사가 끝난 다음에도 돔 건축과 관련된 어떠한 자료도 남기지 않아서 공사 방법에 대해 알려지지 않은 것이 많다. 당시엔 특허나 저작권의 개념이 없었기 때문에 장인들의 자부심 차원에서 이런 일이 종종 있었다고 한다.

로마나 비잔틴의 돔이었다면 곡률 문제를 센터링으로 해결했을 텐데, 이 공사에선 하부 벽체가 이미 완성된 상태라 좁은 공간에 비계를 쌓고 센

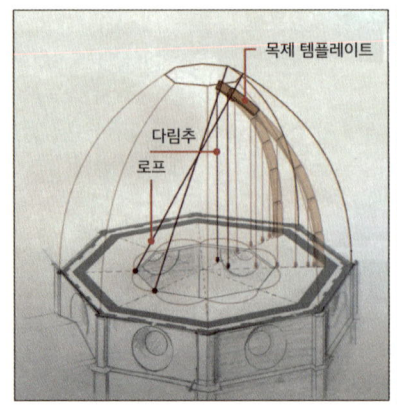
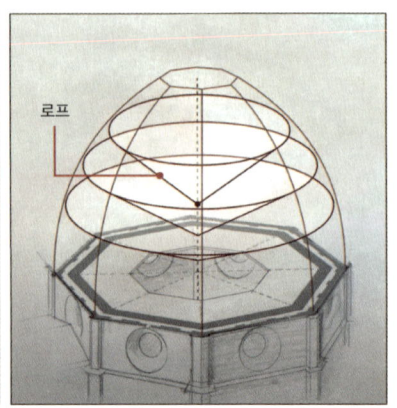

··· 피렌체 대성당 돔의 곡률을 잡는 방법에 대한 안

터링을 올리는 것이 적합하지 않았다. 브루넬리스키가 이 문제를 어떻게 해결했는지에 대한 여러 이론이 있지만, 로프를 이용해 원을 그리듯이 곡률을 잡아 갔다는 것이 가장 유력한 설이다.

자재 운반을 위한 장비도 브루넬리스키가 직접 개발한 것으로 알려진다. 그의 리프팅 장비 중에는 소가 수평 방향으로 톱니바퀴를 돌리면 반대 방향의 톱니와 맞물려 그 힘이 수직으로 전달되는 개념의 것도 있었고, 소형 타워크레인처럼 공사 중인 건물 위에 설치해 자재를 올리는 장비도 있었다.

브루넬리스키는 이렇게 모든 문제를 해결하고 1436년에 돔을 완성했다. 마지막 랜턴이 1471년에 마무리되어[*] 최종 완성을 보지 못하고 세상을 떠났지만, 그의 업적은 수백 년 후까지 길이길이 남아있다. 그가 만든 돔

---

[*]  돔 위의 랜턴은 브루넬리스키의 설계대로 그의 양자 안드레아 카발칸티Andrea Cavalcanti (1412-1462)가, 랜턴 꼭대기의 청동 볼bronze ball은 안드레아 델 베로키오Andrea del Verrocchio (1435-1488)가 최종 완성했다. 이 청동 볼을 올리는 작업에 베로키오의 제자였던 레오나르도 다빈 치Leonardo da Vinci(1452-1519)가 참여했다고 알려진다.

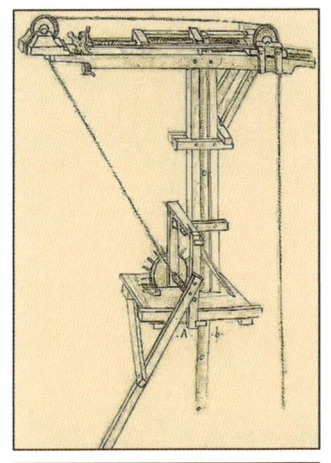

··· 브루넬리스키의 리프팅 장치

처럼 그림을 그리고 설계하는 것은 어려운 일이 아니다. 하지만 그것을 실현할 방법이 없었다면, 그것은 설계가 아니라 그림에 불과할 것이다. 마찬가지로 부르넬리스키와 피렌체 대성당의 돔이 위대한 것은 생긴 모습보다도 그가 이 모든 문제를 창의적으로 해결했기 때문이다.

이후, 성 베드로 대성당St. Peter's Basilica의 돔을 지을 때 미켈란젤로가 이중 쉘을 모델로 하는 등 후대에 여러모로 영향을 끼치기도 했다. 하지만 브루넬리스키의 천재성을 따라잡을 수는 없었는지, 피렌체 대성당의 돔 건축 방법을 그대로 사용한 예는 없다고 한다.

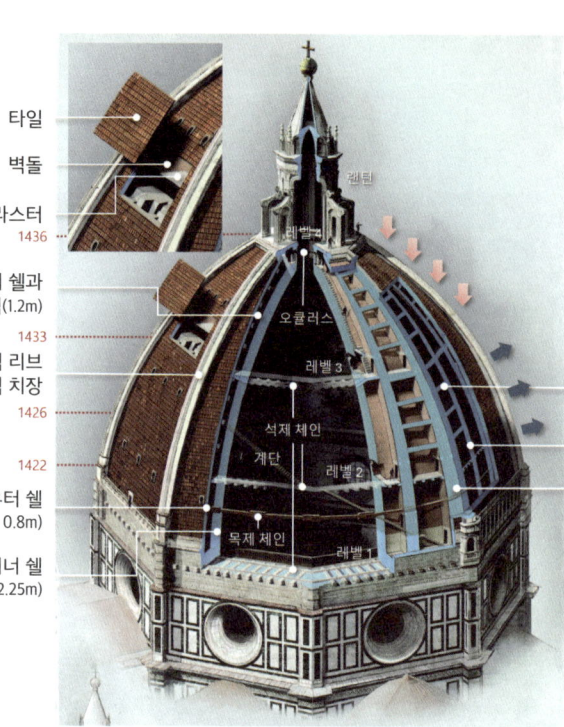

타일

벽돌

플라스터

1436

아우터 쉘과
이너 쉘 간격(1.2m)

1433

메인 수직 리브
대리석 치장

1426

1422

아우터 쉘
(벽돌, 하단부 두께 0.8m)

이너 쉘
(벽돌, 하단부 두께 2.25m)

랜턴

레벨4

오큘러스

레벨3

석제 체인

계단

레벨2

목제 체인

레벨1

수평 리브
(벽돌)

보조 수직 리브
(벽돌)

메인 수직 리브
(벽돌)

··· 피렌체 대성당 돔의 구조

# 현대의 돔

## 달라진 돔의 세계

피렌체 대성당 이후의 돔은 어떻게 진화했을까? 서양건축에서 돔은 상당 기간 동안 기본적인 건축재료나 방법이 그대로 유지되면서 교회나 성당의 전유물로만 남지 않고, 궁정이나 의회 건물과 같이 규모가 크고 권위 있는 건물에 자주 등장하기 시작했다. 그러다 근현대로 넘어오면서 돔의 재료와 방법, 용도 등이 완진히 달라진다.

저자에게는 기억에 남는 돔이 있다. 하나는 어린 시절 우리나라 최대의 돔 경기장이었던 '장충체육관'이고, 다른 하나는 성인이 됐을 때 개장한 과천 서울랜드에 있던 공처럼 생긴 돔이다. 장충체육관은 1955년 처음 육군체육관으로 개관했다가 1963년 돔 형태의 체육관으로 새로 태어났고, 2015년에 리모델링을 거쳐 현대적인 모습으로 재탄생했다. 농구 코트와 5,000석 이상의 관중석을 갖춘 이 체육관은 트러스 구조로 되어있고, 건축사 교과서에 나오는 과거의 어떤 돔보다 크다. 그런가 하면, 서울랜드의 돔(1984)은 대학 수업 시간에 말로만 들었던 지오데식geodesic 돔이 실물로 지어진 것이라 득별히 인상 깊었다.

이 두 돔의 공통점은 모두 돌이나 벽돌이 아닌 철과 철제 프레임으로 지어졌고, 과거의 어떤 돔보다 규모가 크며 전혀 다른 형태를 가지고 있다는 것이다. 새로운 재료와 공법이 돔의 세계를 바꾸어 놓은 것이다.

··· 장충체육관의 과거(상)와 현재(하)

··· 서울랜드 지구별 돔(좌)과 국립과천과학관 천체 투영관 돔(우)

# 한 차원 높아진 트러스 구조의 돔

트러스 돔의 시작을 연 것은 독일의 요한 빌헬름 슈베들러Johann Wilhelm Schwedler(1823~1894)였다. 그는 왕립 프로이센 철도의 수석 엔지니어로 이미 여러 트러스 교량을 설계한 바 있었는데, 1863년 베를린에 네 개의 가스 저장소를 설계하면서 건물들의 지붕에 래티스-트러스 구조로 된 돔을 올렸다.

이 중에 2차 세계대전 중 방공호로 사용되어 피히테 벙커Fichte-Bunker라는 이름이 붙은 두 번째 저장소(피히테스트라세Fichtestraße, 1875)가 현재까지 남아있다. 현재 전시관, 박물관으로 사용되는 이 건물은 지름이 56m, 큐폴라를 제외한 높이가 21m, 전체 높이 27m로, 하부의 건물은 3단 구조에 평지붕으로 되어있으며 옥상층에 트러스 구조의 돔이 설치되어 있다. 다른 돔처럼 건물의 진짜 지붕은 아니고 골조만 있는 상태지만, 지름만 비교하면 피렌체 대성당의 돔을 넘어선다. 이 구조물의 가치는 짧은 직선 부재를 엮어 곡선을 만들어 냈고, 그때나 지금이나 지붕재를 덮지 않아 뼈대만 보이지만, 트러스 구조로 돔을 만들 수 있음을 증명했다는 데에 있다.

··· 슈베들러의 피히테 벙커

# 지구를 닮은 지오데식 돔

지오데식 돔geodesic dome은 현대의 돔으로서 또 다른 이정표가 됐다. 그 이론적인 개념은 1919년 독일의 엔지니어 발터 바우어스펠트Walther Bauersfeld(1879~1959)가 최초로 제안했는데, 이 이론에 따라 수학적 원리를 체계화하고 실제로 돔을 완성해 '지오데식 돔'이라 이름을 붙인 주인공은 미국의 건축가 리처드 버크민스터 풀러Richard Buckminster Fuller(1895~1983)다.

그는 정삼각형의 조합으로 구에 가까운 형태를 만드는 돔 시스템과 실험적인 돔 구조를 만들었고 1950년, 60개의 삼각형 나무 패널로 실제 거주가 가능한 돔 주택을 선보였다. 그 후 1954년에 지오데식 돔의 특허를 내고 여러 실적을 내오다가, 1967년 캐나다 몬트리올에서 열린 '월드 엑스포 67'의 미국관을 지으면서 그의 이름을 세상에 알리게 됐다. 이 돔은 지름 76m의 완전한 구형으로, 박람회를 찾은 사람들에게 미국의 기술력과 미래 건축의 세계를 보여준 첨단의 아이콘이었다.

'지오데식'이란 이름을 사전에서 찾아보면, '측지(선)의', '측지선測地線', 또는 '주어진 곡면曲面상의 2점을 최단 거리로 잇는 곡선' 등으로 나온다. 이 뜻도 어렵지만, 수학이나 물리학 차원에서 접근하면 더 복잡하고, 풀러가 어떤 의미에서 이런 이름을 지었는지도 잘 모르겠다. 정확한 것은 아니지만, '지오데식'은 고대 그리스어로 '지구geo=earth'를 '측량하다desic=measurement'라는 뜻으로 풀이될 수 있어서, 측량하려면 잘게 쪼개 거리를 재야 하고, 지오데식 돔의 기본 단위가 삼각형이므로 '작은 단위의 삼각형으로 지구와 같은 구형의 물체를 만드는 방법'쯤으로 이해하면 될 듯하다.

a. 돔 구조 실험(1949)    b. 풀러가 학생들과 함께 만든 최초의 지오데식 돔 주택(1950)
c. 미 해병 막사(1954)    d. 포드 자동차 방문자 센터 내부의 돔(1953)
e. 캐나다 몬트리올에 위치한 바이오스피어(Biosphere)

··· 풀러의 지오데식 돔

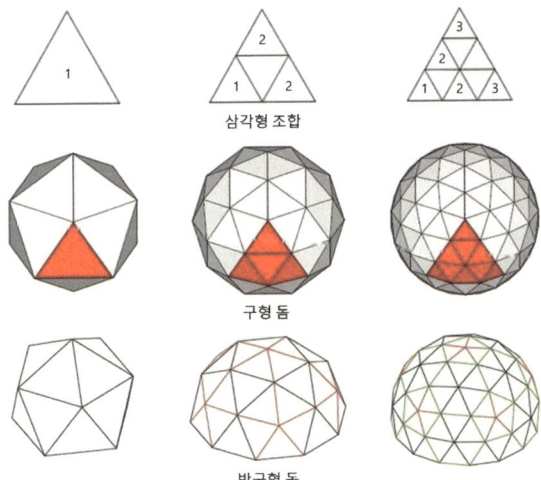

··· 삼각형 조합에 의한 지오데식 돔

지오데식 돔의 삼각형은 한 변을 두 개, 세 개 등의 작은 삼각형으로 다시 나눌 수 있다. 이 삼각형을 조립하면 삼각형의 개수가 많아질수록, 즉 같은 면적에 쪼개진 삼각형의 개수가 많아질수록 더 매끄러운 구형을 얻을 수 있다. 이렇게 해서 만든 것이 서울랜드에 있는 공처럼 생긴 돔이다. 또 삼각형과 삼각형을 기본 단위로 만들어지는 오각형, 육각형을 조합해서도 돔을 만들 수 있다.

트러스 구조의 돔이든 지오데식 돔이든 가장 큰 장점은 가볍고 구조적으로 안정적이란 점이다. 현대에는 프레임에 주로 강철이나 알루미늄 합금을 사용하고 프레임 사이에 유리, 플라스틱, 합성수지 막membrane 등을 끼워 완성한다. 작업의 효율성도 높아 공사 기간이 단축되고 비용도 절감된다. 판테온처럼 무거운 콘크리트를 사용하지 않아도 되고, 하기아 소피아처럼 돔이 퍼져 버릴까 봐 걱정하지 않아도 된다. 피렌체의 돔처럼 공법이 베일에 싸여 있지도 않다.[*]

··· 싱가포르 내셔널 스타디움

---

[*] 간혹 스페이스 프레임space frame이라는 용어가 지오데식 돔과 같이 사용되기도 하는데, 스페이스 프레임은 직선 부재로 삼각형을 만들고 이 삼각형을 엮어 더 큰 구조물을 만드는 구조 방식이다. 기본적인 트러스가 2차원적이라면 이것은 3차원의 트러스라고 보면 된다. 따라서 지오데식 돔은 스페이스 프레임에 포함되지만, 스페이스 프레임이 지오데식 돔은 아니다.

현재 세계에서 가장 큰 돔은 싱가포르의 싱가포르 내셔널 스타디움 Singapore National Stadium(2014)으로 55,000명을 수용할 수 있으며 개폐식 지붕까지 설치되어 있다. 지름이 무려 310m나 되고, 시드니 오페라 하우스가 돔 안에 쏙 들어갈 정도로 거대하다. 이제 공상과학 영화에나 나올 법했던 구조물이 실제로 실현이 가능해졌고, 어떠한 규모나 형태의 돔도 실현 가능한 세상이 됐다. 이것은 건축가들이 자랑하는 건축의 예술성보다는 건축기술의 끊임없는 진화가 이루어 낸 성과다.

# 우리 전통건축에 돔은 없었다

판테온이 지어졌던 시대, 우리 한반도에는 신라의 경주 월성(101)이나 가야의 김수로 왕릉(199)이 있었고, 하기아 소피아가 지어질 무렵에는 523년 백제 무령왕릉의 벽돌무덤과 신라 진흥왕(재위 540~576) 때 완공된 황룡사가 눈에 띈다. 피렌체 대성당의 돔이 완공될 때쯤 우리나라에서 가장 기억될 만한 사건으론 1446년에 반포된 훈민정음이 있다. 옛 건축 장인들을 폄하할 뜻은 없지만, 건축은 거기서 거기였고 돔은 없었다. 아치와 볼트를 마무리하면서 건축재료와 환경의 차이로 건축의 발전 방향이 달라질 수 있다고 말했었는데, 돔 역시 똑같은 이론이 적용된다고 위안을 삼아야 할 것 같다.

돔과 유사한 것이 있기는 하다. 8세기 중엽 신라의 김대성(700~774)이 불국사와 함께 건축한 석굴암이다. 석굴암의 평면과 단면은 돔의 형태를 가지고 있고, 이 형태가 돔과 같은 역학적 기능을 발휘했을 것으로 보이며, 유럽과 같이 석재와 화강암으로 만든 구조물이다. 그러나 아쉽게도 석굴암은 노출된 건축물이 아니라 석굴로 분류된다.

현대에는 얘기가 다르다. 국내 최초의 돔 야구장인 서울의 고척스카이돔이 있다. 이 돔은 지하 2층에 지상 4층, 관람석 16,601석, 높이 약 68m, 연면적 83,623㎡으로, 세계 어디에 내놓아도 손색이 없는 돔 건축물이다. 건물의 하부는 철근콘크리트 구조, 지붕은 철골 트러스에 특수 재질의 막(테프론막)으로 마감한 하이브리드 구조로 되어있다.

돔에 관한 한, 역사적으로 내세울 것이 없었지만, 이제 우리나라는 이런 돔을 건설할 기술력을 가지고 있다. 이것만큼은 자부심을 가질 만하지 않겠는가.

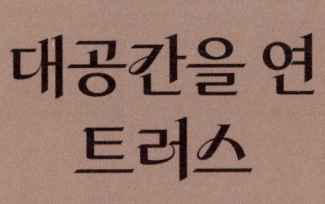

# 대공간을 연
# 트러스

건물의 지붕은 건물의 규모와 직접적인 관계를 갖는다. 건물의 길이나 폭이 커지면 당연히 지붕도 커진다. 그런데 단순히 건물의 크기만 키우는 것이 아니라 건물 내부에 큰 공간을 만들고 싶다면 어떻게 할까? 여기에서 '큰 공간'이란 확 트인, 기둥에 시야가 가리지 않는 공간을 말한다.

이 문제를 해결하려면 기둥과 기둥 사이, 즉 기둥 간격 또는 스팬(span)이 넓어야 하는데, 이 문제에 대한 해결책 중 하나가 앞에서 얘기한 아치나 볼트, 돔이었다. 그런데 일찌감치 이에 대한 또 다른 구조 방식이 있었으니, '트러스(truss)'가 바로 그것이다. '트러스'는 프랑스어 '트루스(trousse)'에서 유래했는데 '무엇인가가 함께 묶여 있는 것'이란 뜻이며, 여기서 '함께 묶여 있는 것'이란 삼각형을 말한다. 삼각형은 가장 안정적인 기하학적 형태로, 하중이 가해졌을 때 이를 적절히 분산시켜 구조체가 휘거나 부러지지 않도록 해준다.

이런 장점을 이용해 삼각형을 여러 형태로 조합해 놓으면, 어떠한 단일 부재보다 가볍고 강성이 큰 구조체를 만들 수 있는데 이런 구조가 '트러스'다. 트러스는 건축 외에도 용도가 많다. 하천을 가로지르는 교량에도 트러스 구조가 단골로 적용된다. 교량에 철골로 된 삼각형이 복잡하게 얽혀 있다면 그 교량은 필시 트러스 구

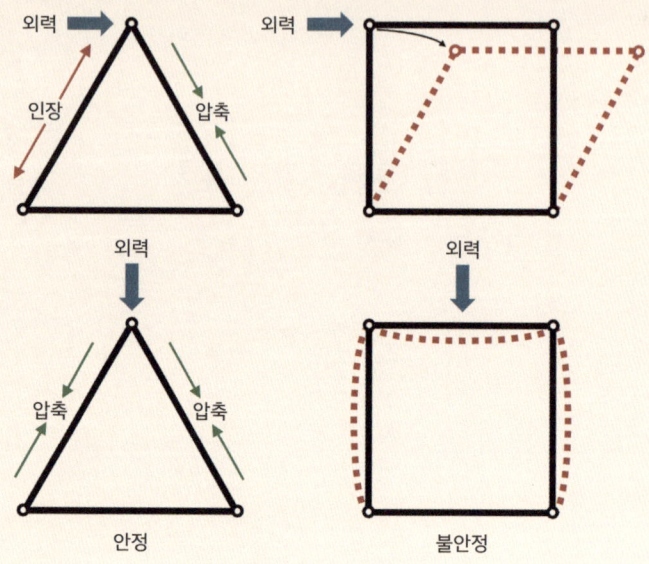

<br />

<br />

… 트러스의 원리

조로 지어진 것이라 보면 된다. 도시에 사는 사람이라면 거의 매일 보는 것도 있다. 건축 현장에 높이 솟아있는 타워크레인이다. 타워크레인을 자세히 보면 긴 다리와 긴 팔이* 모두 삼각형으로 엮여 있음을 알 수 있다. 형태도 다양해서 삼각형을 어떻게 조합하는가에 따라, 또 트러스의 기능과 구조물의 성격에 따라 여러 변형된 형태의 트러스가 만들어진다.

우리는 트러스의 존재조차 잘 인식하지 못하고 지낸다. 하지만 트러스가 인류의 건축에 기여한 바는 의외로 크다. 화려하지도 않고 천장 속에 숨어있기가 일쑤지만, 이 트러스가 발명되지 않았다면 현대의 건물은 초라한 상태에 머물러 있었을 것이다.

---

\* 타워크레인의 다리 부분을 마스트mast 또는 타워tower라 하고 물건을 들어 올리거나 옮기는 팔 부분을 붐 boom 또는 지브jib라고 한다.

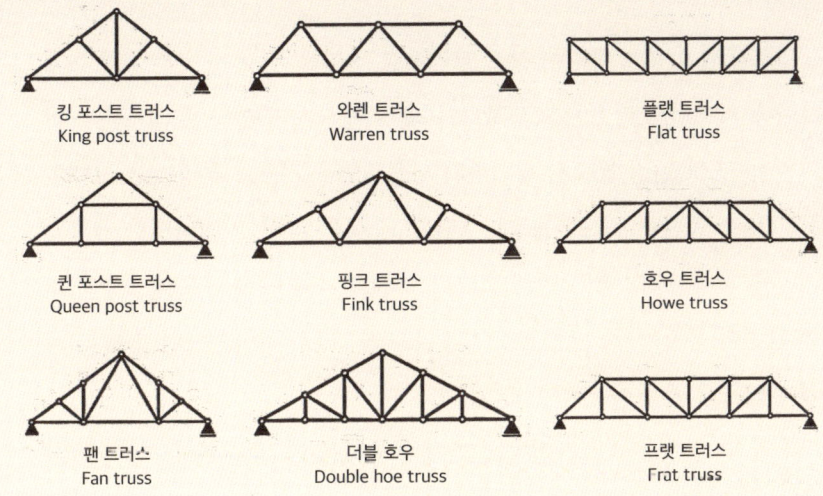

| | | |
|---|---|---|
| 킹 포스트 트러스<br>King post truss | 와렌 트러스<br>Warren truss | 플랫 트러스<br>Flat truss |
| 퀸 포스트 트러스<br>Queen post truss | 핑크 트러스<br>Fink truss | 호우 트러스<br>Howe truss |
| 팬 트러스<br>Fan truss | 더블 호우<br>Double hoe truss | 프랫 트러스<br>Frat truss |

··· 주요 트러스의 종류

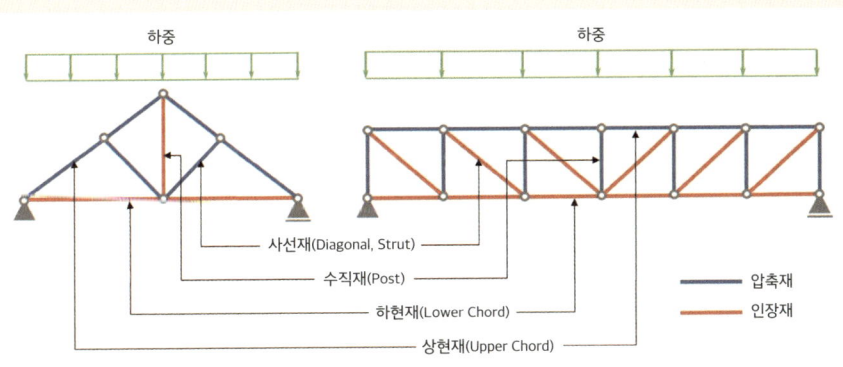

하중

하중

사선재(Diagonal, Strut)
수직재(Post)
하현재(Lower Chord)
상현재(Upper Chord)

압축재
인장재

··· 트러스에 걸리는 하중의 분해와 부재 이름

# 고대부터 시작된 트러스

건축에서 이렇게 장점이 많은 트러스를 찾아볼 수 있는 곳은 지붕이다. 그런데 지붕의 트러스에는 생각보다 꽤 오랜 역사가 있다. 트러스는 이미 기원전 2,500년경 청동기 시대부터 사용되었을 것으로 추정되고, 고대인들은 넓은 공간이 필요했을 때, 그리고 그 공간을 버텨 줄 마땅한 재료가 없었을 때에 트러스를 고안해 냈다. 오래된 건축물 중에 규모가 크면서 지붕 단면이 삼각형, 즉 박공(博栱)지붕gable roof으로 되어있으면, 그 지붕 속에 트러스가 있을 가능성이 크다.

수천 년 전의 트러스라면 지금까지 남아있을 리 없을 텐데, '삼각형 지붕' 하면 생각나는 건물이 있기는 하다. 그리스의 신전들이다. 이들 신전의 지붕도 트러스 구조였다는 문헌이 있지만, 학자들이 복원해 놓은 그리스 신전의 단면을 보면 간격이 좁은 돌기둥 위에 길이가 다른 나무 기둥을

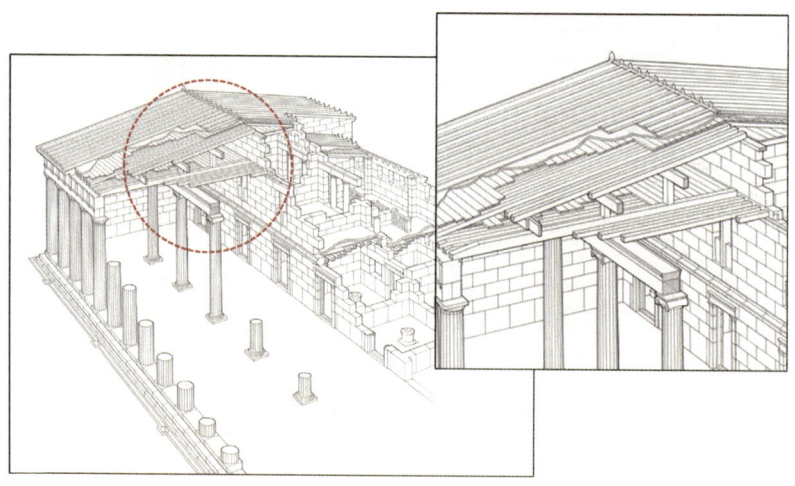

··· 고대 그리스 신전 건축의 전형적인 내부 구조

엎어 경사를 만들고, 그 위에 다시 보, 서까래, 지붕 널을 순서대로 엎어 지붕을 만들었다. 엄밀한 의미에서 트러스라 보기 어렵다. 파르테논 신전만 보더라도 가장 넓은 기둥의 간격이 불과 4m 남짓밖에 안 되니 굳이 트러스를 쓸 필요가 없는, 아니 트러스일 리가 없는 구조다.

그러다가 고대 로마 시대로 들어서면 조금 더 확실한 사례가 나타나는데, 빠르게는 고대 로마 초기부터 대단한 트러스가 있었을 것이라는 주장도 있다. 지금은 일부 기둥과 벽체만 남아있지만, 서기 91년경 건축된 도미티아누스 황제Domitian(51~96)의 업무실, 아울라 레지아Aula Regia*가 그 예다. 거대한 궁전의 일부였던 이 사각형 홀에는 중심부에 기둥이 없고 홀을 둘러싼 벽체와 벽에 붙은 기둥만 있을 뿐인데, 그 홀의 폭이 무려 32m나 된다. 학자들은 이 유적의 형태나 로마의 기술력을 근거로, 트러스 외에는 지붕을 만들 다른 방법이 없었을 것이며, 나아가 로마의 기술이라면

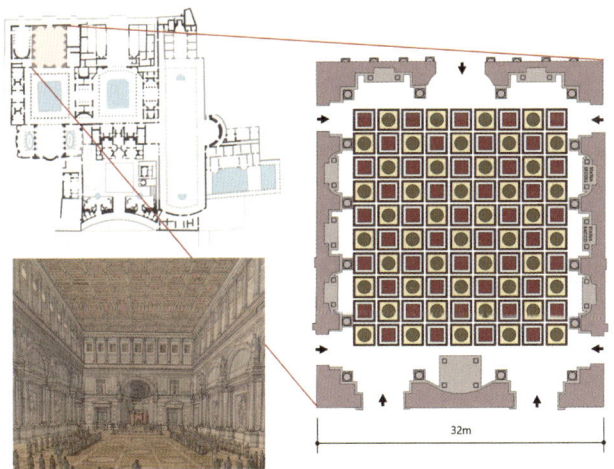

32m

⋯ 도미티아누스 황제의 아울라 레지아

---

* 로마 황제를 위한 접견실 또는 업무를 보던 왕좌실

길이 50m의 트러스도 충분히 가능했을 것이라고 주장한다.

20~30년 후에는 보다 현실적인 사례가 등장한다. 다시 한번 로마의 대표 건축물 판테온 얘기로, 잘 보면 여기에도 삼각형이 있다. 그리스의 신전을 본뜬 건물 입구 포르티코의 페디먼트가 그것이다. 그 안에 트러스가 숨어있다. 판테온이 건축되었을 당시에 설치된 트러스는 전체 길이가 약 30m이고 포르티코에 나란히 서 있는 세 쌍의 기둥 위에 올려져 있었다. 그런데 놀랍게도 본래 이 트러스는 무게가 152톤이나 나가는 청동 트러스였고, 여러 조각의 청동판을 길이 23cm, 무게가 15.5kg이나 되는 60개의 청동 리벳으로 연결해 제작된 것이었다고 한다.

하지만, 여기에는 황당한 뒷얘기가 있다. 30년 전쟁* 중이었던 1625년, 교황 우르바노 8세Pope Urban VIII (재위 1623~1644)가 이 청동 트러스를 뜯어내 대포를 만드는 데 써버린 것이다. 당시에는 문화재 보호라는 개념이 전혀 없었고, 가톨릭교회가 재정적으로 쪼들리던 시기이긴 했지만 너무나 아쉬운 일

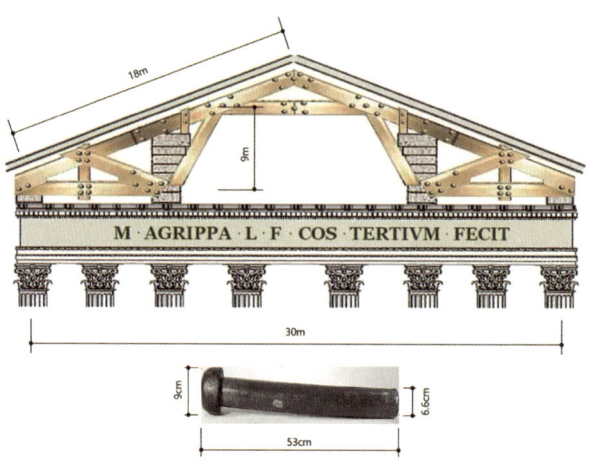

··· 판테온 입구 위 페디먼트 안의 트러스와 청동 리벳

---

\* 유럽에서 로마 가톨릭을 지지하는 국가들과 개신교를 지지하는 국가들 사이에서 벌어진 종교 전쟁

··· 교체된 목재 트러스의 위치와 모습(1652~현재)

이었다. 그때부터 지금까지 청동 트러스를 대신해 목재 트러스가 판테온의
페디먼트를 받치고 있다.

　그리고 200년 뒤, 후대 건축에까지 영향을 미친 전형적인 대공간 트러
스가 나타난다. 2세기 초 로마의 바실리카 울피아와, 기독교 공인 후 지어
진 (구)성 베드로 성당†의 트러스다. 두 건물은 많은 사람이 모이는 장소이
고, 그래서 넓은 공간이 필요하다는 공통점을 가지고 있었다. 전자는 법원
을 포함해 사람들이 모이는 공공장소였고, 후자는 기독교 교회로 신자들
이 함께 모여 예배를 드리는 공간이었다. 이 두 건물 모두 지금은 존재하
지 않아 정확한 규모를 알기 어렵지만, 여러 기록을 통해 학자들이 제안하
는 각 건물의 규모는 이렇다.

---

† 　구 베드로 성당은 326~333년에 건축되었지만, 1823년의 화재로 건물 대부분이 소실되었다. 현재
　같은 이름의 성당이 같은 자리에 있지만, 지금의 건물은 수년간의 재건축을 거쳐 1854년에 다시
　봉헌된 것이다.

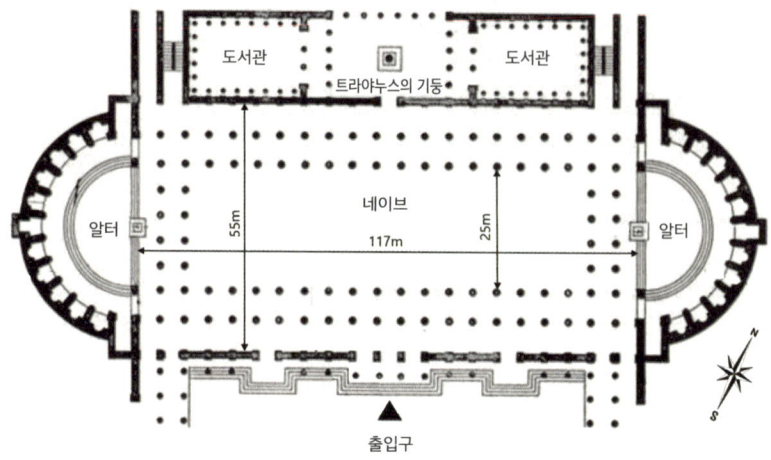

··· 바실리카 울피아의 평면도

먼저 바실리카 울피아의 경우, 전체 길이는 약 117m에 폭 55m, 네이브 최상부까지의 높이가 25m, 네이브의 기둥 간격 역시 25m 정도로 추정된다. 내부에는 총 96개의 기둥이 두 줄로 돌려져 있고, 기둥 1열마다 트러스가 올려져 있다고 가정할 때, 네이브 상부에만 20~22개의 트러스가 있었을 것이고, 기둥 없이 오픈된 공간의 면적은 약 2,188m²가 된다.

(구)성 베드로 성당은 네이브 양쪽으로 두 줄씩 아일이 배치되어 있고, 총 88개의 기둥이 네이브와 아일의 지붕을 받치고 있다. 전체 평면의 모습은 네이브 끝에 트렌셉트와 애프스가 붙어있는 로만 크로스 형태로, 입구부터 애프스 끝까지의 길이는 123m, 네이브만의 길이는 약 90m, 건물의 폭은 약 63m, 네이브의 기둥 간격은 약 24m로 추정된다. 네이브 면적만 2,160m², 트렌셉트를 제외한 전체 면적은 무려 5,670m²로 축구장 면적의 80%에 이른다.

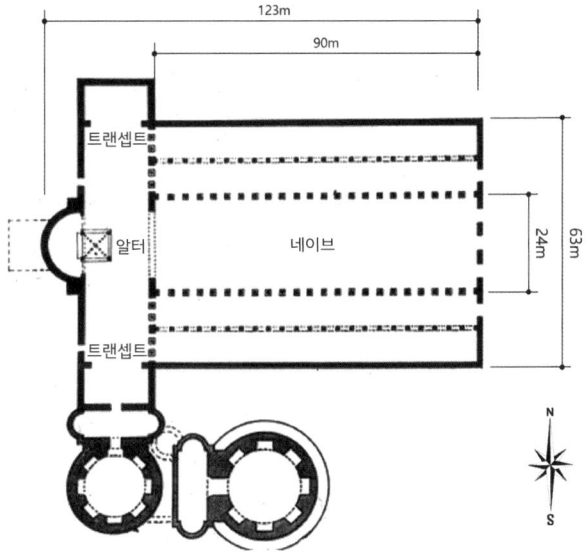

··· (구) 베드로 성당 평면도

바실리카 콘스탄티누스처럼 콘크리트 구조도 아니었고 긴 네이브를 감당할 만한 볼트가 발전하지 않은 상황에서 두 사례에 적절한 지붕구조는 트러스밖에 없었고, 형태는 킹 포스트 트러스나 한 개의 킹 포스트를 중심에 놓고 양쪽에 트러스를 덧붙이는 더블-트러스double-truss 시스템이었을 것이라고 한다. 트러스는 이후 로마네스크나 고딕 시대, 대형 성당의 지붕구조로, 또, 규모가 작은 일반 주택이나 헛간, 창고 등 여러 형태의 건축물에 두루 사용되었다.

··· (구) 로마네스크 산 미니아토 알 몬테 성당(Basilica di San Miniato al Monte, 피렌체 이탈리아, 1018)의 외
관과 내부 트러스

··· 고딕 성당 볼트 위의 트러스 지붕 구조

# 트러스의 혁명, 크리스탈 팰리스

## 절박했던 크리스탈 팰리스

삼각형 지붕의 트러스는 산업혁명이 일어나면서 새로운 형태와 기능으로 진화한다. 사실 이때의 대변혁은 트러스에만 국한되는 것이 아니라, 건축의 세계를 홀랑 바꾸어 놓았다고 해도 과언이 아니다. 철재를 사용한 트러스는 건축을 완전히 다른 모습으로 바꾸어 버렸다. 그 대표적인 사례가 1851년 런던 만국박람회의 크리스탈 팰리스와 1889년 파리 만국박람회에 설치된 에펠 타워다.

먼저 크리스탈 팰리스를 보자. 이 건물은 그 명성만큼이나 우여곡절이 많았고, 시작부터 매끄럽지 못했다. 영국은 1849년 6월, 자신들이 세계 산업의 리더라는 것을 세상에 알리기 위해 만국박람회 개최를 결정하고 6개월 만인 1850년 3월, 박람회장 설계 공모에 들어갔다. 개최 시점으로부터 채 1년도 남지 않은 때였다. 그런데 이렇게 긴박한 일정 속에서도 박람회 건축위원회가 제시한 설계 요구 조건은 매우 까다로웠다. 그 조건을 요약하면 아래와 같다.

"이 건물은 박람회가 끝난 뒤 철거할 것이므로 신속한 공사와 해체, 확장이 가능한 구조여야 하고, 자재와 인건비 측면에서 경제적이어야 하며 조명과 내화성능이 확보되어야 한다. 그리고 무엇보다 영국의 건축과 과학의 위상을 보여줄 수 있는 상징적인 건물이어야 한다."

··· 팩스턴의 최초 크리스탈 팰리스 스케치와 일러스트레이티드 런던 뉴스에 게재한 설계안

    한 달 만에 접수된 245개의 설계안 중에는 이러한 요구 조건을 맞출 수 있는 것이 하나도 없었다. 위원회가 자체적인 설계안을 마련해 봤지만 이 역시 많은 비판을 받았고, 이때 조셉 팩스턴Sir Joseph Paxton(1801~1865)이 나서게 된다. 그는 이전에 경험했던 유리 온실에서 착안해 그가 이사로 있던 미들랜드 철도LMR의 엔지니어, 유리 제조업체 챈스 브라더스 앤 캄퍼니Chance Brothers and Co.의 임원과 함께 설계안을 만들어 건축위원회와 협의를 시작했다.

그러나 그들의 안이 획기적이었음에도 정작 건축위원회는 그다지 탐탁해하지 않았다. 그러자 팩스턴은 전격적으로 그들의 안을 언론에 공개해 버린다. 여론전을 펼친 것이고 그것이 적중했다. 결국 건축위원회는 1850년 7월에 이 설계안을 승인했고, 곧바로 왕립위원회의 최종 승인을 얻어 7월 30일 곧바로 착공에 들어갔다.

설계 공모가 나간 지 넉 달 반 만의 일이었고, 모든 사람이 공기를 맞출 수 있을지 의심스러워했지만, 크리스탈 팰리스는 예정대로 1851년 5월 1일에 개관할 수 있었다. 공사 기간만 따지면 불과 9개월, 39주 만에 완료한 것이다. 모든 것이 일사천리였다.

설계 지침대로 임시 건물이었던 크리스탈 팰리스는 예정대로 1852년 가을 본래 위치인 하이드 파크Hyde Park에서 철거되어, 약간의 설계 변경과 증축을 거쳐 1854년 10월, 약 15km 떨어진 시드넘 힐Sydenham Hill로 이전 후 재오픈된다.* 프로젝트 초반에 분초를 다투던 것에 비하면 여기까지는 순탄했다. 하지만 아쉽게도 그 마지막은 비극으로 끝이 난다. 영국의 기념비로서, 런던의 명물로 이름을 떨치던 크리스틸 팰리스는 1936년 예기치 않은 화재로 소실되고 만다. 그리고 다시는 복원되지 않았다. 만약이 화재가 없었다면, 크리스틸 팰리스는 지금도 건축적으로나 역사적으로 최고의 위치에 있었을 것이다.

---

* 이전한 크리스틸 팰리스에는 건물의 양쪽 끝에는 볼트가, 건물 밖에는 물탱크 타워가 추가됐다. 최초의 크리스틸 팰리스의 경우, 건물 내부에서 찍은 사진들은 다수 있지만, 외부에서 찍은 사진은 거의 없고, 스케치와 그림만이 남아있다. 아마 이 시기가 사진기가 발명되고 발전되던 시기라 옥외 사진을 찍기에 조건이 좋지 않았던 것 같다. 그래서 크리스틸 팰리스를 검색하면 모양이 서로 다른 이미지를 발견할 수 있는데, 건물 끝에 볼트가 하나 더 있고 바깥 양옆에 타워가 보이면서 사진으로 된 이미지라면 두 번째 크리스틸 팰리스이고, 볼트가 중앙에만 있는 삽화나 회화라면 첫 번째 크리스틸 팰리스라고 보면 된다.

여기서는 크리스털 팰리스를 통해 트러스의 혁신을 얘기하고 있지만, 이 건물은 그 외에도 건축의 역사를 새로 쓴 몇 가지 기록을 가지고 있다.

**·동시대 최대 규모의 건물:** 이 건물은 이때까지 지어진 건물 중 세계 최대 규모였다. 전체 길이는 564m, 트랜셉트의 가장 긴 변이 124m, 중앙 트랜셉트의 최고 높이가 33m다. 트랜셉트 위에는 1층 바닥에서부터 높이 20.7m, 지름 22m의 라운드 볼트가 올려져 있고, 이것은 이때까지 세계 최대의 철제 볼트였다. 1층 전시장은 가로 방향으로 77개의 베이bay[*], 세로 방향으로 17개 베이가 늘어서 있고, 기둥 간격은 약 7.3m이며 2층 갤러리는 세로 방향으로 11개 베이로 되어 있다.

**·엄청난 건축재료의 투입:** 크리스탈 팰리스는 규모에 걸맞게 투입된 건축재료의 물량도 최고 기록을 세웠다. 벽과 지붕에는 면적 약 83,600m², 무게 400톤의 판유리가 사용됐는데, 이는 1840년 영국 전체 유리 생산량의 3분의 1에 해당했다. 3,300개의 주철 기둥, 2,224개의 트러스 거더, 그리고 약 38km의 배수 홈통이 설치됐고, 총길이 390km의 목재 프레임으로 유리 지붕 패널을 고정했다.[†]

---

[*] 건축 용어로 베이bay는 두 개의 기둥으로 이루어지는 하나의 단위를 말하며, 크리스탈 팰리스에서 1 베이는 두 개의 기둥과 이를 연결하는 트러스 거더로 구성된다.

[†] 영국에서는 1746년부터 유리에 대해 세금glass tax이 부여됐었다. 창문세window tax도 있었는데, 창문이 많거나 특히 유리가 끼워진 창문은 부의 상징이었으므로 그에 마땅한 세금을 내야 한다는 논리였다. 1845년 의회가 이 법률을 폐지했는데, 만약 이 법이 계속 유지되었다면 크리스탈 팰리스의 건축은 불가능했을 것이다.

… 크리스탈 팰리스의 전경과 내부

2층 평면도

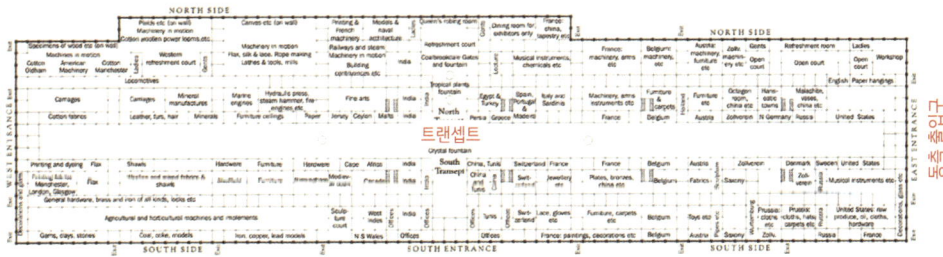

남측 출입구

1층 평면도

… 크리스탈 팰리스의 평면도

·**실험적인 굴절구조 지붕**Ridge-and-Furrow Roofing: 팩스턴은 크리스털 팰리스의 길고 넓은 지붕을 아코디언 모양으로 접어 만든 굴절구조 지붕으로 덮었다. 이전에 온실 건축에 종종 사용되던 이 구조는 평평한 판구조보다 강성이 커지고, 넓은 경간을 커버할 수 있는 장점이 있었다. 종이 한 장을 양쪽 끝에서 잡고 가운데 물건을 올리면 힘없이 아래로 처지지만, 종이를 이 모양으로 접으면 휘지 않고 훨씬 잘 버티는 원리와 같다. 이 구조에는 목재로 프레임을 만들고 유리를 끼워 넣었으며, 주철cast iron로 된 트러스와 기둥으로 프레임을 받쳤다. 유리의 크기도 규격화해서 설치 작업에 효율성을 높였다.

·**표준화된 볼트와 너트:** 크리스탈 팰리스 이전에도 철재를 사용한 건축물이 있었고 이때 접합재로 볼트와 너트를 사용했다. 그런데 그 크기와 나사선이 규격화되어 있지 않아 지역마다, 프로젝트마다 다른 제품이 사용됐고, 결과적으로 효율성이 떨어졌다. 하지만 크리스탈 팰리스에선 30,000개나 되는 볼트와 너트를 규격화, 표준화함으로써 대량 생산이 가능했고, 철골재 조립을 신속하게 진행할 수 있었다.

·**특수 장비와 혁신적 아이디어:** 이 프로젝트의 가장 중요한 목표는 짧은 기간 안에 공사를 마치는 것이었다. 이 목표를 달성하기 위해 철재에 구멍을 뚫거나 다듬는 기계, 트러스와 철재를 양중하는 장치, 유리 끼우기를 위한 이동식 플랫폼 등 다양한 아이디어와 장비를 개발해 냈다. 특히 지붕의 유리 끼우기 작업에는 마차처럼 생긴 이동식 장치를 개발해서 매주 80명의 인부가 약 19,000개의 유리판을 효율적으로 설치할 수 있었다.

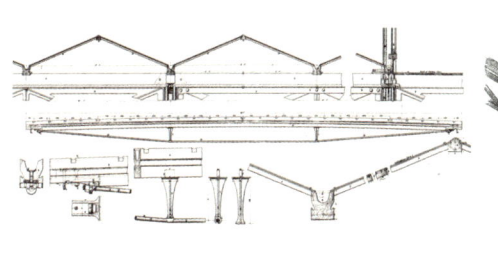
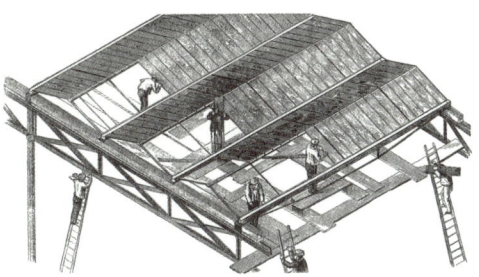

··· 크리스탈 팰리스 절판구조 지붕과 시공 모습

a

b

c

d

a. 철재 기둥과 트러스 거더의 접합    b. 이동식 유리 끼우기 플랫폼
c. 철재에 구멍을 뚫는 기계    d. 중앙의 볼트를 구성하는 아치 부재의 사전조립과 양중

··· 크리스탈 팰리스 시공에 사용된 장비와 시공법

·**최적의 건축재료 선정:** 크리스탈 팰리스에선 콘크리트 기초 위에 철제 기둥을 세우고, 기둥과 기둥 사이를 철제 트러스 거더로 연결해 기본 구조를 완성했다. 이때 기둥은 필러pillar라 부르는 파이프 형태로 가볍고 설치가 쉬운 자재를 활용했다. 2층 갤러리 바닥판에는 목재 판넬을 사용했고, 벽과 지붕엔 현대적 이미지를 주는 유리를 설치했으며, 유리 프레임에는 비용과 작업 효율성을 고려해 목재를 사용했다. 철재의 경우, 기둥재나 압축 강도가 필요한 부분에는 강성이 뛰어난 주철을, 트러스 거더와 특히 인장력을 받는 부분에는 가공이 쉽고 비교적 무른 성질의 연철을 사용했다. 크리스탈 팰리스가 임시적이란 점, 많은 인원이 몰리는 대규모 건물이란 점, 최대한 빨리 공사를 마무리해야 했다는 점,등에 비추어 보면, 여기에 사용된 건축재료들은 당시의 기술로 보아 최고의 선택이었다.

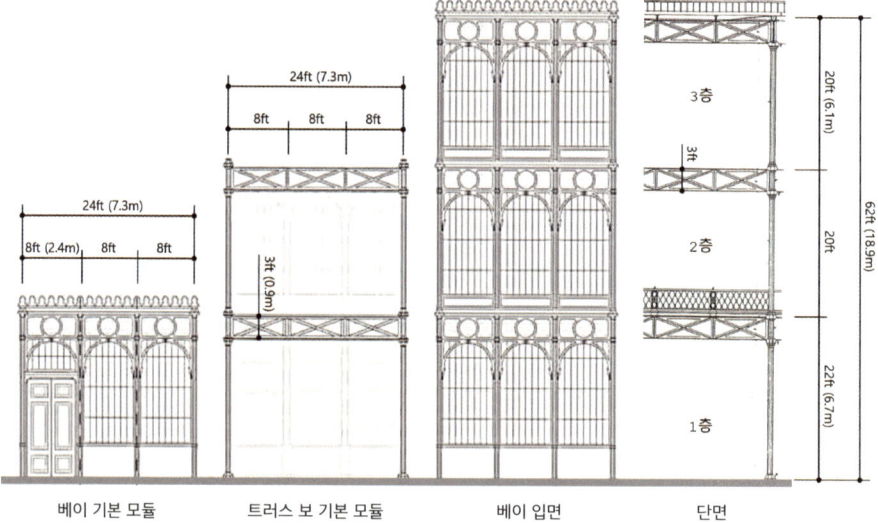

··· 크리스탈 팰리스의 기본 모듈과 치수

**·모듈화와 조립식 건축:** 이 대목은 크리스털 팰리스가 이룬 가장 혁신적인 업적이라 할 수 있다. 모듈화란 건물을 지을 때 기준 치수를 정해 놓고 그 치수에 대한 배수로 여러 부위의 크기를 정하는 방법을 말한다. 이렇게 하면 불규칙한 치수가 배제되고, 각종 자재도 그 치수에 맞게 제작 및 시공이 가능하므로 공사의 효율성이 높아진다. 크리스탈 팰리스에선 3피트를 기본 모듈로 하고 1베이의 폭을 24피트로 해서 트러스 거더의 길이는 24, 48, 72피트의 세 종류로, 트러스의 춤은 3, 6피트로 설계했다.* 이 길이와 춤은 사용되는 장소와 용도, 트러스의 재료에 따라 다르게 적용됐다.

조립식 건축이란 미리 가공되거나 공장에서 생산된 부품을 현장에 조립해 건물을 완성하는 방식을 말한다. 예를 들어 현대 콘크리트 건물의 경우, 현장에서 거푸집을 짜고, 철근을 배근하고 콘크리트를 타설하는 순서로 공사를 진행하지만, 조립식으로 하면 공장에서 기둥, 보, 벽, 바닥판 부재를 미리 만들어 놓고, 현장에선 이것을 조립만 하면 되므로 시간이 훨씬 단축된다.

크리스탈 팰리스에선 모듈화된 부재를 사전에 제작하고 현장에선 볼트와 너트로 조립하는 단순한 방법을 적용했다. 또 건물 중앙 라운드 볼트의 경우, 여러 조각으로 제작된 구조물을 지상에서 어느 정도 미리 조립하고, 이것을 다시 제 위치로 끌어올려 최종 조립했다. 이는 현대 건설공

---

* 크리스탈 팰리스의 설계에는 기본 길이 단위로 피트를 사용했다. 이 시기 영국에 미터법이 알려지긴 했지만, 건설과 엔지니어링 분야에선 임페리얼 시스템이 사용됐다. 즉 길이에는 야드, 피트, 인치, 무게에는 온스, 파운드 등을 기본 단위로 사용했다. 영국은 임페리얼 시스템의 종주국이었으며 1965년에야 미터법을 공식적으로 도입했다. 앞에서는 편의상 미터법으로 환산한 수치를 기재했고, <크리스탈 팰리스의 기본 모듈과 치수> 그림에선 기본 단위의 개념을 보여주기 위해 피트와 미터를 같이 적었다.

사에서 중요시되는 사전조립prefabrication 공법의 효시라 할 수 있다.

　이상과 같이 크리스탈 팰리스는 산업혁명이 이룬 모든 성과가 빛을 발한, 그리고 현대의 관점에서 볼 때도 혁신적이고 놀랄 만한 아이디어가 만들어낸 프로젝트였다.

　여기서 다시 트러스로 돌아가 보면, 이 부분도 역시 혁신적이었다. 이미 많은 부분이 크리스탈 팰리스의 특징과 함께 설명됐는데, 이 건물의 트러스는 삼각형의 지붕구조가 아니라 기둥과 기둥을 연결하고 바닥판을 지지하는 '거더', 즉, '보'로 사용된 것이었다. 목재가 아닌 철재로 만들어진 '트러스 보'가 건축물에 적용된 것은 세계 최초였다.* 과거 같았으면 상상할 수 없는 길이의 보를 트러스로 해결했고, 철재를 사용함으로써 강성을 확보함과 동시에 부재의 무게를 획기적으로 줄일 수 있었다. 이것은 트러스의 혁명에 머무는 것이 아니라 건축 전체의 혁명과도 같았다.

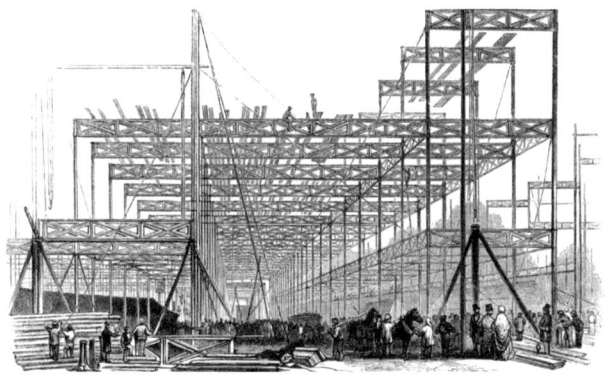

··· 크리스탈 팰리스의 트러스 보 조립

---

*　거더 형태의 철제 트러스는 1840년부터 철도 교량에 적용된 사례가 있고, 철제 지붕 트러스의 예는 1810년 소호 주조소와 1837년 유스턴 역 창고 등의 사례가 있었다. 그러나 트러스 거더의 적용은 크리스탈 팰리스가 최초였다.

# 하늘을 향한 트러스, 에펠 타워

## 에펠 타워의 신기록

의외인 것은 크리스탈 팰리스가 지어질 무렵까지 트러스 설계에 대한 이론적 기반이 완성되지 않았다는 것이다. 1850년을 전후로 트러스의 역학적 분석에 대한 논문이 나타나긴 했지만, 제대로 된 이론 정립은 1860년대 중반부터 이뤄지기 시작했다. 그리고 드디어 세상을 놀라게 한 건축물이 탄생한다. 1889년 프랑스 만국박람회의 상징, 에펠 타워다.[*]

크리스탈 팰리스가 규모와 면적에서 세상을 놀라게 했다면 이 타워는 높이로 세상을 놀라게 했다. 에펠 타워는 사람이 올라갈 수 있는 최상층까지의 높이가 276m, 철골 구조물 끝까지의 높이가 300m, 최정상 프랑스 국기까지가 312m로 건축 당시 세계에서 제일 높은 건축물이었고, 1884년에 지어진 170m의 워싱턴 모뉴먼트Washington Monument를 5년 만에 거의 두 배 높이로 제쳐 버렸다.

지금은 몇 차례의 송신 장치 교체를 거친 후 안테나 끝까지의 높이가 330m를 기록해 박람회 당시보다 더 높아졌다. 1926년 미국 뉴욕의 크라이슬러 빌딩Chrysler Building이 지어진 후에야 세계에서 두 번째로 높은 건

---

[*] 이 타워의 이름이 처음부터 '에펠 타워'는 아니었다. 지금은 누구나 알듯이 설계자 구스타프 에펠Gustave Eiffel(1832~1923)의 이름을 따 이렇게 부르고 있지만, 박람회 당시에는 그냥 '300m 타워'라 불렸다. 치마를 입은 여인을 연상시켜서인지 '라 담 드 페르La dame de fer' 즉, '철의 여인'이란 재미있는 별명도 있었다.

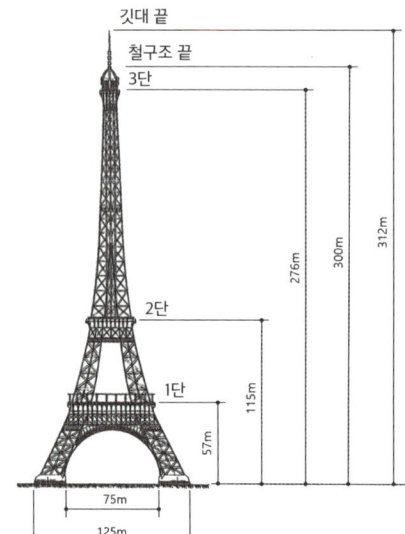

깃대 끝

철구조 끝

3단

312m

300m

276m

2단

1단

115m

57m

75m

125m

· 1889년 에펠 타워의 높이

·· 에펠 타워의 정상: 완공 시(좌)와 현재의 모습

축물로 밀려났다. 그것도 첨탑 안테나 기준으로 불과 7m 차이였다.[*]

높이도 그렇지만 타워 아래 생긴 대공간의 크기도 엄청나다. 네 개 기둥의 끝에서 끝까지의 거리가 125m, 면적은 15,625m²에 이르고, 바로 위층 바닥까지의 높이는 57m가 넘는다. 벽체만 없을 뿐이지 구조물로 만들어진 대공간의 규모도 세계 신기록이었다.

에펠 타워가 세운 이런 기록들은 트러스 구조와 철재의 혁신이 없었다면 불가능한 일이었다. 거기에 더해 크리스탈 팰리스 못지않게 건축의 역사를 새로 쓴 여러 가지 성과가 있었다.

먼저 전체 공사 기간은 1887년 1월 28일에 착공해서 1889년 3월 31일까지 단 2년, 터 파기와 기초공사를 제외한 철재 조립 기간은 1887년 7월

---

[*] 크라이슬러 빌딩의 높이는 첨탑 끝 기준으로 319m, 건물 지붕 기준으로 282m, 최상층의 바닥판 높이 기준으로 274m다. 이런 기준은 초고층 빌딩의 높이를 비교할 때 사용하는 것이기도 하다.

1887년 12월    1888년 3월    1888년 5월    1888년 8월    1888년 12월    1889년 3월    1889년 3월 31일

··· 에펠 타워의 시공 과정

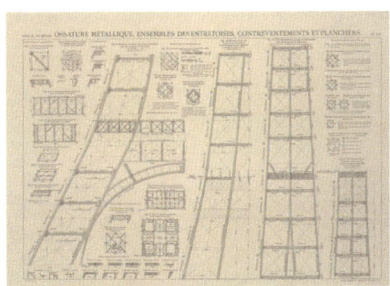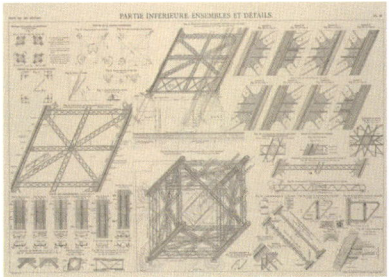

··· 에펠 타워의 엔지니어링 도면

1일에 시작해서 약 22개월이 걸렸다. 이 정도 규모의 철탑을 현대에 공사한다고 해도 거의 불가능할 정도로 짧은 기간이었다. 이것은 치밀한 사전 계획 덕분이었는데, 공사가 시작되기 전부터 수천 장의 도면이 이미 완성되었거나 작업 중에 있었고 공장에선 타워에 사용되는 18,000여 개의 부품을 생산하고 있있다.

현장에서 약 4km 떨어진 곳에 작업장을 만들어 철재를 절단하고 드릴링과 리벳팅 작업을 거쳐 사전조립을 했고, 이 부품들을 다시 마차로 실어 현장으로 보내 최종 조립을 했다. 보통의 공사라면 현장에서 모든 작업이 진행되지만, 작업의 순서와 절차를 압축시킨 것이다.

철재 트러스를 조립할 때는 '크리퍼 크레인creeper crane'이라는 증기기관 크레인을 이용해 양중작업을 했고, 특수 목재 비계를 제작해 트러스 보를 받치는 데 사용했다. 또 작업자들을 위한 이동식 통행로와 가드레일을 설치하는 등 철저한 안전 조치로 수백 명이 투입된 현장에서 사망 사고가 단 1건밖에 발생하지 않았다. 공사의 품질 역시 최고 수준으로, 1880년대의 건축물이라고는 믿어지지 않을 만큼, 7,300톤의 철제 부품을 조립하는 데 * 1/10mm의 정밀성을 보장할 정도로 정교한 시공을 해냈다.

··· 증기기관 크리퍼 크레인

··· 고공에서의 리벳팅 작업

---

* 에펠 타워는 퍼들 아이언(연철) 무게만 7,300톤이고 엘리베이터, 상점, 안테나를 추가하면 총 무게는 약 10,100톤이 된다.

# 래티스 구조의 활용

이런 짧은 기간에 엄청난 성과를 거둘 수 있었던 것은 트러스가 갖는 구조적 장점 덕분으로, 이 타워에는 트러스 구조 중에서도 래티스 구조lattice structure가 적용됐다. 래티스 구조란 삼각형의 조합이라는 데에서 트러스와 원리는 같지만, 부재가 격자형으로 연결된 구조 방식을 말한다. 이를 활요하면 구조물의 무게를 줄이면서 강성을 높일 수 있으며, 특히 옥외에 설치할 때 바람이 잘 통하기 때문에 풍하중에 대한 성능이 커진다. 또 에펠 타워와 같이 입체적인 구조물을 만들 때도 적합하다.

에펠은 이런 래티스 구조를 이전부터 잘 활용했고, 이미 많은 성과를 냈있다. 1860년 '에펠 브리지'라고도 불리는 프랑스 보르도 철교를 시작으로[*] 1877년 포르투갈의 마리아 피아 교Maria Pia Bridge, 1878년 역시 포르투

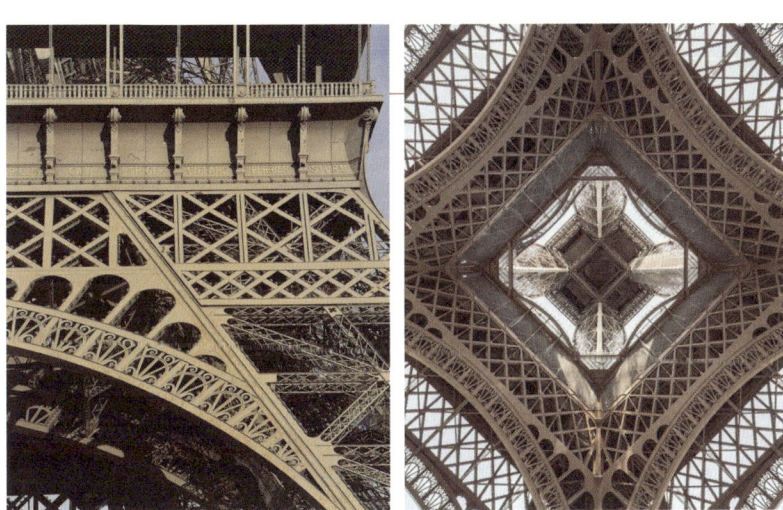

··· 에펠 타워의 래티스 구조

[*] 이 철교의 주 설계자는 스타니슬라스 드 라로슈-톨레Stanislas de la Roche-Tolay였고, 에펠은 공사 현장 책임자였다.

갈의 폰테 에펠교Ponte Eiffel, 1880년 쿼브작레퐁교Cubzac Les Ponts Bridge 등이 대표적인 작품이다. 그의 작품 중엔 교량뿐만 아니라 건축물도 포함되어 있으며, 심지어 뉴욕의 상징인 자유의 여신상 내부의 골조도 에펠의 작품이다. 지금 봐도 대단한 규모에 세련된 모습의 이 구조물들을 보면, 에펠이 왜 그토록 에펠 타워에 자신 있었는지 알 만하다.

철골 트러스 구조의 또 다른 장점은 경제성이다. 부품의 사전 제작과 조립, 현장 작업 인원의 축소, 공기 단축 등 모든 것들이 이 구조 방식 덕에 가능했다. 한 분석에 따르면 당시에 든 비용이 150만 달러 정도였는데, 물가 인상이나 여러 가지 요인들을 고려했을 때 2022년 기준으로 약 20억 달러가 들 것이라고 한다. 우리 돈으로 150만 달러면 현재 환율로 약 20~21억 원, 20억 달러면 2조 7~8천억 원이 든다는 얘기다. 그런데 이 금액은 공사와 관련된 전체적인 상황을 고려했을 때의 것이고, 물가상승률만 따지면 150만 달러는 현재 4,400만 달러, 즉, 630억 정도로 계산된다. 130~40년 전 공사비와 단순 비교하기는 좀 어렵겠지만, 그만큼 경제적인 공사였다는 얘기다.

## 에펠 타워에 생명을 불어넣은 엘리베이터

에펠 타워 역시 크리스털 팰리스처럼 만국박람회를 위한 임시 구조물이었다. 박람회를 위해 건설됐지만, 허가는 딱 20년짜리여서 1909년이면 해체될 운명이었다. 에펠은 이 타워가 송신 장치로 활용성이 높다며 생명 연장을 주장했다는데, 그보다 중요한 요인은 관람객들을 꼭대기까지 실어 나른 엘리베이터였을 것 같다. 멀리서 바라봐야 하는, 그저 철재를 엮어 놓은 조형물에 불과했을 이 타워에 엘리베이터가 생명을 불어넣었고 그로 인해 가치가 높아진 것이다.

개장 이후에 지금까지 몇 차례 교체 작업이 있었지만, 개관 당시에는 루 콩발루지에와 르파프Roux, Combaluzier et Lepape(후에 루-콩발루지에Roux-Combaluzier로 바뀜)와 오티스Otis가 1단과 2단까지 올라가는 동서남북 네 개의 엘리베이터를 시공했고, 에두Edoux사는 2단에서 3단까지 올라가는 수직 엘리베이터 공사를 맡았다.

관람객들은 두 단double-decker car으로 되어있는 경사식 엘리베이터에 편안히 앉아 2단까지 올라간 다음, 2단 플랫폼에서 수직으로 이동하는 엘리베이터로 바꿔 3단의 전망대까지 올라갈 수 있었다. 한편, 에펠은 이 엘리베이터를 자신만을 위한 용도로도 사용했다. 전망대 위층에 만든 자신의 아파트까지 올라가는 것이다. 이 아파트에는 기실, 주방, 욕실, 심지어 피아노까지 갖추어 놓았고, 거기서 그는 무선 전신과 같은 과학 실험도 하고, 귀빈과의 만남을 갖기도 했다. 현재는 그때의 상태를 보존해서 일종의 박물관으로 사용되고 있다.

박람회 개최 당시에 에펠 타워가 일부 시민과 예술가들에게 혹평과 비

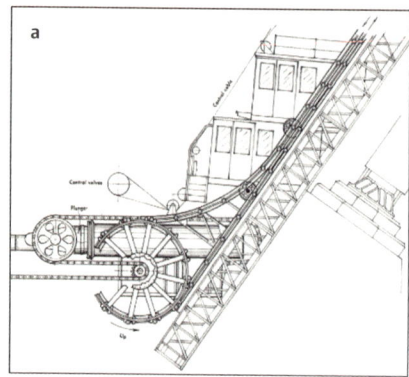

a. 개관 당시 1~2단 엘리베이터의 기계 시스템　　　　　b. 개관 당시의 승객차
c. 개관 당시 에두사의 엘리베이터 — 승객이 중간에 엘리베이터를 갈아타도록 설계되어 있다.
d. 현재의 엘리베이터

… 에펠 타워에 설치된 엘리베이터

난의 대상이었다는 것은 잘 알려진 사실이다. 파리의 대표적인 일간지
『르 탕Le Temps』은 당대 내로라하는 문학과 예술계 거장들의 서명을 받아
주최 측에 항의 서한을 보냈는가 하면, 볼품없는 해골이라느니, 공장 굴
뚝 같다느니, 철제 사다리가 붙은 바짝 마른 피라미드라느니 등의 온갖 비
난을 퍼부었다. 특히, 파리 오페라 극장Opéra Garnier(1875)을 설계한 건축가
샤를 가르니에Charles Garnier(1825~1898)는 '비극적이고 끔찍한 가로등'이

라는 혹평을 쏟아냈고, 당대의 최고 소설가 기 드 모파상<sub>Guy de Maupassant</sub> (1850~1983)은 에펠 타워 안에 있는 식당에서 식사하면서, "여기가 파리에서 이 타워를 보지 않아도 되는 유일한 곳"이라는 말을 남겼다고 한다.

반면, 에펠은 "이 타워는 그 자체로 아름다움을 지닐 것이고 엔지니어도 건축적인 아름다움을 창조해 낼 수 있으며, 여기엔 일반적인 예술 이론으로 얻을 수 없는 독특한 매력이 있다"고 항변했다. 결과는 누구나 인정하듯이 에펠의 승리였다. 박람회가 오픈하자마자 200만 명의 관객이 몰렸고, 에펠 타워는 대중적인 성공을 거뒀으며, 지금까지 파리의 상징이 되고 있다. 그는 트러스라는 기술로 아무도 생각지 못한 건축물을 만들어냈을 뿐 아니라, 기술이 건축이나 예술을 선도할 수 있음을 보여줬다.

# 거칠 것 없는 현대의 트러스

사실 트러스는 건축에서보다 강이나 바다에 놓인 다리에서 더 자주 볼 수 있다. 트러스 다리의 장점은 다리 밑으로 배가 오가는 공간을 넓히고 싶을 때 또는 교각을 많이 건설하기 어려울 때, 교각 사이를 넓히고 그 위에 트러스를 올리면 문제가 해결된다는 것이다. 에펠의 작품 중 교량이 많은 것도 당시에 이미 그 필요성이 컸기 때문이다. 현재 세계에서 가장 긴 트러스교는 일본의 이키츠키교Ikitsuki Bridge(1991)로, 주 교각 사이의 거리가 400m에 이른다.

우리나라에선 서울의 한강대교, 성수대교, 인천 영종대교, 부산 광안대교 등에 트러스 구조가 들어가 있다. 다만, 일본의 이키츠키교가 가진 세계 기록은 교각 사이의 거리 기준이고, 전체 길이 기준이라면 훨씬 긴 트러스교가 많이 있다.

··· 일본의 이키츠키 트러스교

건축에서 트러스는 특수한 용도의 건축물을 중심으로 대부분 지붕구조로 사용되기 때문에 모르고 지나치는 경우가 많다. 하지만 앞에서 봤던 싱가포르의 돔과 같은 경기장, 공연장, 컨벤션 홀이나 전시장, 공항의 터미널이나 격납고 등 알고 보면 트러스가 필수인 건축물이 많다. 현재 가장 긴 지붕 트러스의 기록은 텍사스 댈러스의 AT&T 스타디움에 설치된 약 427m의 아치형 트러스가, 프랫형 트러스의 기록은 베이징 다싱 국제공항의 404.5m 항공기 격납고가 가지고 있다.

크리스탈 팰리스가 지어진 지 어언 170년이 지났다. 당시에 트러스의 기술적인 원리를 터득했다면, 지금은 더 강하고 가벼운 재료를 개발해 내어 더 길고 효율적인 트러스를 만들어 가는 시대다. 그리고 이미 많은 성과가 나타나고 있다.

이제 거기에 스마트 기술이 더해지는 세상이 됐다. 건축가와 설계자 덕분에 가능해진 더 큰 대공간의 설계에, 이제는 구조설계와 시공기술은 물론이고 컴퓨터 시뮬레이션, 리모트 센싱, 성능 모니터링, 대미지 디텍팅,

··· 텍사스 댈러스 AT&T 스타디움

··· 다싱 국제공항의 항공기 격납고

AI 기술까지, 그 성패가 기술과 엔지니어링의 손에 달려있다. 에펠을 비난
했던 샤를 가르니에처럼 건축가들이 기술의 미래를 이해하지 못한다면,
또는 기술이 설계에 종속적이라 생각한다면, 미래의 건축에 획기적인 걸
작은 탄생하지 못할 것이다.

## 한강철도교에서 동대문디자인플라자(DDP)의 메가트러스까지

우리의 전통건축도 삼각형 지붕이 있다. 그러나 내부를 보면 대들보와 서까래, 종보, 지주 등의 부재가 삼각형을 이루고 있을 뿐, 이 구성을 트러스 구조라고 보기는 어렵다. 예를 들어 경복궁의 근정전을 보면, 규모도 크고 큰 지붕을 가지고 있지만, 내부의 기둥은 생각보다 간격이 좁고, 경사진 지붕은 보를 여러 층으로 만든 다음 서까래를 대어 만든 구조다.

기록에 의한 우리나라 최초의 트러스는 건축물이 아닌 1900년에 완성된 한강철도교다. 하지만 아쉽게도 지금의 다리는 한국전쟁 이후에 복구된 것이라 본래 모습은 사진으로만 남아있다.

한편, 앞서 '돔'에서 보았던 고척스카이돔의 트러스 외에 우리나라 현대건축사에 이정표가 된 트러스가 하나 더 있다. 서울 동대문디자인플라자DDP의 메가 트러스mega truss가 그것이다. 이 건물을 대로변에서 바라보면 유난히 건물의 둥근 부분이 불룩 튀어나와 있는 곳을 볼 수 있는데, 이 구조를 만들기 위해 중량 529톤, 총길이 92m의 초대형 트러스를 설치했다. 하부에 기둥 없이 구조물을 잡아주는 캔틸레버cantilever 트러스는 길이만 35m에 이른다. 또 이 비정형 건축물의 내부에는 둥글둥글한 입면을 유지하면서 바깥쪽의 알루미늄 판넬을 고정하기 위한 스페이스 프레임이 거미줄처럼 복잡하게 설치되어있다. 이 스페이스 프레임의 기본 구조 역시 트러스다.

디자인의 호불호를 떠나 엔지니어링이 받쳐주지 못했다면 이런 건물이 나올 수 없었을 것이고, 건설사는 이 복잡한 문제를 해결하느라 무진 애를 써야 했을 것이다. 그러나 사람들은 이를 그저 신기한 건물로만 생각할 뿐, 이 건물을 짓기 위해 기술적으로 얼마나 힘든 과정이 있었는지에 대해서는 잘 모를 것이다.

# 건축기술의 결정체, 초고층 빌딩

건축은 인류가 집을 짓고 산 이래 오늘을 포함한 100~200년 동안 가장 극적인 변화와 발전을 보여줬다. 건축사적으로 보면, 르네상스 이후 이런저런 양식의 변화가 있었음에도 획기적인 기술 발전의 사례를 찾아보기가 어려웠는데, 특히 산업혁명을 계기로 건축의 세계가 확연히 달라졌다.

산업혁명은 제조업과 공장 산업의 부흥을 일으켰고, 대륙의 사회구조와 경제구조를 몽땅 바꿔 버렸다. 비즈니스의 규모가 커지고 자본사회가 되니 과거에 없던 유형의 건물이 필요해졌다. 나라마다 공화국 체제가 들어서고 민주화되면서 더 이상 왕국과 귀족을 위한 화려한 건축이 필요 없어졌고, 교회 세력도 뒷전으로 물러나게 됐다. 대신 공장, 오피스 빌딩, 역사, 공공건물 등이 생겨났으며 달라진 생활 수준으로 주택의 개념도 달라졌다. 여기에 도로와 철도, 항만과 같은 인프라 시설도 동반됐다.

건물의 규모는 커져 갔고, 이런 시설을 석재나 벽돌로 건축하기엔 한계가 확실해졌다. 옛날처럼 건축이 끝날 때까지 하염없이 기다릴 수 없었고 모든 재정을 건축에 쏟을 수도 없는 노릇이었다. 결국, 공사 기간과 비용에 대한 건축주들의 관심이 커졌다. 이런 환경 속에 때맞춰 새로운 건축재료와 기술이 속속 도입되니 건축이 안고 있던 문제가 해결되기 시작했다.

게다가 모더니즘 시대가 되면서 건축의 생김새도 완전히 달라졌다. 한마디로 심플해졌다. 복잡하고 과잉된 장식보다 단순함과 절제, 명확함이 지배적인 건축의 원칙이 됐다.

이런 변화는 현재 우리 주변의 건축물에서도 확인할 수 있다. 이름난 건물이라 해도 거대한 아치나 돔을 찾을 수 없고, 기둥은 네모반듯하고 깔끔하며 기껏해야 원형으로 변화를 주는 정도다. 천장은 큰 건물의 로비가 아니면 생활하거나 일하기 딱 좋은 높이로 설계된다. 현대건축 교과서에 나오는 좋은 건축이란 인위적인 장식보다 특색있는 외관, 세련된 비례감, 특별한 공간 설계 등을 가진 건물들이고 가끔 자유로운 곡선을 가진 비정형 건축물들이 눈에 띈다. 지금까지 이 책에서 봤던 건축사나 건축기술의 사례로 들었던 것들과는 정반대 개념이다.

이 같은 사회경제적 변화, 건축재료와 기술의 변화, 건축 사조의 변화 등이 그리 길지 않은 기간에 일어났는데, 건축의 변화 중 가장 놀라운 것이라면 무엇보다 '높이'를 꼽을 수 있다. 건물은 고층화되었고 마침내 초고층 빌딩이 나타났다. 그리고 여기에 지금까지 인간이 발전시킨 온갖 건축기술이 모두 모여 있다.

# 빌딩 고층화와 철근콘크리트 구조

## 해결사로 등장한 철근콘크리트

고층 빌딩으로 들어가기 전에, 건물이 어떤 과정으로 지어지고 또 어떻게 구성되는지를 먼저 알아보도록 하자. 그래야 소규모 건물과 고층 빌딩의 차이를 이해하는 데 도움이 될 것 같다.

건물은 보통 건물이 들어설 대지를 조성하는 토공사와 기초공사를 시작으로 기둥, 보, 벽, 바닥, 지붕, 천장, 계단 등의 뼈대를 만들어 가는 골조공사에 이어 도장, 창호, 지붕, 방수, 단열, 미장, 바닥 공사 등을 포함한 마감 공사, 그리고 내장공사와 인테리어를 포함한 수장공사의 순서로 진행된다. 물론 건물에 들어가는 각종 기계와 전기, 설비공사도 수반된다.

이 중에 골조공사는 건물의 유형을 구분하는 중요한 기준이 되며, 어떤 재료를 썼는가에 따라 크게 벽돌이나 돌을 쌓아 직접 건물의 하중을 지지하도록 만든 '조적 구조masonry structure'*, '철근콘크리트 구조reinforced concrete structure, RC조', '철골 구조steel structure, S조', 그리고 철근콘크리트와 철골 구조를 혼합한 '철골철근콘크리트 구조steel framed reinforced concrete structure, SRC조'로 나뉜다.

골조가 하중을 지지하고 전달하는 구조 방식에 따른 분류도 있다. 별다른 기둥 없이 벽돌벽이나 콘크리트 벽으로 하중을 받게 하면 '벽식 구

---

* 현대 건물에서 겉면이 벽돌로 되어있다고 해서 조적조라고 쉽게 판단해서는 안 된다. 골조는 철근콘크리트인데 벽돌로 치장한 경우가 많다.

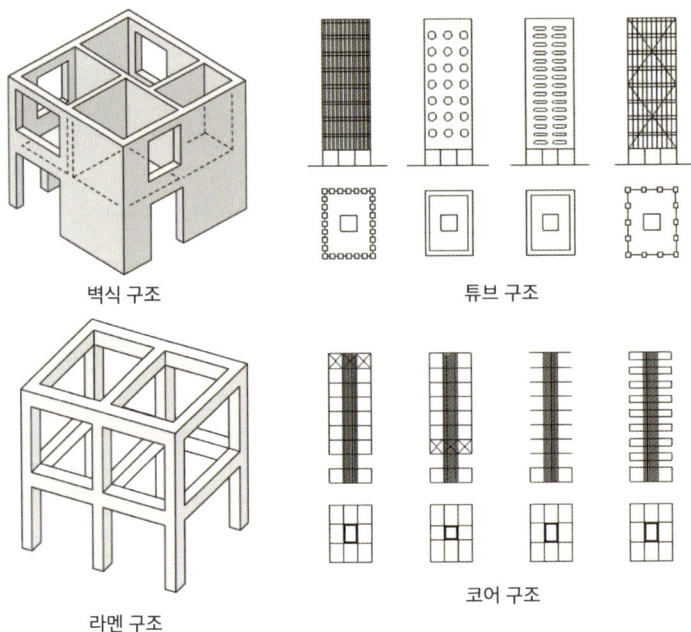

| 벽식 구조 | | 튜브 구조 |
|---|---|---|
| 라멘 구조 | | 코어 구조 |

··· 구조 방식의 종류

조bearing wall structure', 기둥과 보가 기본적인 골격을 구성하는 '라멘 구조 rahmen structure, framed structure', 보 없이 바닥판과 기둥으로 이루어진 '플랫 슬래브 또는 무량판 구조flat slab structure, 無樑板', 기본적인 골격은 유지하면 서 건물의 외곽을 강한 튜브로 둘러싸 건물을 구조적으로 강화하는 '튜브 구조tube structure', 엘리베이터, 계단, 화장실 등이 모여 있는 코어가 큰 기 둥 역할을 하도록 한 '코어 구조core structure' 등 다양한 방법이 있다.

이 방법 중 19세기 이전엔 조적 구조와 벽식 구조가 일반적이었고, 서양 건축사에 등장하는 유명 건축물 대부분이 돌이나 벽돌을 건축재료로 사용했었다. 그러나 현대 빌딩에는 재료를 기준으로 철근콘크리트 구조, 철골 구조, 철골철근콘크리트 구조, 그리고 구조 방식을 기준으로는 라멘 구조, 튜브 구조, 코어 구조가 주로 적용된다.*

이 비교가 의미하는 것은 건물이 고층화되려면 무엇보다 건물 자체의 하중을 효율적으로 받아낼 수 있는 골조가 있어야 한다는 것이다. 따라서 돌이나 벽돌로 된 조적 구조로는 높이에 한계가 있을 수밖에 없고, 산업혁명 이후 새로운 재료와 구조 시스템이 발전하면서 건물은 급속도로 하늘을 향해 치솟을 수 있었다.

이 세상에 철근콘크리트 구조가 없었다면 어떻게 되었을까? 아마 세상의 모든 건물은 나지막하고, 높은 건물을 지을 수 없으니 땅덩이가 작은 나라에선 건물을 지을 땅값이 엄청났을 것이다. 우리나라는 특히나 콘크리트 건물을 선호한다. 수십 년간 지어진 것 중에 일부라도 철근콘크리트가 안 들어간 건물은 거의 없을 것이다. 몇 년 전 자료에 의하면 국민 1인당 시멘트 소비량이 0.957톤으로 세계 1위라고 하니, 튼튼한 집을 좋아하는 우리나라에선 콘크리트가 나라를 만들었다 해도 과언이 아니다.

철근콘크리트는 왜 이토록 사랑받는 건축재료가 됐을까. 콘크리트 중에서 '고강도' 또는 '초고강도 콘크리트'가 되면 그 강도가 단단한 암석과 맞먹을 정도가 된다. 무게는 더 가벼운데 채석장에서 캐내고 운반하는 수고도 필요 없다. 그런데 '아치'의 원리에서 수평보에 하중이 삭용했을 때 부재가 어떻게 반응하는가를 떠올려 보면, 돌이나 콘크리트나 그 결과가 크

---

* 한때 초고층 빌딩에 튜브 구조가 대세였던 시절이 있었지만, 9·11사태로 이 구조 방식으로 지어진 월드 트레이드 센터 두 동이 모두 무너지면서 회의론이 일었다. 튜브 구조는 건물을 둘러싼 여러 다발의 튜브가 건물 본체를 잡아주는 방식이므로 비행기가 충돌하면서 이 연결 고리가 풀어져 참사가 더 커졌다는 분석이 있다.

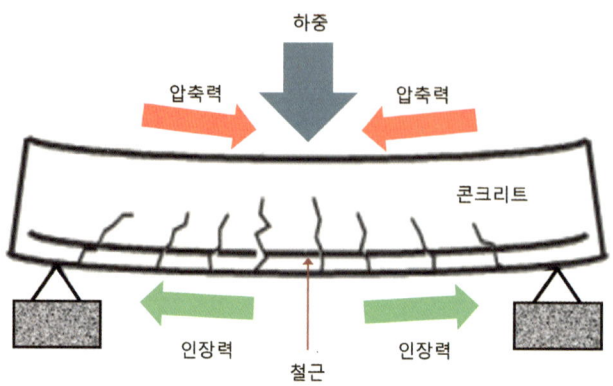

게 다르지 않다. 즉, 콘크리트 역시 압축력을 받을 땐 강하지만, 인장력에는 약하다는 것이다. 이때 철근이 역할을 한다. 콘크리트와 반대로 인장력에 강한 철근을 콘크리트에서 인장력을 받는 부위에 넣으면 콘크리트와 철근이 완벽한 조화를 이루고, 압축이나 인장에 모두 강한 구조체가 된다.

게다가 철근은 콘크리트 속에서 녹이 슬지 않고 열팽창률도 비슷해서, 서로 빠지지 않게 꽉 물려만 진다면 더 이상의 찰떡궁합이 없다. 철근콘크리트와 같이 압축력과 인장력을 모두 잘 받아낼 재료가 없었던 시대에는 높이의 한계, 기둥 간격의 한계, 돔의 퍼짐 현상 등이 문제였지만, 이제 해결사가 나타난 것이다.

철근콘크리트 구조가 어떻게 발전해왔는가를 설명하기 전에 한 가지 짚고 가야 할 것이 있다. 이 구조의 영어 명칭은 'reinforced concrete' 인데<sup>*</sup>, 여기서 'reinforced'는 '철근'이 아니라 단지 '보강되었다'라는 의미다. 즉, 압축력에 강하고 인장력에 약한 콘크리트의 약점을 다른 소재로 보강했다는 것인데, 그렇다고 해서 그것이 반드시 '철근'이라는 뜻은 아니다. 그래서 초기에는 콘크리트 보강재로 철제 메시iron mesh, 즉 철망을 사용했고, 철근이 처음 사용되었을 때도 지금의 모습과는 다소 달랐다. '철근'은 영어로 'reinforcing bar' 또는 'rebar'로 표현하는 것이 맞다.

왜 이런 혼돈이 생긴 것일까? 개인적인 추측이지만, 우리나라에서 철근 콘크리트 구조가 처음으로 도입된 것이 1910년 '부산세관 본청사'였는데, 그때는 이미 메시 대신 철근이 일반화된 시기였으므로 '철근콘크리트'라는 용어로 굳어졌거나, 아니면 일제 강점기의 일본식 용어에 영향을 받았을 것 같다.

어쨌든 시작은 영국의 애스프딘이 포틀랜드 시멘트를 발

··· 우리나라 최초의 철근콘크리트 건물, 부산세관 본청사

---

\* 건축계에선 보통 철근콘크리트 구조Reinforced Concrete를 줄여 'RC조'라 부르고 철골 구조는 'S조', 철골철근콘크리트 구조는 'SRC조'라 한다.

명한 뒤, 1853년 프랑스의 프랑수아 크와니에François Coignet (1814~1888)가 4층짜리 주택에 철망을 보강재로 한 콘크리트로 외벽을 만들면서부터다. 비록 철근은 아니었지만 이 주택은 분명히 콘크리트와 철이 함께 사용되는 시초가 됐다. 그런가 하면 바로 1년 뒤인 1854년, 영국의 윌리엄 윈킨슨William Boutland Wilkinson (1819~1902)이 콘크리트 보에 철제 바와 로프를 건 바닥판을 설계하고 특허를 출원했다. 그의 개념은 구조물에서 철근과 콘크리트의 역할이 정립되는 계기가 된다.

그로부터 이런저런 발전이 진행되다가 프랑스 엔지니어 프랑수아 에네비크François Hennebique (1842~1921)가 1879년과 1892년에 연이어 철근을 사용한 바닥판과 보 등 새로운 구조 시스템의 특허를 내는데, 이제야 그 모습이 현대의 철근 배근 방법과 매우 유사해진다.

이렇게 점차 현대적 개념에 접근하던 철근콘크리트 구조는 1903년, 미국 신시내티의 '잉걸스 빌딩The Ingalls Building으로 결실을 보게 된다. 이전까지 철근콘크리트 건물은 기껏해야 6층 정도였지만 이 빌딩은 16층에 높이가 64m나 됐고, 기둥, 보, 바닥판 모두가 철근콘크리트로 제작되어 명실상부한 '세계 최초의 철근콘크리트 스카이스크레이퍼skyscraper'라는 타이틀을 갖게 됐다. 이 건물에는 현대와 거의 차이가 없는 거푸집 제작, 철근 배근, 콘크리트 타설, 콘크리트 표면 처리 등의 기술이 적용됐고, 공사 기간은 8개월에 불과했다.

재미있는 것은, 여태껏 이런 규모의 철근콘크리트 건물에 대한 경험이 없었기 때문에 시 당국은 허가를 내어 주기 꺼려했고, 개관하는 날까지 많은 사람이 건물이 곧 무너질 것 같다는 의심, 아니, 확신을 가지고 있었다고 한다. 하지만 이를 비웃기라도 하듯 잉걸스 빌딩은 1974년에 미

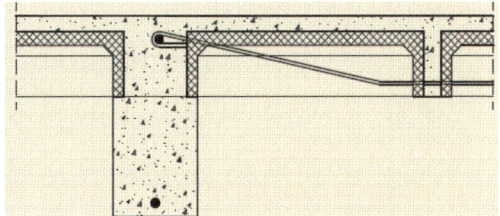

··· 프랑수아 크와니에의 철망 보강 콘크리트 주택(좌)과 윈킨슨
이 개발한 철제 로프를 이용한 콘크리트 보의 구조(아래)

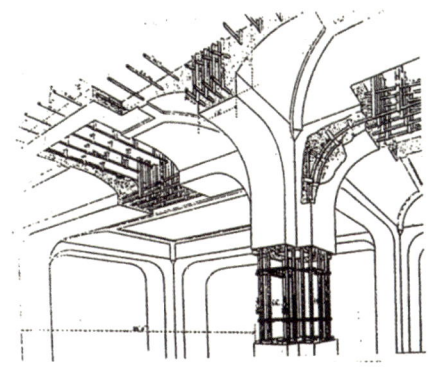

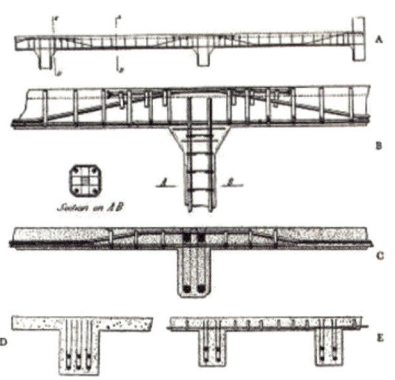

··· 에네비크의 철근콘크리트 구조 시스템

··· 최초의 철근콘크리트 고층       ··· 팔라시오 살보
　　빌딩, 잉걸스 빌딩

국 토목 엔지니어 협회American Society of Civil Engineers로부터 'National Historic Civil Engineering Landmark'로 지정됐고, 2021년에 리모델링을 거쳐 현재는 객실 126개의 호텔로 사용되고 있다.

그 후 25년만인 1928년, 철근콘크리트 건물은 27층까지 올라간다. 그런데 장소는 미국이 아니라 우루과이로, 수도 몬테비데오Montevideo에 이탈리아인 건축가 마리오 팔란티Mario Palanti(1885~1978)가 설계한 '팔라시오 살보Palacio Salvo'*가 들어선다. 이 건물은 생김새가 매우 독특하다. 이런 건물 양식을 '이전의 역사적 양식 요소들을 혼합해 새로운 것을 만들어낸다'고 해서 '절충주의 양식Eclecticism'이라고 하는데, 어쩌면 콘크리트로 자유로운 형태를 만들 수 있다는 가능성까지 보여준 사례라 하겠다. 이 건물의 높이는 맨 위의 돔 끝까지 105m이고, 이때까지 철근콘크리트 구조로 지어진 가장 높은 건물이었다.

그러나 높이에 관한 기록은 철골 구조 건물에 밀린 지 오래전이었다. 이미 1912년에 241m의 뉴욕 '울워스 빌딩Woolworth Building'이 있었고, 팔라시오 살보가 지어진 지 불과 1년 만인 1929년 말에 뉴욕의 '크라이슬러 빌딩The Chrysler Building(319.8m)', 그리고 1931년 '엠파이어 스테이트 빌딩Empire State Building'이 연이어 세계 기록을 갈아치웠다. 이제 그냥 고층 빌딩이 아니라 초고층 빌딩의 시대가 열린 것이다.†

---

\* Palacio Salvo는 Salvo가문의 Palace라는 뜻이다.

† 우리나라 법규에선 30층 이상이거나 높이가 120미터 이상인 건축물을 '고층 건축물'이라 하고, 50층 이상이거나 높이가 200미터 이상이면, '초고층 건축물'로 규정하고 있다. 그 사이에 있는 고층 건축물 중 초고층 건축물이 아닌 것을 '준초고층 건축물'이라고 한다.

# 철근콘크리트를 앞지른 철골 구조

## 철골 구조의 출현

산업혁명을 계기로 철강 산업에도 일대 변혁이 일어난다. 새로운 제철 기술로 가격이 싸지고 생산량은 급증했으며 제조업은 물론이고 철도, 교량, 건축 등에 철의 수요가 늘어났다. 건축 분야에서 철의 가능성을 확실하게 보여준 크리스탈 팰리스와 에펠 타워 등이 있었지만, 그 시기를 전후로 꾸준히 철로 된 구조물이 생겨나고 있었다. 그 예로, 런던 만국박람회가 개최되기 70여 년 전인 1779년엔 영국 슈롭셔 세번 강River Severn in Shropshire에 최초의 철제 교량 '아이언 브리지Iron Bridge'가, 1797년엔 영국 슈루즈베리에 최초의 철골 건물iron-framed building '디터링턴 아마* 공장 Ditherington Flax Mill in Shrewsbury'이 세워졌다.

한편, 유럽에서 크리스탈 팰리스와 에펠타워가 세워질 무렵인 1871년, 미국 시카고에서 대화재가 발생한다. 이 화재는 목조 건물 위주였던 도시

··· 세계 최초의 철교, 아이언 브리지(좌)와 세계 최초의 철골 빌딩, 디터링턴 아마 공장(우)

---

*  아마(亞麻)flax : 섬유의 원료가 되는 식물. 껍질로 실을 만들고 이것으로 천을 만든 것이 리넨linen이다.

를 순식간에 잿더미로 만들어 버렸는데, 의외로 미국 건축계에 큰 변화를 일으키는 계기가 된다.

우선, 도시를 재건하는 과정에서 몇 가지 새로운 조건들이 생겨났다. 화재 시 목재보다 불연不燃 성능이 우수해야 하고, 시카고의 경제 성장에 걸맞은 고층 빌딩을 지어야 하며, 가능한 한 빨리 도시를 완성해야 했다. 우연인지 필연인지 이때 시카고에선 모던 건축의 선구자 루이스 설리번을 중심으로 한 시카고학파Chicago School in Architecture가 주목받고 있었다. 그들은 건축이 기능 중심이어야 하고 혁신적인 기술을 적용해야 한다는 원칙 하에, 주로 철골 구조로 된 고층 빌딩을 설계했다. 이와 같은 조건들이 맞아떨어지면서 시카고는 고층 빌딩, 그것도 철골 구조로 된 마천루의 도시로 변모해 갔다.

그 첫 번째 신호탄이 1885년 시카고에 지어진 '홈 인슈어런스 빌딩 Home Insurance Building'으로 이번엔 '최초의 철골 구조 스카이스크레이퍼'라는 평가를 받는다. 높이만큼은 1903년의 잉걸스 빌딩에 못 미치지만 10층에 높이 42m의 이 빌딩은 건물의 무게를 획기적으로 줄였다. 또, 철재가 화재에 약할 수 있다는 우려를 내화처리로 덜어냄으로써 철골 구조의 가능성을 확실히 보여줬다. 이때 적용한 내화처리 방법은 벽돌과 점토 타일을 사용한 것으로 400℃ 이상의 고열에도 견딜 수 있었다.

··· 최초의 철골 스카이스크레이퍼,
홈 인슈어런스 빌딩

이 건물은 설계자 윌리엄 제니 William Le Baron Jenney (1832~1907)의 재미난 일화에서 탄생했다고 한다. 어느 날 그가 평소보다 일찍 귀가하자 책을 읽고 있던 그의 아내가 깜짝 놀라 그 두꺼운 책을 새장 위에 내려놓고 달려 나갔다. 이 광경을 본 제니는 그 책을 다시 새장 위에 몇 번씩 떨어뜨려 보더니 흥분해 외쳤다.

"이것 봐요! 된다고요! 이렇게 가는 창살로 된 작은 새장이 무거운 책을 버텨낼 수 있어요! 새장처럼 철로 만든 골조가 건물 전체를 버텨내지 못할 이유가 어디 있겠소?"

그는 깨우침을 바로 설계에 반영했고 그 결과 '홈 인슈어런스 빌딩'이 세워질 수 있었으며, 이 위대한 발견으로 그는 '미국 스카이스크레이퍼의 아버지'라 불리게 됐다.

무게와 내화 문제가 해결되자 고층 빌딩에서 철골 구조가 철근콘크리트 구조를 넘어서게 된다. 즉, 철골 구조는 강성이 크면서도 부재의 단면적 기준으로 철근콘크리트보다 가벼워, 고층으로 올려도 무게의 부담을 줄일 수 있었다. 내화는 기술이 발전하면서 암면, 석고보드, 내화 모르타르, 내화 도료 등 더 가볍고 성능이 좋은 재료가 개발되어 문제 될 것이 없었다.

이제 거칠 것이 없어진 철골 구조는 마침내 1931년, 세상에서 가장 높은 102층 138m*의 엠파이어 스테이트 빌딩 Empire State Building 을 탄생시킨다. 이 기록은 40년이 지나 세계무역센터 World Trade Center (417m, 110층, 1972)가 완성되고 나서야 깨진다.

---

\* 초고층 빌딩의 높이를 재는 방법은 최상층 바닥판까지의 높이, 건물 지붕 끝까지의 높이, 그리고 첨탑 등을 포함한 최고점까지의 높이로 구분된다. 엠파이어 스테이트 빌딩의 높이 381m는 지붕 끝까지를 기준으로 한 것이며, 첨탑 끝까지는 443.2m다.

··· 울워스 빌딩         ··· 크라이슬러 빌딩     ··· 엠파이어 스테이트 빌딩

# 철골 구조의 건축

현대의 철골 구조는 각종 형강과 강판을 고력볼트나 용접 등으로 조립하여 건물의 뼈대를 구성하는 방식으로, 부재를 가공하는 공장작업과 그것을 현장에서 조립하는 현장작업으로 분류된다. 크리스탈 팰리스나 에펠 타워가 추구했던 것과 기본적으로 같은 개념이다. 그러므로 미리 계획을 잘 짜면, 철근콘크리트 공사와 비교할 때 현장작업 시간이 짧아지고 전체 공사 기간이 단축되므로 특히 시간이 돈인 상업용 건물에 유리하다. 콘크리트가 굳기까지 기다려야 하거나 거푸집을 붙였다 떼었다 하는 번거로움도 없다.

단, 여러 조각의 작은 부재들을 고력볼트나 용접으로 접합해서 큰 부재를 만들기 때문에 제작, 조립, 시공 과정 전반에서 최고의 정밀성이 요구된다. 또 내화처리가 필수적이고, 부재의 길이가 길고 두께가 얇아지면 휘어지기 쉽다는 점, 그리고 결정적으로 전체 공사비가 철근콘크리트보다 비싸다는 단점이 있다.

여기서 한 가지 오해하지 말아야 할 것이 있는데, 철골 구조라 해서 건물 구석구석이 모두 철로만 되어있는 것은 아니다. 기둥과 보는 기본적으로 철골이지만 기초와 바닥판에는 콘크리트를 타설하고 부위에 따라 콘크리트를 함께 사용하는 곳이 많다.

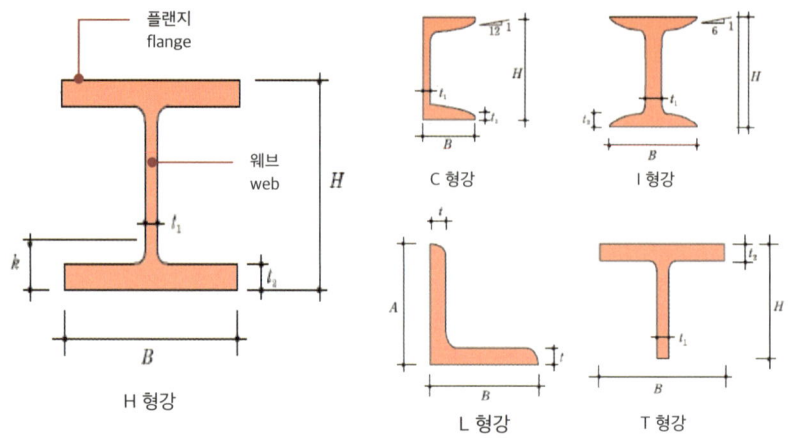

··· 철골 구조에 사용되는 각종 형강(단면)

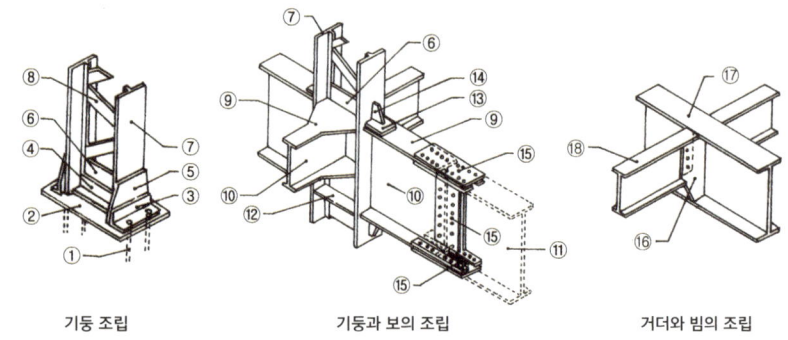

기둥 조립      기둥과 보의 조립      거더와 빔의 조립

① 앵커볼트(anchor bolt)      ② 베이스 플레이트(base plate)      ③ 사이드 앵글(side angle)

④ 클립 앵글(clip angle)      ⑤ 윙플레이트(wing plate)      ⑥ 웨브 플레이트(web plate)

⑦ 기둥 플랜지(flange)      ⑧ 래티스(lattice)      ⑨ 보 플랜지 플레이트(flange plate)

⑩ 보 웨브 플레이트(web plate)      ⑪ 보(Girder)      ⑫ 스티프너(stiffener)

⑬ 커버 플레이트(cover plate)      ⑭ 리브 플레이트(rib plate)      ⑮ 스플라이스 플레이트(splice plate)

⑯ 거세트 플레이트(gusset plate)      ⑰ 거더(girder)      ⑱ 빔(beam)

··· 철골 부재의 구성과 조립

### 내화피복공법의 종류

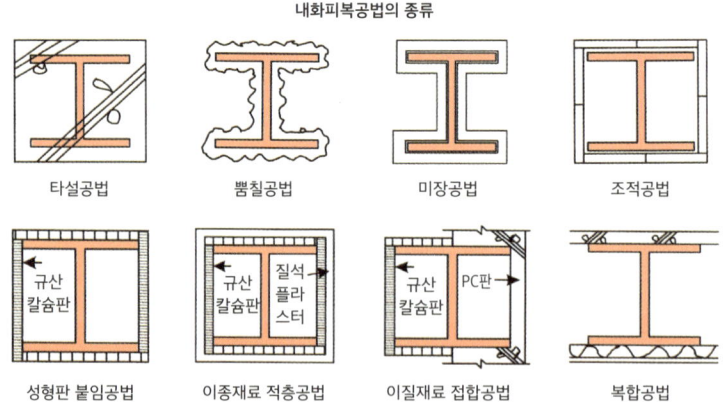

타설공법      뿜칠공법      미장공법      조적공법

성형판 붙임공법      이종재료 적층공법      이질재료 접합공법      복합공법

··· 철골 구조의 내화 피복 공법

# 초고층 빌딩을 가능케 한 기술들

초고층 빌딩은 어떻게 지어질까? 건축가가 멋지게 설계해 놓으면 그 대로 지어지는 것일까? 절대 그럴 리 없다. 건물의 규모를 막론하고 건축가는 엔지어링과 기술을 알아야 하고, 시공자는 설계를 이해해야 하는데, 초고층 빌딩에 관한 한 참여 회사의 축적된 경험과 전문성이 특히나 중요하다. 설계 좀 한다거나 수십 년간 시공을 해왔다 해서 아무나 범접할 수 없는 것이 이 분야다.

초고층 빌딩을 짓는 데는 일반적인 건축을 뛰어넘는 고도의 기술이 필요하다. 우선 설계와 엔지니어링부터 일반 건물과는 차원이 다르다. 건물의 무게를 안정적으로 받아내고, 바람의 저항을 잘 견디면서 효과적으로 분산시켜야 하며 지진에 버텨내야 한다. 높은 곳까지 물과 전기를 공급해야 하고, 사람과 물건의 운송시스템, 내화·방화시스템, 피난 시스템 등 일반 건물과 다른 점이 한둘이 아니다.

따라서 외형과 실내 공간을 다루는 건축설계보다, 구조, 기계, 전기, 설비 등 엔지니어링 설계의 중요성이 훨씬 크다고 해도 과언이 아니다. 초고층 빌딩 건축에 참여하는 전문가들의 분야도 무수히 많고 다양하며 이들 간의 협업도 필수적이다. 때문에, 저자의 짧은 지식으로 모든 기술을 설명하기엔 부족한 점이 너무 많아, 다음과 같이 핵심적인 기술 몇 가지만을 추려 설명하기로 한다.

## ◆ 구조설계

먼저 건물 뼈대를 구성하는 재료를 보자. 고층 빌딩의 시작은 철근콘크리트였지만, 곧 철골 구조가 대세가 되었음을 앞에서 설명했다. 이것은 기본적으로 철근콘크리트가 철골에 비해 무겁고 부피가 나가며 공사 기간이 길어지기 때문인데, 이 단점은 초고강도 콘크리트의 출현으로 극복되어 가고 있다. 그래서 최근의 동향을 보면 철근콘크리트와 철골 구조를 복합적으로 사용하는 경우가 많다. 예를 들어 건물의 하부는 철근콘크리트 구조로 하고 상부를 철골 구조로 한다든지, 건물 중심에 철근콘크리트 코어를 구조의 핵심으로 만들고 철골기둥이나 철골보로 나머지 뼈대를 구성하는 방법 등이 있다.

이 책이 출간되는 시점까지 우리나라에서 가장 높은 건물은 123층의 롯데월드타워(555m)*로, 초고층 빌딩의 설계와 시공에 훌륭한 모델이 되고 있다. 이 건물은 복합적인 구조 시스템으로 설계됐는데, 하부는 고강도 철근콘크리트 구조, 상부는 철골 구조이면서, 건물의 코어가 구조의 중추적인 역할을 하고 있다. 특히 철근콘크리트 코어가 전체 건물 하중의 60%를, 75층까지 이어진 8개의 철근콘크리트 메가 칼럼(3.5x3.5m~2.0x2.0m)이 40%를 담당한다. 여기에 사용된 콘크리트의 강도는 800kgf/cm²로, 주사위 크기에 성인 남성 12명이 올라서고도 거뜬하게 버틸 수 있는 강도다.

## ◆ 기초

기초는 어느 건물에나 중요한 구조 요소이지만 초고층 빌딩일 경우엔

---

* 2025년 현재 우리나라에서 100층이 넘는 건물은 롯데월드타워와 부산의 해운대 엘시티(101층, 411.6m)가 있다.

더 말할 필요가 없다. 기초의 기본 기능은 건물을 견고한 지반 위에 올리도록 하는 것이다. 무게가 약 600만 톤이나 나간다는 이집트의 쿠푸 피라미드에 별다른 기초 시설이 없었던 것은 이 피라미드가 지어진 곳이 단단한 석회암 지대이기 때문으로, 이렇게 운 좋은 상황은 극히 예외적이다.

소규모이거나 가벼운 건물을 지을 때는 간단한 기초로 해결되겠지만 대형 건물을 세울 때는 그렇지 않다. 단단한 지반이 나올 때까지 땅을 파 내려가든지, 그 지반이 너무 깊으면 땅을 파는 대신 말뚝pile을 박아 말뚝의 발끝이 지반에 닿도록 하고, 그래도 발끝이 안 닿으면 말뚝을 빽빽이 박아 말뚝과 흙 사이의 마찰력으로 지반을 단단하게 만드는 방법을 쓴다.

이런 말뚝을 포함해 여러 가지 기초 형식이 있는데, 무게가 75만 톤이나 되는 롯데월드타워에선 그 무게를 버티기 위해 말뚝과 매트 기초 공법을 함께 썼다. 건물 밑에 단단한 암반층이 있었음에도 암반을 지나 38m 깊이까지 콘크리트 말뚝을 박고 그 위에 두툼한 철근콘크리트 매트를 깐 것이다. 먼저 지름 1m에 길이가 30m인 콘크리트 말뚝 108개를 박았고, 그

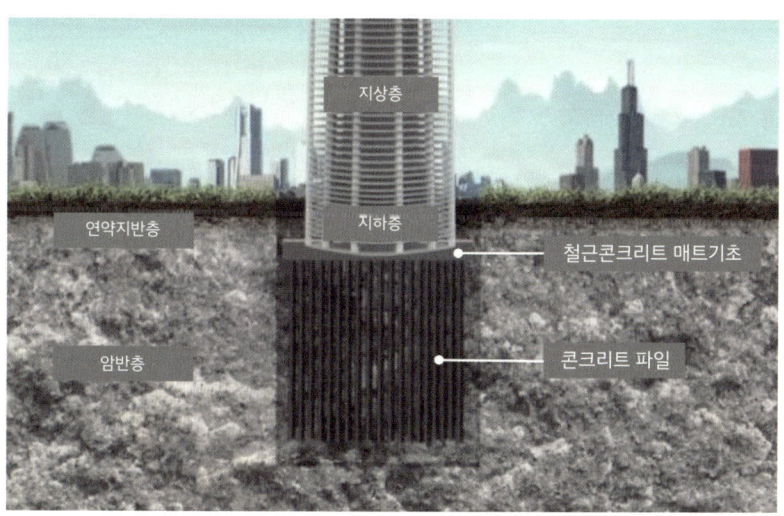

··· 롯데월드타워의 기초

위의 콘크리트 매트는 넓이가 72x72m, 높이가 6.5m나 됐다. 이 콘크리트 덩어리에는 4,200만 톤의 철근과 8만 톤의 고강도 콘크리트가 사용됐으며, 이 엄청난 양의 콘크리트를 32시간 동안 연속해서 타설하는 기록을 세웠다. 이런 숫자들에 감이 잘 안 올 텐데, 한마디로 표현하면, 땅을 아예 콘크리트 돌덩이로 만들어 버린 것과 같다.

우리나라 건설회사가 해외에서 세계적인 건물을 지을 땐 손뼉을 치다가도 국내에서 이런 초고층 빌딩을 지을 땐 항상 의심 어린 눈초리가 많은데, 단연컨대 걱정하지 않아도 된다. 이 정도 기술이면 절대 안 무너진다.

### ♦ 벨트 트러스와 아웃리거 시스템

철골 구조든 철근콘크리트 구조든, 건물이 고층으로 올라가면 바람이나 예기치 못한 지진, 진동으로 옆으로 흔들리는 현상이 발생한다. 이러면 구조물에 손상이 올 수밖에 없는데, 여기서 구조 전문가들이 생각해 낸 것이 대나무다. 대나무의 마디는 줄기를 단단하게 잡아주면서 바람이나 외부의 충격에 쓰러지지 않게 지지대 역할을 한다. 이 마디 덕분에 대나무가 쉽게 부러지지 않는다는 점에서 착안해, 초고층 빌딩의 중간중간에 마디를 넣은 것이 벨트 트러스belt truss와 아웃리거outrigger 시스템이다.

이 두 가지 시스템은 주로 코어 구조와 건물 외곽을 돌아가며 배치된

… 벨트 트러스가 노출된 사례
— 미국 US 뱅크 센터

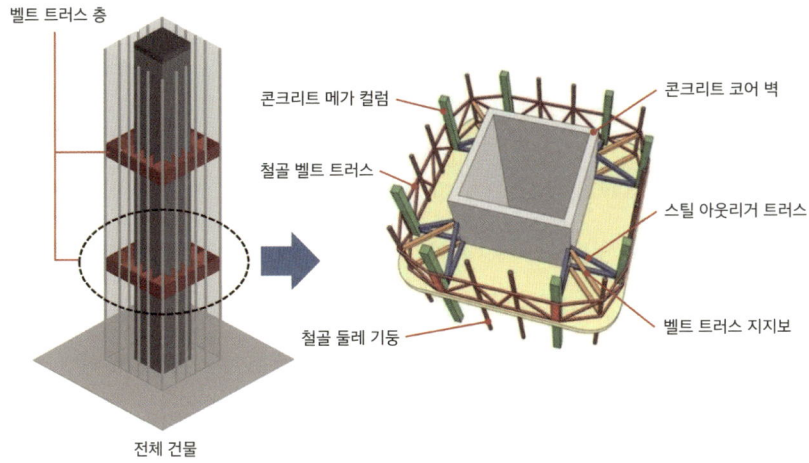

벨트 트러스 층

콘크리트 메가 컬럼

철골 벨트 트러스

철골 둘레 기둥

전체 건물

콘크리트 코어 벽

스틸 아웃리거 트러스

벨트 트러스 지지보

··· 벨트 트러스와 아웃리거

메가 칼럼과 함께 사용된다. 벨트 트러스는 역도 선수들이 바벨을 들어 올릴 때 허리에 차는 보호대처럼 건물 외곽을 꽉 잡아주는 거대한 트러스를 말하고, 아웃리거는 코어와 메가 칼럼, 벨트 트러스를 수평으로 연결해주는 구조물을 말한다. 이 구조는 모두 철골로 만들며, 종종 디자인 차원에서 벨트 트러스를 외부로 노출시키기도 한다.

## ◆ 콘크리트 펌핑 기술

건설 현장 앞을 지나다 보면, 가끔 레미콘ready mixed concrete 차량과 연결되어 빨간색 파이프를 길게 뻗치고 있는 장비들 보게 된다. 콘크리트를 타설할 때 쓰는 '콘크리트 펌프카'다. 예전엔 콘크리트를 큰 버킷에 담아 옮기곤 했지만, 이 장비의 출현으로 작업 효율이 엄청나게 높아졌다.

요즘 웬만한 현장에선 레미콘 차량으로 콘크리트를 가져와 작업을 한다. 이때 중요한 것이 타설 전까지 콘크리트가 굳으면 안 되고, 시멘트 반죽 속에 자갈, 즉 골재가 가라앉거나 따로 놀면 안 된다는 것이다. 아무리 늦어도 레미콘 차량이 공장을 떠난 후 1.5~2시간 이내에는 콘크리트 타설이 완료되어야 한다. 콘크리트가 굳기 시작한 다음에 부어 넣으면 품질에 치명적인 문제가 발생한다. 또 무거운 자갈이 아래로 가라앉게 되면 어디는 단단하고 어디는 약해지는 식으로 품질이 나빠진다. 레미콘 차가 뒤에 붙은 드럼을 돌리며 다니는 이유도 콘크리트 반죽을 쉬지 않고 잘 섞어 주기 위함이다. 레미콘 차가 제시간에 도착했다고 해서 끝이 아니다. 현장에서도 재빨리 콘크리트를 타설해야 하는데, 이때 펌프카가 중요한 역할을 한다. 펌프카가 레미콘에서 저 멀리 있는 곳, 저 높은 곳까지 긴 팔을 뻗어 콘크리트를 보내주니 시간과 노력 모두가 절약된다.

그런데 초고층 빌딩에선 얘기가 또 달라진다. 아무리 펌프카의 팔이 길다해도 건물 높이에 비해 짧아도 너무 짧다. 게다가 콘크리트의 강도가 커질수록 굳는 속도 역시 빨라지므로 콘크리트 운반에 시간이 걸리면 콘크리트 반죽은 이미 굳어버리고 만다. 이 때문에 고강도 콘크리트가 개발됐어도 초고층 빌딩의 높은 곳은 콘크리트 구조로 만들기가 어려웠는데, 이 문제를 해결해 준 것이 콘크리트 수직 압송, 즉 펌핑 기술이다.

콘크리트를 고압으로 펌핑하는 것은 펌프카와 같은 원리지만, 이게 쉬운 일이 아니다. 수백 미터 높이로 콘크리트를 쏘아 올리되, 적당한 압력을 유지하는 것이 기술이다. 콘크리트가 수직 압송되는 과정에서 골재 분리 현상이 발생해도 안 되며, 타설하는 장소에서 콘크리트가 너무 많이 쏟아져도, 너무 적게 쏟아져도 문제다. 특히 중간 어딘가가 막혀 버리면 모든 작업이 중단되고 콘크리트가 굳기 전에 막힌 곳을 찾아 파이프를 뚫어야 한다. 우리나라의 S 건설사는 2009년 완공된 163층, 828m의 부르즈

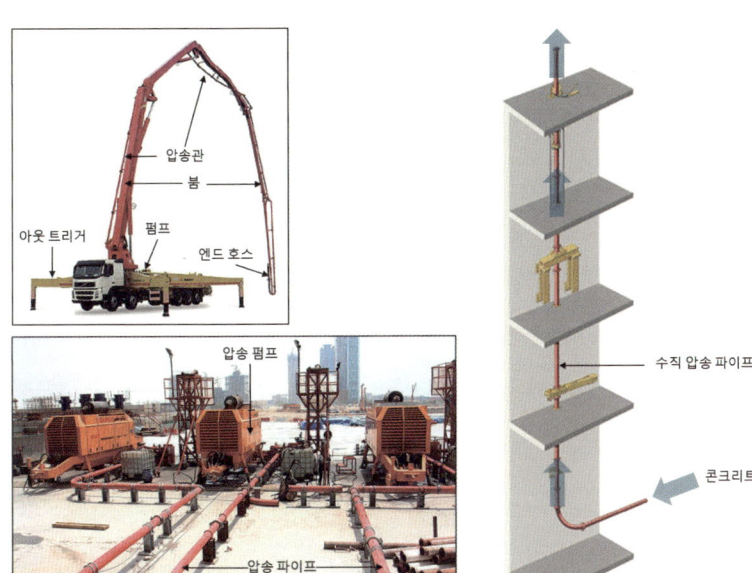

··· 일반적인 콘크리트 펌프카와 수직 압송 장비

칼리파Burj Khalifa에서 이 기술을 성공시킨 바 있고, 롯데월드타워에선 콘크리트를 500m까지 수직 압송했다. 이 시스템으로 150m 높이까지 콘크리트를 운반하는 데 단 6분, 500m까진 25분이 걸렸다고 한다.

◆ 양중장비

고층 빌딩을 지으려면 자재와 작은 장비를 높은 곳까지 올려 보내야 한다. 앞에서 물건을 들어 올리는 작업에 '리프팅'이란 용어를 썼는데, 우리말로는 '양중揚重'이라 하고 그 일을 하는 장비를 '양중장비揚重裝備'라고 한다. 사실 고대 그리스 시대부터 브루넬레스키까지 양중장비, 즉 크레인을 발명하고 발전시킨 천재들이 없었다면 초고층은 고사하고 4~5층짜리 빌딩 건축도 어려웠을 것이다.

양중장비에는 타워크레인, 이동식 크레인, 그리고 호이스트hoist[*] 등이 포함되며, 건물이 높아질수록 타워크레인과 호이스트가 주된 역할을 한다. 이 장비들 모두 현장에서 흔히 볼 수 있어서 무엇이 특별할까 싶겠지만, 특히 타워크레인은 대수와 위치, 양중할 물건의 무게와 주변 환경에 따라 적정한 타입을 치밀하게 계획해야 하고, 고도가 높아질수록 바람의 영향을 많이 받으므로 안전에 특별히 유의해야 하는 섬세하고 고도화된 장비다.

일반적인 타워크레인은 약 30톤까지 양중이 가능하지만, 초고층 빌딩에선 용량을 최대로 높일 필요가 있다. 예를 들어, 초고층 롯데월드타워에서는 64톤급 크레인을 썼다고 한다. 양중 용량도 중요하지만, 타워크레인과 자재를 연결하는 철제 와이어 로프steel wire rope의 무게도 무시할 수 없다. 이 로프는 무게가 100m당 100~300kg까지 나간다. 최근에는 100m당 46kg 정도의 초경량 섬유 로프가 개발되었다고 하는데, 어쨌든 만만치 않은 로프 무게까지 고려해야 한다. 이 로프가 바람에 휘청거리기라도 하면 아찔한 상황이 발생할 수 있다.

한편, 타워크레인에서 가장 중요한 포인트는 설치와 해체다. 타워크레인은 설치 위치에 따라 건물 외벽에 바짝 붙여 설치하는 방법, 건물 내부에 심어 놓고 층수가 올라가면서 같이 위로 올리는 방법 등이 있다. 어떤 방법이든 간에 지상에서 마스트의 기본 단위와 메인 지브를 포함한 상부 구조를 조립한 다음, 텔리스코핑 케이지(상승틀)을 이용해 마스트를 한 칸

---

* 'hoist'는 '로프와 도르래를 사용해 무언가를 들어 올리다' 또는 '그런 작업이나 장치'를 말하는데, 건설 현장에서의 호이스트는 공사 중인 구조물 내외에 설치하는 운반용 엘리베이터라고 생각하면 된다.

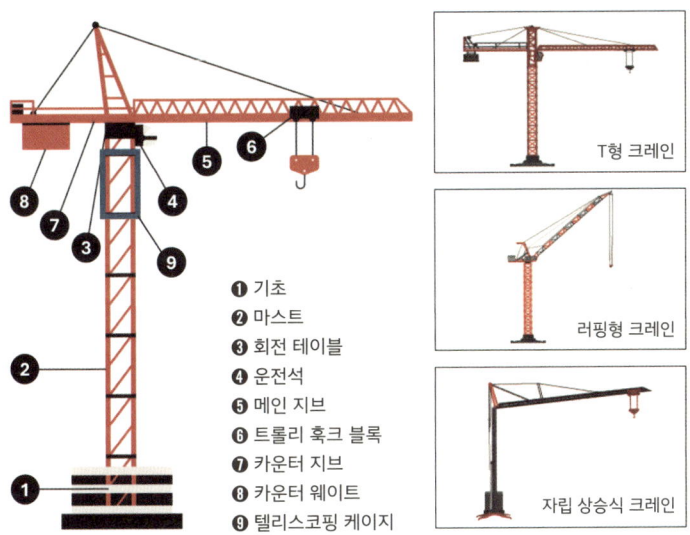

- ❶ 기초
- ❷ 마스트
- ❸ 회전 테이블
- ❹ 운전석
- ❺ 메인 지브
- ❻ 트롤리 훅크 블록
- ❼ 카운터 지브
- ❽ 카운터 웨이트
- ❾ 텔리스코핑 케이지

T형 크레인

러핑형 크레인

자립 상승식 크레인

··· 타워크레인의 부위와 종류

씩 올려 설치한다. 이때 조립 부재의 무게도 상당하므로 보통 이동식 크레인의 도움을 받는다.

해체할 때에는 건물이 높지 않고 타워크레인이 건물 밖에 설치되어 있다면 설치 역순으로 진행하면 되니 과정이 비교적 쉽다. 그러나 건물 안에 설치되어 있고 고층일 경우엔 얘기가 달라진다. 상부구조를 해체하지 않은 채 크레인의 높이를 낮출 수 없기 때문이다. 이런 경우에는 미리 중형 또는 소형 크레인을 함께 설치해 놓은 다음, 대형 크레인을 중형 크레인으로 해체해 부재를 지상 또는 밑에 설치된 다른 중형 크레인으로 운반하고, 임무가 끝난 중형 크레인은 소형 크레인으로 해체해서 지상까지 내린다. 마지막으로 남은 소형 크레인은 그 자리에서 해체해서 이번엔 건물 내부의 엘리베이터로 부품을 운반한다.

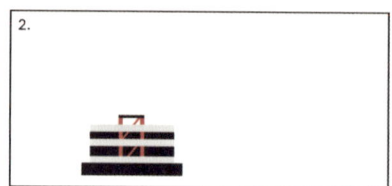

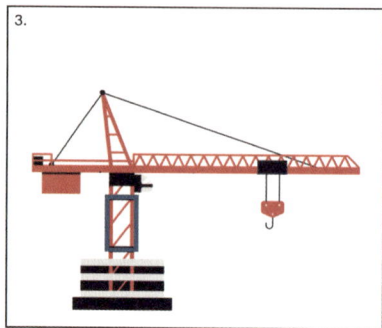

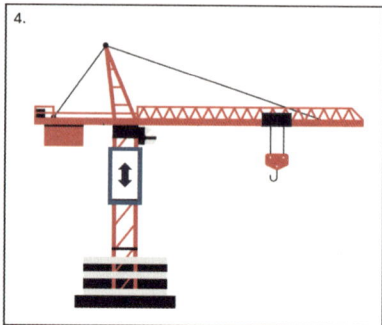

1. 기초 설치
3. 메인 지브 및 상부 구조 조립
5. 마스터 유니트 삽입

2. 마스터 1단 설치
4. 텔리스코핑 케이지 열기
6. 반복 작업으로 타워크레인 완성

… 타워크레인 설치 순서

## ◆ 자동상승 거푸집 시스템과 철근 사전조립

철근콘크리트 공사는 크게 거푸집 제작, 철근 배근, 콘크리트 타설, 거푸집 해체의 순서로 진행된다. 모두 시간이 오래 걸리고, 전례적인 건축공사에선 사람의 손으로 직접 해야 하는 작업들이다. 거푸집을 해체하려면 콘크리트가 굳어져 원하는 강도가 나올 때까지 기다려야 하는데, 이 시간도 추가된다. 그래서 철근콘크리트 공사는 전체 공사과정에서 가장 긴 시간이 걸리고 돈도 많이 든다. 왜 건물 하나 짓는 데 저토록 시간이 오래 걸릴까 궁금했다면 가장 큰 원인이 여기에 있다고 보면 된다.

그런데 건축주에겐 시간이 돈인 경우가 많다. 하루라도 빨리 건물을 완성해야 사업을 하든, 임대를 주든, 수익을 낼 수 있기 때문이다. 초고층 빌딩이라면 더 말할 것도 없다. 그러면 이대로 초고층 빌딩을 철근콘크리트로 짓는다면 공사 기간도 많이 늘어나지 않을까? 이 문제를 조금이라도 해결하기 위한 많은 연구와 기술 개발이 있었는데, 그중 대표적인 것이 자동상승 거푸집 시스템auto climbing form work system과 철근 사전조립이다.

먼저 자동상승 거푸집 시스템의 경우, 기존 공사방법에선 거푸집을 사람의 손으로 조립, 해체, 이동, 다시 조립했지만, 이 시스템을 사용하면 기계가 알아서 거푸집을 뗐다 붙였다 하고 자동으로 쑥쑥 위로 올린다. 거푸집 소재로는 주로 반복 사용이 가능한 철 또는 알루미늄을 쓰고, 생산성을 높이기 위해 거푸집 유니트를 1개 층에서 2~3개 층까지 커버하도록 대형화했다. 이러한 거푸집 부품은 모두 공장에서 생산한다. 따라서 속도와 경제성, 품질을 확보할 수 있고 사람이 높은 곳에서 작업하는 일이 줄어들기 때문에 안전사고를 방지하는 데에도 큰 효과가 있다.

… 자동 상승 거푸집 시스템 모델과 건축현장

사전조립prefabrication의 개념은 이미 크리스탈 팰리스와 에펠 타워에서 애기한 적이 있다. 이는 현대건축에서 공사 기간 단축을 위한 수단으로 활용도가 높다. 특히 철근의 가공과 배근 작업은 따로 설계도가 필요할 만큼 복잡하고 정확성이 요구되는 작업인데, 사람이 현장에서 일일이 작업을 하면 시간 지연은 물론이고 작업 공간의 부족, 인력 낭비, 부정확한 조립, 잔여 철근의 낭비 등의 문제를 일으킬 수 있으며, 결국 품질에까지 문제를 일으키기 십상이다. 그래서 고층 빌딩 현장에서는 철근의 일부를 공장이나 별도 장소에서 사전조립해 와 현장에서 설치하는 방법을 주로 쓴다. 완벽한 철근 조립을 위해선 현장에서 추가 작업이 필요하긴 하지만, 어쨌든 자동화 거푸집과 철근 사전조립 방법을 함께 사용하면 시너지 효과를 얻을 수 있다.

… 사전조립 철근의 시공

## ◆ 커튼월

초고층 빌딩에서 하중을 담당하는 것은 코어나 기둥이다. 이건 초고층이 아니더라도 현대건축의 많은 건물이 이런 구조로 지어진다. 그렇다면 벽체의 역할은 무엇일까?

만일 로마네스크 건축과 같이 벽체가 구조적인 역할을 한다면 초고층 빌딩의 벽은 엄청나게 두꺼워야 할 것이다. 아마 1층은 사람이 다니지도 못할 정도로 벽과 기둥으로 꽉 차 있을 수도 있다. 그래서 현대의 고층 빌딩에선 하중과 관계없는 벽체를 따로 만들어 건물 바깥에 붙여 대는데, 이것이 마치 커튼을 친 모습과 같다 해서 '커튼월curtain wall'이라고 부른다.

커튼월은 1890년대 시카고의 고층 빌딩에서 시작됐으며 제2차 세계대전 이후 공장 생산화가 되면서 급속하게 발전했다. 이 커튼월의 장점은 무엇보다 건물의 무게를 줄여 고층화에 적합하고, 현장시공과 커튼월의 공장 제작을 병행할 수 있어서 공기 단축이 가능하다는 것이다. 또 공장 제작으로 품질이 균일하고 타워크레인으로 양중하니 재래식 방법처럼 높은 곳에 비계를 댈 필요가 없어서 공사 안전에도 도움이 된다.

커튼월은 다양한 형태로 설계가 가능하다. 건물의 위부터 아래까지 연속된 수직부재가 일정한 간격으로 건물을 두르고 있거나 전면이 모두 유리로 되어있는 등, 커튼월로 된 고층 건물의 모습이 저마다 다른 것은 커튼월 유닛의 제작과 조립 방법, 골조에 부착하는 방법이 모두 다르기 때문이다.

재료도 강제, 알루미늄, 스테인레스, 유리, 콘크리트, 석재, 그리고 플라스틱까지 다양하며 이는 설계 개념에 따라 달라진다. 수십 층이 넘는 건물인데 밖에서 볼 때는 완전히 벽돌로 지은 집 같은 경우가 있다. 이런 건물

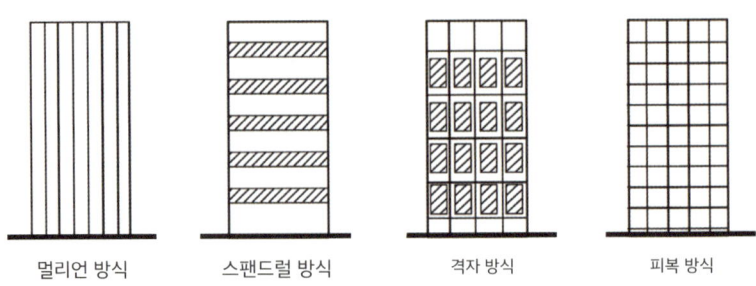

| 멀리언 방식 | 스팬드럴 방식 | 격자 방식 | 피복 방식 |

··· 철골 구조에 사용되는 각종 형강(단면)

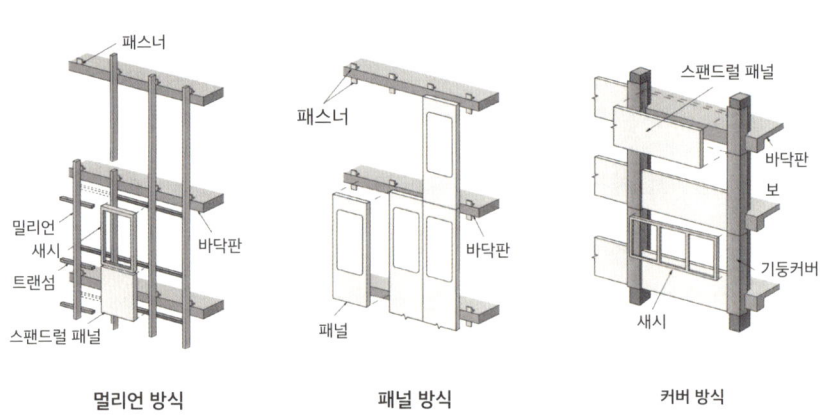

**멀리언 방식**      **패널 방식**      **커버 방식**

··· 철골 부재의 구성과 조립

··· 커튼월 유닛의 풍동 시험, 방수 시험, 내진 시험

은 콘크리트로 제작한 유닛에 벽돌 모양의 타일을 부착한 커튼월 건물임이 분명하다.

커튼월의 디테일은 일반 건축가가 손댈 수 없는 전문영역으로, 보통 설계, 제작, 시공하는 전문회사가 따로 있다. 건물에 붙어있는 유닛이 강풍에 날아가거나 탈락하면 안 되고, 비가 와서 물이 새도 안 되며, 곡면가공, 표면 처리, 단열, 방음, 내화, 내진 성능 등이 모두 완벽해야 한다. 따라서 커튼월 설계가 끝나면 실제 부착된 상태와 같이 실물 모형을 만들고 각종 시험을 거친 후, 제작과 시공에 들어간다. 건축가가 건물설계의 모든 것을 책임진다고 생각하면 그건 큰 오해다. 커튼월의 경우, 그들은 콘셉트만 잡을 뿐 나머지는 이 전문가들의 손에 달려있고 건축물의 많은 부분이 이렇게 이루어진다.

◆ 기타 초고층 기술

이외에도 초고층 건축에서 볼 수 있는 첨단 기술들은 무궁무진하다. 예를 들어 건물의 기울기를 측정하는 검측 장비를 보자. 500m가 넘는 초고층 빌딩은 지상에서 1°만 틀어져도 꼭대기에선 10m 이상 기울 수 있으므로, 공사의 시작과 진행 과정에서 직립도를 정밀하게 측정해야 한다. 잘못하면 유리가 깨지거나 문짝이 열리지 않는 낭패가 생긴다. 최근에는 여러 계측 시스템과 인공위성을 연계하는 최첨단의 수직도 측량 기술GNSS[*]이 사용된다.

태풍, 지진, 테러, 화재 등에 대비한 방재 시스템과 피난 시스템, 건물의

---

[*]  GNSS: 글로벌 항법 위성 시스템Global Navigation Satellite System의 약자로, GPS, 내비게이션, 시간 측정 서비스를 제공하는 모든 위성 기반 시스템을 통칭하는 용어다.

에너지, 온도, 조명 등에 대한 스마트 시스템, 정보통신 인프라 시스템, 에너지 절감을 위한 수축열 냉난방 시스템, 유지보수 자동화 시스템, 고속 엘리베이터와 에스컬레이터 시스템 등은 하나하나가 초고층 빌딩에 필요한 기술들이다.

이제 초고층 빌딩이 건축가의 스케치로만 해결될 일이 아니란 것이 확실해졌다. 또 여기에 적용되는 기술들은 이름만 들어도 첨단이라는 느낌이 바로 온다. 누가 건축과 건설을 시대에 뒤떨어지는 산업이라 할 수 있겠는가. 사실 현대의 건축은 첨단 기술의 집합체이자 결정판이라고 보는 게 더 맞을 것이다.

| 순위 | 이름·도시·연도 | | 높이*·층수 | 구조·용도 |
|---|---|---|---|---|
| 1 | 부르즈 칼리파<br>Burj Khalifa<br><br>두바이, 2010 | | 828m,<br>163층 | 철골 구조(상부)+<br>철근콘크리트 구조(하부)<br><br>오피스·아파트·호텔 |
| 2 | 메르데카 118<br>Merdeka 118<br><br>쿠알라룸푸르, 2023 | | 679m,<br>118층 | 철근콘크리트·철골 복합 구조<br><br>오피스·아파트·호텔 |
| 3 | 상하이 타워<br>Shanghai Tower<br><br>상하이, 2015 | | 632m,<br>128층 | 철근콘크리트·철골 복합 구조<br><br>호텔·오피스 |
| 4 | 마카 로열 클락 타워<br>Makkah Royal Clock Tower<br><br>메카, 2012 | | 601m,<br>120층 | 철골 구조(상부)+<br>철근콘크리트 구조(하부)<br><br>아파트·호텔·상업시설 |
| 5 | 핑안 파이낸스 센터<br>Ping An Finance Center<br><br>선전, 2017 | | 599m,<br>115층 | 철근콘크리트·철골 복합 구조<br><br>오피스 |
| 6 | 롯데 월드 타워<br>Lotte World Tower<br><br>서울, 2017 | | 555m,<br>123층 | 철근콘크리트·철골 복합 구조<br><br>호텔·아파트·오피스·상업시설 |
| 7 | 원 월드 트레이드 센터<br>One World Trade Center<br><br>뉴욕, 2014 | | 541m,<br>94층 | 철근콘크리트·철골 복합 구조<br><br>오피스 |
| 8 | 광저우 CTF 파이낸스 센터<br>Guangzhou CTF Finance Centre<br><br>광저우, 2016 | | 530m,<br>111층 | 철근콘크리트·철골 복합 구조<br><br>오피스·아파트·호텔 |
| 8 | 톈진 CTF 파이낸스 센터<br>Tianjin CTF Finance Centre<br><br>톈진, 2019 | | 530m,<br>97층 | 철근콘크리트·철골 복합 구조<br><br>오피스·아파트·호텔 |
| 10 | CITIC 타워<br>CITIC Tower<br><br>베이징, 2018 | | 528m,<br>109층 | 철근콘크리트·철골 복합 구조<br><br>오피스 |

*  높이는 구조물 전체의 최고점 기준이고 층수는 지하층을 제외한 지상층 기준이다.

# 우리나라 초고층 빌딩의 역사

엠파이어 스테이트 빌딩이 완공될 즈음 우리나라에서 가장 높은 건물은 1937년에 지어진 지하 1층, 지상 6층의 화신백화점이었다. 철근콘크리트 구조로 지어진 이 건물은 내부에 엘리베이터와 에스컬레이터 등 최신식 시설을 갖추고 있었다. 하지만, 엠파이어 스테이트 빌딩과 비교하면 엄청난 격차다.

이후 1970년 서울 종로구에 19층, 94m의 정부서울청사가 지어졌고, 같은 해에는 지상 31층에 지하 2층, 높이 110m의 삼일빌딩이 지어져 1985년 여의도에 63빌딩이 들어설 때까지 국내에서 가장 높은 빌딩의 위치를 차지했었다. 63빌딩은 지상 60층, 지하 3층으로 합이 63층이라 그런 이름이 붙었고 높이는 264m로 당시 북미를 제외한 지역에서 가장 높은 빌딩이었다. 이 건물은 화려한 금빛 유리와 독특한 디자인으로 강렬한 인상을 남긴 데다, 초고층 빌딩의 역사를 연 기념비적인 건물이라서 2000년대에 다른 건물이 이 건물을 추월해도 한동안 우리나라에서 제일 높은 빌딩이라는 인식이 계속됐다.

2003년 이후에는 목동 하이페리온(지상 69층, 256m, 2023), 타워팰리스(지상 69층, 263m, 2024) 등, 초고층 주거 빌딩이 전성기를 이뤘고, 현재 가장 높은 빌딩은 지상 123층의 롯데월드타워다. 그 뒤를 해운대 엘시티 랜드마크타워(지상 101층, 411m, 2019), 여의도 파크원 타워(지상 69층, 333m, 2020), 해운대 두산 위브 더 제니스(지상 80층, 301m, 2011), 해운대 아이파크(72층, 292m, 2011) 등이 잇고 있다.

그런가 하면, 우리나라의 건설회사들은 두바이의 부르즈 칼리파를 비롯해 일찌감치 해외에서 초고층 빌딩 실적을 쌓아 왔다. 처음엔 비교조차 할 수 없는 격차였지만, 이제 우리는 세계 시장에서 초고층 빌딩을 짓는 나라가 됐다. 이 정도면 우리의 건축기술을 한껏 자랑해도 되지 않겠는가.

# 프로젝트의 성공 열쇠, 건설관리

이런 생각을 한번 해 보자.

'도심에서 약간 벗어난 곳에 단독주택을 짓고 조용한 환경에서 살고 싶다. 하지만 건축에 대해선 아는 것이 없어서 그 과정이 어떻게 되는지, 설계는 누구한테 맡기고 건설사는 어떻게 선정해야 하는지 감이 오질 않는다. 모아 놓은 돈은 좀 되지만 이 정도로 충분할지, 대출을 받아야 할지 잘모르겠다. 지금 집에서 살 수 있는 기간이 얼마 남지 않아서 새집이 완성되면 바로 들어가 살고 싶다. 그때까지 가능할까? 또 하나 바람이 있다면, 호화롭진 않더라도 품질만큼은 좋은 집이었으면 좋겠다. 어디서부터 시작해야 할지... 누가 도와줄 사람이 없을까?'

어찌어찌 해서 공사가 시작돼도 걱정은 끝나지 않는다.

'공사는 잘 진행되고 있는 것일까? 현장에서 소음이 심하던데 민원이 생기는 건 아닐까? 장마가 닥쳤는데 공사가 지연되는 것은 아닐까? 혹시 나중에 돈을 더 내라고 하는 것은 아닐까? 설계대로 멋진 건물이 나올까?'

작은 단독주택 얘기지만 건축주라면 모든 건설공사에서 이런 고민을 하게 된다. 위의 얘기에는 설계와 시공을 포함한 건축 프로세스, 비용, 시간, 품질이라는 가장 핵심적인 관리 대상이 들어있다. 다만, 집이 얼마나 예쁘게 설계돼야 하는지는 개인적인 취향이니 여기서는 빼기로 하자.

건축의 규모가 커지면 어떻게 될까? 당연히 더 복잡해진다. 초고층 빌딩 기술에서 본 것과 같이, 프로젝트의 성공을 위해 관리해야 할 것들이 한둘이 아니다.

다른 한편으로, 누가 그 역할을 해주느냐도 문제다. 건축설계 사무소를 찾아가면 다 해 줄 수 있다는데 크고 복잡한 프로젝트에서도 믿고 맡길 수 있을까. 시공은 건설사가 하니까 그들이 더 나을까. 아니면 누군가 이 역할을 전문적으로 해주는 회사를 찾아야 할까.

여러 정황을 얘기했지만, 이 모두가 '건설관리'에 대한 것들이다.

# 건설의 관리?

모든 사업이나 프로젝트에서 성공을 얻으려면 효과적인 매니지먼트가 필수다. 상품이나 서비스를 판매하는 회사라면, 어쩌면 제품의 품질 못지 않게 중요한 것이 바로 매니지먼트다. 이런 원칙은 건설, 건축에서도 예외일 수가 없다. 그런데 용어에는 약간 차이가 있다. 설계회사든 건설회사든 회사의 경영과 관련된 것이라면 '매니지먼트'라는 용어를 그대로 쓰면 되겠지만, 실무에서 또는 현장에선 이보다 '관리'라는 표현을 주로 쓴다. 또이 관리 활동 중에는 일반 제조업이나 서비스업과는 다른 특수한 분야가 포함된다. 예를 들면 아래와 같은 분야들이다.

- 공정관리 schedule management
- 비용관리 cost management
- 품질관리 quality control
- 안전관리 safety management
- 계약관리 contract management
- 위험관리 risk management
- 정보관리 information management 등

여기서 각 관리 활동은 대상에 대한 계획 수립, 실행 시 계획한 대로 진행이 되고 있는지에 대한 확인, 그리고 문제가 발생했을 때의 조치까지를 모두 포함한다. 몇 가지만 간단히 설명해 보면, 먼저 '공정관리'에선 프로

젝트 수행에 필요한 작업을 분류하고 각 작업에 걸리는 시간과 순서를 계획한 뒤 계획대로 프로젝트가 진행되는가를 확인해야 하고, 문제가 발생하거나 시간이 지연되면 원인 분석과 원래의 일정을 회복하기 위한 조치를 취한다. 특히 수많은 작업이 동시에 진행되는 건설현장에선 작업이 서로 꼬이거나 충돌하지 않도록 세심한 관리가 필요하다.

'비용관리'에는 전체 프로젝트에 소요되는 비용 규모의 사전 예측, 진행과정에서 비용이 제대로 사용되고 있는지 그리고 초과될 우려는 없는지에 대한 모니터링, 그리고 문제가 발생했을 때 피해를 최소화하기 위한 조치 등이 포함된다. 많은 건설 프로젝트에서 예산보다 비용이 초과되곤 하는데, 누구에게든 가장 피하고 싶은 이러한 상황을 관리하자는 것이다.

'위험관리'는 일반 사람들에게 다소 낯설 수 있는데, 여기서 '위험'은 단순히 사람이 다치거나 기물이 파손되는 것을 말하는 게 아니다. 예를 들어 시공자 입장에 보면, 건축주의 재정상태, 설계의 완성도, 공법의 가능성, 공사 중의 돌발상황이나 천재지변, 심지어 법과 제도, 환율의 변화 등이 위험요소가 된다. 이런 요소는 눈에 보이는 것이 아니라 잠재해 있는 것이 대부분이고, 때에 따라 큰 손실로 이어지기 때문에 대형 건설사들의 경우 아예 위험관리 전담부서를 만들어 놓기도 한다. 건설프로젝트에 참여하는 자가 누구든, 이런 위험요소를 사전에 예측하고 계획해서 관리하자는 것이 바로 '위험관리'다.

이 활동들은 설계단계나 시공단계 가릴 것 없이 적용되는데, 시공 과정에 국한된 관리 활동들도 있다. '자재관리', '장비관리', '노무관리' 등이다. 이 외에 더 세분되고 세세한 관리 활동들이 전 과정에서 이루어진다. 현장과 실무에서 쓰이는 용어들이라 조금 딱딱한 느낌인데, 이 관리 활동만 잘 이루어지면 앞에 나온 건축주의 고민은 크게 줄어든다. 건설 분야에선 이런 활동들을 통틀어 '건설관리construction management' 또는 줄여서 CM이라 하고, 우리나라에선 이 활동을 법으로 규정하면서 '건설사업관리'라는 용어를 쓰고 있다.

용어가 좀 복잡하긴 하지만, 요점은 이렇다. 건축을 잘 모르는 사람들은 건설 현장에서 땅 파고, 벽돌 쌓고, 콘크리트 치는 작업이 전부라고 생각하는 경우가 많을 것이다. 하지만 실은 프로젝트 전 과정에 걸쳐 벌어지는 일 하나하나가 관리의 대상이다. 그렇기 때문에 그 대상을 철저히 관리하는 것이 프로젝트의 성공에 필수적이며, 이 관리 활동의 주체는 성공적인 업무 수행을 위해 모든 기법과 경험, 첨단 기술을 동원하고 있다.

한편, 이런 중요성과 관련 법이 만들어지면서, 이러한 일을 하는 회사들이 생겨났다. 위의 관리 활동의 내용을 보면, 설계회사, 엔지니어링 회사, 건설회사가 각각 자기 업무에 대한 관리 활동의 주체가 될 수 있지만, 거기에 더해 전문적으로 관리 업무를 수행하는 '건설사업관리 회사'가 생긴 것이다. 어쩌다 이런 회사까지 등장하게 된 것일까. 무엇이 그렇게 중요하다는 것일까.

---

* 법에서는 '건설사업관리'를 "건설공사에 관한 기획, 타당성 조사, 분석, 설계, 조달, 계약, 시공관리, 감리, 평가 또는 사후관리 등에 관한 관리를 수행하는 것"이라 정의하고 있다.

# 고대의 건설관리

건축사를 아무리 뒤져 봐도 고대 건축 프로젝트에서 '건설관리'가 있었다는 명시적인 얘기는 없다. 사실 시공자가 누구라는 얘기도 없다. 반면 건축가에 대한 기록은 많다. 이집트 최초의 피라미드인 조세르의 계단식 피라미드를 완성한 임호텝Imhotep(BC 2600년경), 이집트의 왕자이자 쿠푸의 대피라미드 건축가로 알려진 헤미우누Hemiunu 또는 Hemon(BC 2570년경), 파르테논 신전의 익티누스Ictinus, 칼리크라테스Callicrates, 페이디아스Phidias(BC 480~430), 트라야누스 광장과 기둥의 아폴로도루스Apollodorus of Damascus, 그리고 피렌체 대성당 돔의 필리포 브루넬레스키까지, 그들의 인생사까지 알 수 있을 정도로 많은 기록이 남아있다.

설계한 건축가가 있었으면 분명히 누군가가 시공을 했을 텐데, 그들의 이름은 왜 알려지지 않은 것일까. 그 이유는 현대건축에선 건축가를 설계하는 사람으로만 알고 있지만, 옛날엔 그들의 역할이 '마스터 빌더master builder'였기 때문이다. 마스터 빌더는 요즘으로 치자면 설계, 엔지니어링, 시공까지 풍부한 경험과 지식을 갖춘 전문가로, 프로젝트의 시작부터 끝까지 현장에서 일어나는 모든 일을 진두지휘하는 사람이었다. 즉, 그들이 설계든 시공이든 모든 권한을 가지고 책임을 지는 총괄 책임자였으니 그 밑에 일하는 시공자가 누구였냐는 중요하지 않았다.

이런 마스터 빌더의 존재는 중세와 르네상스 시대까지 계속됐고, 15~16세기쯤 돼서야 '건축가'가 마스터 빌더에서 독립된 전문영역으로 인식되기 시작했다. 그러면서 17세기 중반부터는 건축가를 양성하기 위한 교육

(좌측 위에서부터) 임호텝, 헤미우누, 익티누스, 칼리크라테스, 페이디아스, 아폴로도루스, 필리포 브루넬레스키

… 서양건축의 마스터 빌더

체계가 생겨났고 19세기 중후반에야 비로소 건축가, 즉 건축설계를 하는 사람에게 부여하는 자격증이 생겨난다.

그런데 설계의 전문성이 강조되기 시작하고 산업혁명이 일어나면서 이젠 시공자도 전문성을 가진 '회사'로 자리 잡게 된다. 이전까지는 건축주나 건축가가 임금을 받고 일하는 기술자나 노동자를 고용하거나, '반장'이나 '십장什長'급의 우두머리가 무리를 이끌고 다니면서 사업적으로 공사를 하던 일은 있었지만, 본격적으로 회사 체계를 갖추기 시작한 것은 그리 오래된 일이 아니다. 어쨌든, 마스터 빌더의 역할은 점차 사라졌고 시간이 갈수록 설계와 시공은 각자의 길을 걷게 됐다.

그렇다면 고대에는 마스터 빌더가 건설관리를 했다는 이야기일까? 그들의 관리 활동이 어떠했는지 자세히 알 수는 없다. 하지만 고대 건설 프로젝트 현장에서 있었던 관리 체계와 내용에 대해선 여러 기록이 있고, 놀랍게도 현대의 체계와 많이 닮은 사례를 종종 발견하게 된다.

### ◆ 고대 이집트

고대 이집트의 경우, 특히 왕가의 계곡에서 출토된 여러 자료가 당시의 현장 운영 체계를 잘 보여준다. 먼저 현장 조직을 보면 파라오-재상-마스터 빌더로 이어지는 위계 체계 아래에서 작업자를 기술을 가진 기능공과 작업을 보조하는 인부로 구분했다.

기능공은 돌을 캐고 가공하는 석공, 벽면에 플라스터* 마감을 전담하는 미장공, 벽면의 부조와 기둥 조각을 담당하는 조각공, 벽화와 그림을 디자인하는 도안공, 색칠만을 담당하는 도장공 등 전문분야별로 나누어졌고, 기능공들로 구성된 작업조에는 우두머리 반장이 있었다. 보조 인부들은 재료와 물을 나르거나 플라스터를 반죽하는 일, 불 피우는 일 등을 담당했다. 그들의 작업은 석공, 미장공, 도안공, 조각공, 그리고 도장공의 순서로 진행되었고 한 작업이 끝나면 바로 다음 작업이 이어받는 식으로 체계화되어 있었다.

이집트에서 건축공사에 노예를 동원했을 거라는 인식이 있지만, 사실이 아니라는 게 정설이다. 작업자들은 대부분 자유인으로, '데이르 엘 메디나 Deir el-Medina'라는 '노동자의 마을'에 살면서 매일 아침, 현장으로 출근했

---

\* 고대 이집트에서는 석회석과 진흙, 석영, 지푸라기 등을 반죽plaster해서 벽면에 바르는 마감재료로 사용했다. 현대에는 석고나 석회를 물로 반죽해서 벽이나 천장 등에 바르는 풀 모양의 재료를 플라스터라 부른다.

으며 작업은 이틀 휴식일을 포함해 열흘을 주기로 진행됐다. 종교 행사나 축제, 심지어 개인적인 휴가를 즐기기도 했으며 일꾼들에게 적정한 임금을 지급했다. 이것은 이집트의 종교적 율법에 따른 중요한 원칙이기도 했다. 학자들은 이런 시스템이 피라미드 건설 때도 유사하게 존재했을 것으로 보고 있다.

### ♦ 바빌로니아의 함무라비 법전

한편, 왕가의 계곡이 지어지기 약 300년 전 메소포타미아 지역 바빌로니아에선 함무라비 대왕Hammurabi(BC 1810~1750)이 그 유명한 함무라비 법전The Code of Hammurabi을 만들었다. 그런데 이 법전에 새겨진 총 282개 조항 중 건축에 관한 몇 개의 조항들이 현대의 품질관리 교육에서도 인용되곤 한다. 내용은 좀 살벌하지만, 그만큼 그때도 건축의 품질과 안전이 중요했다는 의미일 것이다. 그 조항들은 다음과 같다.

·229조: 건축업자가 지은 집이 무너져 집주인이 사망한 경우, 건축업자를 사형에 처한다.

·230조: 건축업자가 지은 집이 무너져 집주인의 아들이 죽었다면, 건축업자의 아들을 사형에 처한다.

·231조: 건축업자가 지은 집이 무너져 집주인이 노예가 죽었다면, 건축업자는 그의 노예로 보상해야 한다.

·232조: 건축업자가 지은 집이 무너져 재물에 피해를 줬다면, 건축업자는 파괴된 모든 것을 보상해야 하고, 건설업자가 지은 집이 무너졌다면 자신의 재산으로 무너진 집을 다시 지어야 한다.

··· 함무라비 법전

·233조: 건축업자가 집을 짓다가 완성되지 않은 상태에서 벽이 불안정
해 보이면 그는 자신의 비용으로 벽을 보강해야 한다.

'눈에는 눈, 이에는 이'라는 말로 유명한 함무라비 법전다운 조항들이다.

◆ 고대 그리스

고대 그리스에서는 프로젝트의 조직과 운영, 시공업체와의 계약, 시공
계획 등 한층 발전된 건설관리 시스템이 발견된다. 즉, 파르테논과 같은
공공건축을 시행할 때는 민주주의의 발생지답게 시민의회가 프로젝트를
책임질 건축가를 지명했고, 다섯 명의 감독관으로 구성된 '감독 위원회'를
만들어 공사감독 업무를 맡겼다. 이 위원회는 업체 선정, 공사 발주, 공사
에 대한 설명, 회계, 위원회 보고 등을 책임졌고 시공자나 기능공들의 의
무를 상세하게 규정해 모든 사람이 이런 내용을 볼 수 있도록 현장 앞에
게시했다. 특히 그 내용이 일종의 공사 계약서와 계약조건에 해당한다는

점, 그리고 모든 시민이 볼 수 있게 해서 공공성을 높이고 그만큼 건축업자가 품질에 유의하도록 했다는 점에서 주목할 만하다.

현장에선 노동자들에 대한 임금 지급 방법을 일당 방식, 고정 임금 방식, 작업량에 따른 지급 방식, 그리고 계약에 의한 방식 등 크게 네 가지로 구분하고 하는 일에 따라 임금 체계를 정해 놓았다. 또한 건축가는 회계 담당 직원을 두어 인력 동원, 인건비 출납, 그리고 건축재료별 구매 비용 등을 상세하게 기록해 그 결과를 위원회에 보고했다.

또 '신그라파이 syngra-phi, syngraphe'라는 일종의 계약서이자 시방서와 같은 문서도 있었다. 여기에 시공재료와 물량, 시공방법, 치수, 모양 등을 글로 써서 공사가 시작되기 전에 미리 작업자들에게 제공했다. 뿐만 아니라 일하는 과정에서 작업자가 다른 작업을 방해하거나 재료를 허비할 때, 작업이 지연되거나 완성하지 못할 때 페널티를 물도록 하는 규정까지 포함되어 있었다.

고대 그리스는 이미 현대와 유사한 공사의 발주와 관리조직의 체계, 현장 노동자에 대한 관리와 비용관리 체계, 시방서와 계약관리 체계 등을 갖추고 있었던 것이다.

◆ 고대 로마

고대 로마에선 선출직 공무원이 공사에 대한 계약과 유지관리까지 감독을 주도했고, 노동력은 군인과 민간 업자가 주를 이루었다. 정복한 땅이 넓어 전쟁에서 거둔 노예를 많이 활용했을 것 같지만, 그 비중은 크지 않았고, 정복지에서 자력갱생해야 했던 군인들이 건설의 주된 자원이었다. 그러다 보니 군대 내에서 대를 이어 기술 전수가 자연스럽게 일어났다.

건설관리 시스템에 대해서도 당연히 앞선 문명보다 발전된 형태가 존재했을 것이다. 워낙 거대한 건축공사와 수도나 도로 같은 인프라 사업이 많았고, 과거와는 차원이 다른 건축기술을 가지고 있었으므로, 그들만의 시스템이 없었다면 그런 성과가 불가능했을 것이다.

기록에 나타난 몇 가지 특이한 점으로는, 건축업자를 선정할 때 입찰서를 제출하게 해서 가장 낮은 가격을 제시한 자와 계약을 맺는 방법이 일반적이었다는 것, 계약조건의 내용이 구체적이었다는 것, 공사를 할 때 부재들을 표준화하고 모듈화해서 작업의 효율성을 극대화했다는 것 등을 들 수 있다.

시대별로 어떤 건설관리를 했었는지 체계적으로 비교하기는 쉽지 않다. 자료와 정보가 산발적이고 친절하지 않기 때문인데, 그래도 확실한 것은 서양건축의 대명사라 할 수 있는 많은 건축물이 단순히 노동력에 의한 것이 아니라 그들만의 시스템에 의해 이루어졌다는 것이다. 그 시스템 덕분에 오늘까지 역사적인 건축물들이 남아있게 되었고, 고대로부터 축적된 관리 방법과 기술은 현대의 관리기법에까지 이어지고 있다.

# 현대적 건설관리의 등장, 엠파이어 스테이트 빌딩

## 다시는 쫓아가지 못할 기록들

우리나라에서 제일 높은 건물이 뭔지는 몰라도 엠파이어 스테이트 빌딩을 모르는 사람은 없을 것이다. 세계에서 가장 높은 건물의 자리에서 물러난 지가 꽤 오래됐지만, 아직도 많은 사람에게 가장 높은 건물로 기억되는 건물이다. 자주 봐 왔던 친숙함 때문인 것 같은데, 이 건물은 1933년의 영화에서 킹콩이 올라간 이래 무려 250회 이상 TV나 영화에 등장했다고 한다.

이렇게 유명한 건물이지만 엠파이어 스테이트 빌딩을 짓는 데 불과 1년 45일밖에 걸리지 않았다는 사실을 아는 사람은 많지 않을 것이다. 문제를 내더라도 이렇게나 짧은 기간에 지어졌을 것이라 답하는 사람은 거의 없을 것이다.

이 건물 자리에 있었던 기존 호텔 건물을 철거하는 데 5개월, 토공사와 기초공사에 약 2개월, 그리고 1930년 3월 17일에 시작된 철골공사가 161일 만에 끝났고, 마감을 포함해 1931년 5월 1일 모든 공사가 완료되었다. 골조공사만 보았을 때 1주일에 약 4.5층이 올라간 것으로, 현대 건설기술로도 이루어 내기 힘든 속도였다. 총공사비는 당시 금액으로 용지매입까지 포함해 4,100만 달러가 들어, 총예산 5천만 달러보다 20%에 가까운 비용을 절감했다.[*]

---

[*] 총 건설비용은 현재 금액으로 약 5억 5천만 달러, 우리 돈 약 7,600억 원에 해당하며, 순수한 공사비는 당시 가격으로 약 2,500만 달러가 들었다.

국내의 롯데월드타워가 건설에 6년 남짓 걸렸고 총공사비가 35억 달러 쯤인 것과 비교하면 엄청난 차이다. 물론 단순 비교가 어려운 부분도 있다. 30년대만 해도 에어컨디셔닝 시스템이 매우 호사스러운 것으로 인식됐었기 때문에 이 건물엔 그런 설비가 없었고[*] 요즘에는 당연시되는 IB 시스템intelligent building system 이나 스마트 시스템은 어림없던 시절이었다. 그러니 현대의 설비나 기계, 전기 시스템에 드는 비용은 제해줄 수도 있다. 시대적인 요인도 있었다. 1930년대의 미국은 대공황에 허덕이며 잉여 인력이 넘쳐나던 시절이라 풍부한 노동력을 동원해 쉬지 않고 공사를 할 수 있었다. 물론 그래도 차이는 크다.

당시 뉴욕에는 70층의 맨해튼 은행Bank of Manhattan 건물을 비롯해 초고층 빌딩 경쟁이 불붙고 있었고, 엠파이어 스테이트 빌딩 바로 옆에선 크라이슬러 빌딩(77층, 1930)이 건설 중이었다. 그때 크라이슬러와 경쟁 관계에 있었던 제너럴 모터스사General Motors의 존 라스콥John Jakob Raskob (1879~1950) 회장은 뒤퐁사DuPont의 피에르 뒤퐁Pierre S. du Pont (1870~1954) 회장과 의기투합해 '엠파이어 스테이트 주식회사Empire State Inc.'를 설립하고 이 프로젝트를 추진하기에 이른다. 그들의 목표 중 하나는 바로 옆에서 올라가고 있던 크라이슬러 빌딩보다 무조건 높아야 한다는 것이었고, 이 계획을 실행하기 위해 설계사 '슈리브, 램 & 하몬Shreve, Lamb & Harmon Associates'과 건설사 '스타렛 브라더스 & 에켄Starrett Brothers & Eken'을 고용했다.

---

[*] 엠파이어 스테이트 빌딩의 냉방 시스템은 1951년부터 순차적으로 설치됐고, 1957년에야 전체 건물에 적용됐다.

엠파이어 스테이트 빌딩은 뉴욕 33번가와 34번가 사이에 월도프 아스토리아 호텔Waldorf Astoria Hotel을 철거하고 새로 세운 지하 1층, 지상 102층의 건물로 전망대까지의 높이는 381m에 달한다.[*] 9·11사태로 무너져버린 월드 트레이드 센터World Trade Center(417m, 110층, 1973)의 북쪽 타워가 1972년에 완공될 때까지 40여 년간 세계 최고였고,[†] 세계 최초로 100층을 넘긴 건물이었다. 그 기록도 대단하지만, 13개월 반 만에 완공이라니, 어떻게 이런 일이 가능했을까? 건설 전문가들은 엠파이어 스테이트 빌딩이 현대적 개념의 건설관리 기법을 적용한 최초의 사례이며, 특히, 건설사 스타렛 브라더스가 이 프로젝트만을 위한 새로운 기법들을 적용한 결과라고 말한다.

이 회사가 시도한 대표적인 기법들은 다음과 같다.

### ◆ 명확한 목표와 효율적인 의사결정

엠파이어 스테이트 주식회사는 초기부터 공사 기간과 비용에 대한 명확한 목표를 세워 프로젝트 참여자들과 공유했고, 프로젝트가 진행되는 동안 건축가, 엔지니어, 건설사가 함께 참여하는 위원회를 구성해 공개적인 의사소통과 잠재적 갈등 해소, 효율적인 의사 결정이 이뤄지도록 했다.

---

[*] 건물 위 안테나 꼭대기까지의 높이는 443m다.

[†] 최상층 지붕까지의 높이 기준

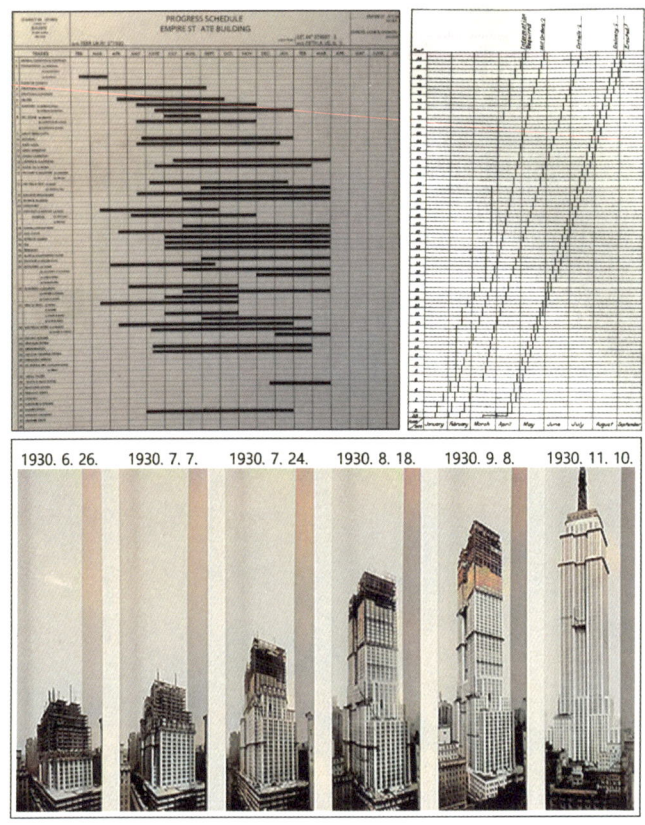

··· 엠파이어 스테이트 빌딩 공사에 사용된 공정표와 공사 진행

## ♦ 현대적 일정관리

프로젝트 전체에 대한 공사계획은 물론이고 마지막 리벳 작업까지 공기에 맞출 수 있도록 꼼꼼하게 일정계획을 수립했으며, 개발된 지 얼마 안 되는 갠트 차트Gantt charts를 이용해 일정을 관리했다.[*]

---

* 갠트 차트는 건설공사를 수행하기 위한 작업을 세부 작업으로 나누고 각 작업의 시작과 끝, 걸리는 시간을 막대그래프 형식으로 표현해 공사의 일정을 계획하고 진행 상태를 점검하는 도구이다.

### ♦ 협력업체와 기술자의 역량관리

공사에는 60여 곳의 협력업체를 고용했는데, 이들이 이러한 규모의 프로젝트를 수행할 수 있는 능력, 시설, 인력, 그리고 역량을 갖추고 있는지 철저한 사전 평가를 거쳤다. 또, 현장에 투입되는 기술자들 역시 고도로 숙련된 자들로만 구성하도록 했다. 또 복잡한 기술적 문제에 닥쳤을 때 서로 협업하는 분위기와 프로세스를 만들어 문제를 해결했다.

### ♦ 근로자들의 생산성 제고

근로자들에겐 적절한 휴식시간을 제공하고 공사 중인 현장 중간중간에 카페테리아를 만들어 편의를 제공하는 한편, 작업장소까지 오가는 시간을 줄여 생산성을 높였다.

### ♦ 장비와 자재관리의 효율화

장비의 효율성을 고려해 이 프로젝트에 가장 적합한 장비를 모두 새로 구입해서 공사를 수행했다. 이런 새 장비가 공사비 증가의 요인이 될 수도 있었는데, 스타렛은 공사가 끝나고 그 장비들을 도로 팔아 건축주에게 비용을 상환해 주었다.

현장에 자재운반을 위한 미니 철로mini-railway를 놓아 손수레를 끌고 다니던 것보다 8배 이상의 생산성을 얻었고, 자재를 실은 트럭이 건물 내부로 직접 진입해 바로 자재를 내리거나 필요한 곳까지 운반하도록 해서 자재운반-보관-재운반-설치의 과정을 단축했다.

자재는 최대 3일치만 보관하도록 계획해서 불필요한 자재 보관 장소와 비용을 줄였다. 현대 개념에 비유하면 낭비를 최소화하고 효율을 극대화하는 린-건설 기법lean construction technique을 그대로 적용한 것이다.

### ◆ 최초의 패스트트랙 적용

엠파이어 스테이트 빌딩은 패스트트랙fast-track 기법을 도입한 최초의 건축 프로젝트로도 알려져 있다. 일반적인 건축공사는 설계가 완전히 끝난 다음, 이 설계를 기반으로 건설사를 선정해서 시공에 들어가는데, 패스트트랙은 설계가 진행되고 있거나 끝나지 않은 상태에서 시공 가능한 부분에 먼저 공사를 착수하는 기법을 말한다.

목적은 무엇보다 설계와 시공단계를 중첩시킴으로써 기간을 단축하자는 것으로, 특히 시급을 다투는 프로젝트에서 많이 사용된다. 엠파이어 스테이트 프로젝트에선 초기 설계가 끝나지 않은 상태에서 건설사가 참여한 지 불과 이틀 만에 기존 호텔의 철거가 시작됐고, 철거가 완료되기 전에 기초공사가 준비되고 있었다. 1930년 4월에 철골 구조물 설치가 시작되었을 때 상층부는 아직 설계 중이었고, 프로젝트가 진행되는 동안 각 층의 철골 구조 설계는 공장 주문이 들어가기 불과 한 달 전에 완성됐다. 또, 외장공사가 진행되는 동안 건물 내부에서 전기공사와 배관공사를 동시에 진행해 작업 간 대기시간이나 지연시간을 최대한 단축했다.

### ◆ 철골부재의 공장제작과 운송관리

패스트트랙과 공기 단축에는 철골 부재의 공장제작과 운송관리도 한몫했다. 현장에서의 조립을 최대한 줄이고 가능한 한 공장에서 완제품에 가까운 상태로 부재를 생산하기 위해 부재의 단위, 크기를 사전에 계획했다. 또, 부재가 공장으로부터 기차, 바지선, 트럭을 통해 제시간에 현장에 도착

··· 엠파이어 스데이트 빌딩의 이모저모*

---

* 1945년 짙은 안개에 속에서 헤매던 B-25 폭격기가 엠파이어 스테이트 빌딩 78~80층에 충돌하
는 사고가 발생했었다. 이 사고로 13명이 사망했으나, 철골 구조가 견고했으며 충돌한 폭격기가
9·11사태의 항공기보다 훨씬 작고 연료도 적게 실었기 때문에 피해를 줄일 수 있었다.

하도록 철저하게 관리했다.

## ♦ 5S 원칙

마지막으로 설계와 시공단계 전반에 걸쳐 5S 원칙을 구현해 깨끗하고 체계적이며 효율적인 작업 공간을 만들었다. 5S 원칙이란, '정리 Sort', '정돈 Set in order', '청소 Shine', '표준화 Standardize', '유지 Sustain'를 말한다.

놀라운 것은, 엠파이어 스테이트 빌딩이라는 제목만 지우면 이 모든 것이 현대건축 프로젝트에서 추구하는 방향과 똑같다는 것이다. 명확한 목표와 협력, 의사소통, 그리고 혁신적인 계획과 관리는 엠파이어 스테이트 빌딩이 한 세기가 지나도록 세계적인 명물, 명품 건물로 남아 있게 한 비결이었다.

# 건설관리 회사의 출현

엠파이어 스테이트 빌딩에서 건설관리의 주체는 건설사인 '스타렛 브라더스 & 에켄'이었는데, 이 경우는 좀 특별했다. 모든 건설사가 발 벗고 나서서 건축주가 원하는 것, 또는 그 이상을 실현해 주면 좋겠지만, 현실은 대부분 그렇지 않다. 설계자든 건설사든 계약 안에서 자기가 할 일만 하면 그만이고 참여자 간에 다툼이 일어나기 일쑤다. 이런 일은 20세기 이후 공사의 규모가 커지고 복잡해질수록, 전문분야가 분화될수록 더 심화됐다.

설계자는 과거 마스터 빌더와 같은 우월했던 지위를 고수하려 하지만 기술에서 점점 멀어졌고, 건설사는 가격 경쟁 때문에 최대한 가격을 낮춰야 했으므로 문제가 생기면 한 푼이라도 손해 보지 않으려고 클레임으로 응수했다. 건축주는 자신이 원하는 것도 많은데 이들 사이에서 골치가 아프게 되었다. 하지만 이를 직접 해결할 능력은 없는 경우가 많았다. 관리자나 중재자의 역할을 해 줄 누군가가 필요했다.

한편, 건설관리 회사의 출현에 계기가 된 법안이 있었다. 1921년 뉴욕주에서 제정된 '윅스Wicks 법안'으로, 뉴욕주 내에서 발주되는 5만 달러 이상의 모든 공공공사에서 냉난방 및 공기조화HVAC, 전기, 배관, 그리고 일반시공 등의 4개 공종을 각기 다른 건설사에 나누어 발주하라는 것이 골자였다. 시공단계의 총괄 책임자, 즉 단일 원도급자를 배제함으로써 비용을 절감하고 전문성을 높여보자는 의도였는데, 오히려 비용이 증가하고 더 심한 분쟁이 발생했다. 계약관계가 복잡해질수록 효과적인 관리가 사업의 성패를 좌우하며 그 역할을 해 줄 누군가가 필요하다는 사실을 확실히 보여준 것이다.

이런 시행착오를 거치던 중, 1960년대 말 또는 1970년대 초 민간부문을 중심으로 건설관리 전문회사를 프로젝트에 참여시키는 사례가 생겨났다. 뉴욕의 '메디슨 스퀘어 가든Madison Square Garden(1968)'과 시카고의 '존 행콕 센터John Hancock Center(1969)', 덴버의 '존 맨빌 본부 사옥John Manville World Headquarters(1972)' 등이 대표적인 초기 적용의 예로, 대형 프로젝트에서 건축주의 대행인agent이 종합적이고 전문적인 건설관리 서비스를 제공하는 방식이었다. 그리고 그때부터 이런 건설공사의 운영방식을 CM 방식construction management delivery system, 그 주체를 CM, Construction Management Company, Construction Manager 등으로 부르게 됐다.

이처럼 민간에서 효과를 보자, 미국의 연방정부 조달청, GSAGeneral Services Administration가 이 방식을 도입하면서 뉴욕의 '세계무역센터'에 적용하게 된다. 이 사업은 체이스 맨해튼 은행Chase Manhattan Bank의 록펠러 David Rockfeller 회장이 발의했지만, 규모의 방대함 때문에 뉴욕·뉴저지주의 항무청Port Authority이 건축주가 된 공공 프로젝트였다.

이 CM 방식의 장점은 CM을 공사 초기에 선정, 참여시킴으로써 기획, 설계, 시공단계에 걸쳐 일원화된 관리가 가능하다는 것이었다. 또, 프로젝트 참여자 간의 원활한 의사소통과 협조체계를 강화할 수 있으며 전문화된 관리기술의 도입과 관리 활동의 체계화를 통해 공기 단축, 원가절감, 품질 향상의 기회를 높일 수 있었다. 한마디로 마스터 빌더의 역할을 해주는 것이다.

이후 CM 방식은 세계 건설시장에서 활용도를 높여 갔다. 그렇게 1980년대 중동 해외건설에 참여했던 국내 건설사들 사이에서도 입소문을 타게 되어 국내 건설시장에서도 도입해보자는 분위기가 조성되기 시작했다.

a. 메디슨 스퀘어 가든     b. 존 행콕 센터
c. 월드 트레이드 센터     d. 존 맨빌 본부 사옥

… 1960~70년대 미국에서 CM 방식을 적용한 프로젝트 사례

　　그런데 미국의 경우를 보면 민간부문의 변화가 공공부문의 제도를 변화시켰지만, 국내의 상황은 정반대여서 법과 제도가 바뀌지 않으면 민간에서 변화가 일어나기가 쉽지 않았다. 그러던 중 해외에서 건설관리, 즉 CM 분야를 공부하고 돌아온 학자들이 가세하면서 마침내 1996년 12월 '건설산업기본법'에 '건설사업관리'라는 이름으로 CM 방식의 제도적 기반이 마련됐다. 그리고 바로 다음 해, '건설기술관리법'*에 세부 운영규정이 만들어졌고 이와 함께 국내에도 건설관리, 건설사업관리를 전문적으로

---

*　'건설기술관리법'은 현재 '건설기술진흥법'으로 법명이 바뀌었다.

수행하는 회사가 탄생하게 되었다.

법이 생겼으니 우리나라에서도 CM 방식의 적용이 가능해졌다. 그런데 사실은 법이 만들어지기 이전에 활용된 사례가 있었다. 하나는 경부고속철도 프로젝트이고 다른 하나는 인천국제공항 프로젝트였다. 이 중 경부고속철도는 우리나라 기술진이 여태껏 해 보지 못한 전혀 새롭고 거대한 프로젝트여서 해외 전문가의 도움이 필요했던 것인데, 그 도움을 어떻게 받아야 할지조차 몰라서 큰 효과가 없었다고 한다.

그런 의미에서 CM 방식의 본격적인 첫 시도는 인천국제공항 프로젝트라 할 수 있다. 지금은 4단계 사업까지 끝내서 활주로 4개와 제2여객터미널을 갖춘 초대형 공항이 됐지만, 가장 어려웠던 것은 1단계 사업이었다. 처음인 데다 제일 복잡했기 때문이다. 이어지는 2~4단계 사업은 1단계 때 이미 토대를 갖춰 놓았기에 그간의 경험이 축적되어 훨씬 순조로웠다.

사업은 1992년 '수도권 신공항 건설사업 공고'가 발표되면서 시작됐고, 인천 앞바다에 영종도, 용유도, 신불도 등의 섬 사이를 매립해 공항을 건설하기로 했다. 그런데 이 사업은 달랑 여객터미널만 짓고 끝나는 것이 아니었다. 활주로 2개, 계류장, 교통센터, 그리고 각종 부대시설이 있어야 했고, 고속도로, 교량, 영종도 내 주변 도로 등 한 사업 안에 여러 대규모 건설공사가 포함되어 있는 단군 이래 최대 규모의 건축공사였다. 규모도 문제지만, 공항시설이란 최첨단 설비와 장치가 가동되는 곳이므로 기술적인 난이도 또한 최상급이었다. 게다가 비슷한 시기에 일본, 싱가폴, 중국 등이 동북아시아 허브공항 사업을 추진 중이었고, 공항 하나가 국가 경제에 미치는 영향을 고려할 때 그들과의 경쟁에서 뒤질 수 없는 상황이었다. 이런 복잡한 상황에서 모든 공사가 잘 조율되고 어느 한 부분이라도 지연되지 않아야 정해진 날짜에 개항할 수 있었는데, 결정적으로 우리는 이런 사업을 관리했던 경험이 없었다.

이와 같은 사업의 특수성과 절박한 상황으로 사업타당성 분석단계인 1991년부터 CM 방식의 확장형이라 할 수 있는 '종합사업관리Program Management' 도입의 필요성이 대두됐고, 마침내 국제입찰을 거쳐 해외 CM 전문회사와 국내회사 컨소시엄이 국내 최초로 이 용역을 수행하게 되었다. 이들의 주요 업무는 크게 사업기획, 사업관리, 설계관리, 시공관리, 시운전관리 등으로 업무의 양과 질적인 면에서 최고 수준이었으며, 그 덕에 2001년 3월, 마침내 새로운 국제공항을 성공적으로 개항할 수 있었다.

이 사업은 공공사업이었음에도 아직 앞에서 얘기한 법과 제도가 마련되지 않은 상태였기 때문에 유사한 법률을 근거로 용역을 발주했고, 법이 만들어진 후의 제1호 사례는 2002년 한일 월드컵이 치러진 상암동 월드컵 경기장이었다. 이 사업의 가장 큰 관건은 공사 시작이 늦었음에도 날짜를 받아 놓은 월드컵 개최일까지 공사를 마치는 것이었다.

··· 국내 1호 종합사업관리 사례 — 인천국제공항 제1여객터미널 1단계

# 첨단을 걷는 건설관리 연구

지금까지는 실제 건축공사와 현장 중심의 얘기였다. 건설관리라는 주제를 놓고도 세부적인 관리기술에 대해선 다루지 않았다. 그 기술을 풀어놓자면 하나하나가 교과서 몇 권으로도 모자란다. 그런데 이런 분야를 학문적으로 연구하는 사람들이 있다. 누군가가 저자에게 "전공이 무엇입니까?"라고 물으면 저자는 "CM 전공입니다"라고 대답한다. 바로 이런 사람들이다.

'건설관리'를 학문적으로 풀자면 그 역시 스펙트럼이 매우 넓고 다양하다. 국가 경제 차원에서 접근할 수도 있고 건설산업, 건설회사, 건설현장, 세부 작업 등을 대상으로 하거나 프로젝트 전 과정에 걸쳐 건설 활동의 효율성을 높이기 위한 주제라면 모든 것이 연구 대상이 된다. 이 분야에서 국내 최고의 학회인 (사)한국건설관리학회는 '건설관리'를 이렇게 정의하고 있다.

"우리 학회가 추구하는 '건설관리'는 건설산업의 발전, 건설사업의 성공적인 목표 달성, 건설 참여자들의 효율적인 업무 수행 등과 관련된 다양한 이슈를 다루며, 특히 건설사업의 경제성 향상과 생산성 제고를 목표로 새로운 기술의 개발과 운영 방법들을 학문적으로 연구하고 실무적으로 적용·관리하는 분야를 말합니다."

그리고 이 분야에서 다루는 기술에 대해선 이렇게 말한다.

"건설관리의 성공을 가능케 하는 기술 역시 매우 다양하며 많은 변화와 발전이 일어나고 있습니다. 기존에 건설관리와 관련된 기술은 공정,

원가, 품질, 안전 등 전통적인 공사관리 활동으로 인식되어 왔지만 이러한 활동을 지원하기 위해 새롭게 개발되고 적용되는 정보, 데이터, 센싱, 네트워크, 가상현실, BIM, 자동화 등의 공학적 기술들, 그리고 경제, 경영, 법학, 행정, 사회, 심리 등의 인문학적 지식과의 융합 역시 건설관리의 필수 요소라 할 수 있습니다.”

설계나 엔지니어링, 시공을 직접 수행하진 않지만, 이를 제외한 건축을 둘러싼 모든 영역이 건설관리 기술의 대상이 되고, 최첨단 기술의 연구와 인문학적 영역까지 모두 포함한다는 뜻이다.

‘구슬이 서 말이라도 꿰어야 보배’라는 속담이 있다. 설계가 아무리 좋고 시공능력이 아무리 뛰어나도 이들을 같은 방향과 목표로 이끌어 가고 관리할 방법이 없다면 결코 보배가 될 수 없다. 과거에 마스터 빌더가 했던 그 역할을 현대에선 건설관리자가 해 나갈 것이다.

결론. 건축의 성공 열쇠는 건설관리다.

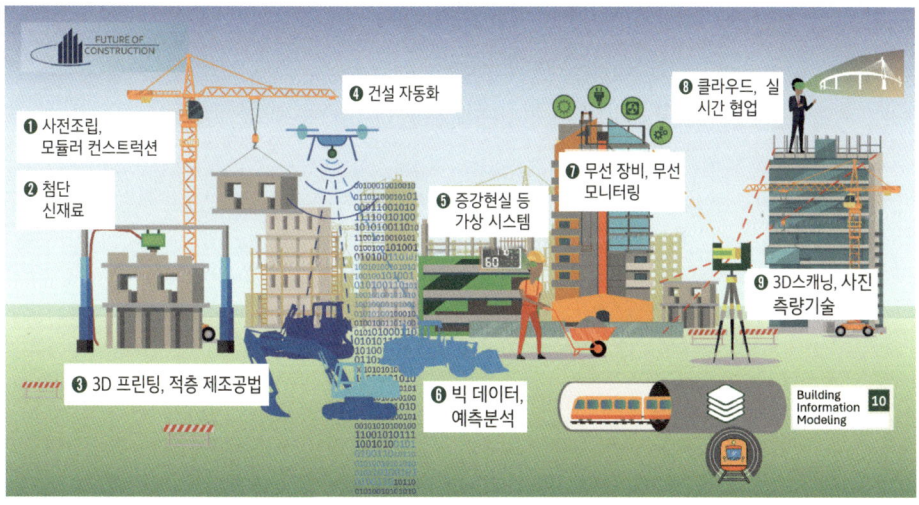

… 미래의 건설관리 기술

## 건설관리 지식영역

산업 및 시장분석 Industry & Market Analysis
건설제도 및 정책 Construction Law & Policy
건설금융 및 투자 Construction Financing & Investments
부동산경영 Real Estate Management
기업경영컨설팅 Management Consulting
자산·시설물관리 Facility Management
인적자원관리 Human Resource Management
건설생산관리 Construction Operation & Production Management
사업성 분석 Feasibility Analysis
범위관리 Scope Management
계약 및 클레임관리 Contract & Claim Management
조달관리 Procurement Management
설계관리 Design Management
리스크관리 Risk Management
일정관리 Time Management
비용관리 Cost Management
VE: Value Engineering & Management
품질관리 Quality Management
환경관리 Environmental Management
안전관리 Safety Management
자재관리 Material Management
장비관리 Equipment Management
노무관리 Labor Management
생산성관리 Productivity Management
유지관리 Operation & Maintenance
정보화 및 정보관리 IT & Information·Knowledge Management
BIM(Digital twin, Metaverse etc.): Building Information Modeling including
Digital twin, Metaverse etc.
건설자동화(Robotics, Sensing Tech., etc.) Construction Automation including
Robotics, Sensing Tech., etc.
건설공법 Construction Methods
건설재료 Construction Materials
건설장비 Construction Equipment
에너지 및 녹색건설 Energy & Green Construction
전문 프로젝트 매니지먼트 Professional Projection Management

출처: (사)건설관리학회

## 우리 선조가 남겨 놓은 건설관리의 세계적 유산

건축의 매니지먼트, 건설관리라 하면, 우리 선조가 남겨 놓은 세계적인 유산이 있다. 수원 화성 성곽의 축조 전 과정을 기록한 공식 보고서, 『화성성역의궤華城城役儀軌』가 그것이다. 정조(1752~1800)가 화성 성곽을 지시했다는 것은 잘 알려져 있는데, 당시 이 공사가 많은 경비와 기술을 필요로 하는 중요 사업이었으므로, 정조는 이에 관한 자세한 기록을 후대에 남겨야겠다는 뜻에서 '의궤' 편찬을 명했다*. 이에 봉조하奉朝賀(고위 관리직) 김종수가 명을 받아 1976년 11월에 원고를 완성하고 1801년(순조 1년)에 인쇄 발간했다.

이 의궤는 권수卷首 1권, 본편本編 6권, 부편附編 3권, 총 10권으로 되어 있으며, 이 중 본편에 성곽축조 기본계획, 공사 진행에 관한 절차, 동원된 기술자의 종류와 이름, 종사일수, 사용된 장비, 각종 공문서, 사업 경비와 예산, 결산 내용 등이 상세히 기록되어 있다. 이는 현대의 공사계획과 공사 기록지에 해당한다. 여기에는 현대 말로 표현하면 이런 문구도 적혀 있다고 한다.

"화성 성역 공사에는 총 87만여 냥(현재의 돈 가치로 약 600억 원)을 물자 조달과 인건비에 사용하였습니다. 특히 돌을 다루는 석수는 가장 중요한 장인으로 매일 4전 5푼(약 3만 2천 원)의 임금과 쌀 6되가

---

* '의궤'란 '의식(儀式)의 궤범(軌範)'을 줄인 말로, 국가나 왕실의 주요 행사, 즉, 혼인, 책봉, 장례, 궁궐 건축 등을 준비, 진행, 마무리까지 상세히 기록한 종합 보고서를 말한다.

제공되었습니다. 당시 화성 성역에는 전국에서 비숙련 임금노동자가 모여들었고 이들에게는 매일 2전 5푼(약 1만 8천 원)의 임금이 지급되었습니다."

한편, 책머리에 해당하는 '권수'는 여기에 포함된 '도설圖說'과 함께 1997년에 수원화성이 유네스코 세계문화유산에 등재되는 데 결정적인 공을 세우게 된다. 당시의 화성은 일제강점기와 한국전쟁을 거치며 많이 훼손된 상태였고 1970년대 중반이 되어서야 복원된 것이어서, 지금의 모습이 본래의 것과 다를 수 있지 않느냐는 의구심이 있는 상황이었다. 이 문제를 불식시킨 것이 바로 '도설'이다. 여기에는 건물도, 건물 세부도, 건축 부재도, 공사 기구도, 행사도가 설명과 함께 실려 있어, 방대한 사업의 내용을 시각적 이미지로 일목요연하게 보여주고 있다. 복원된 화성이 원래의 것과 같은 모습이란 것을 증명해준 것이다.

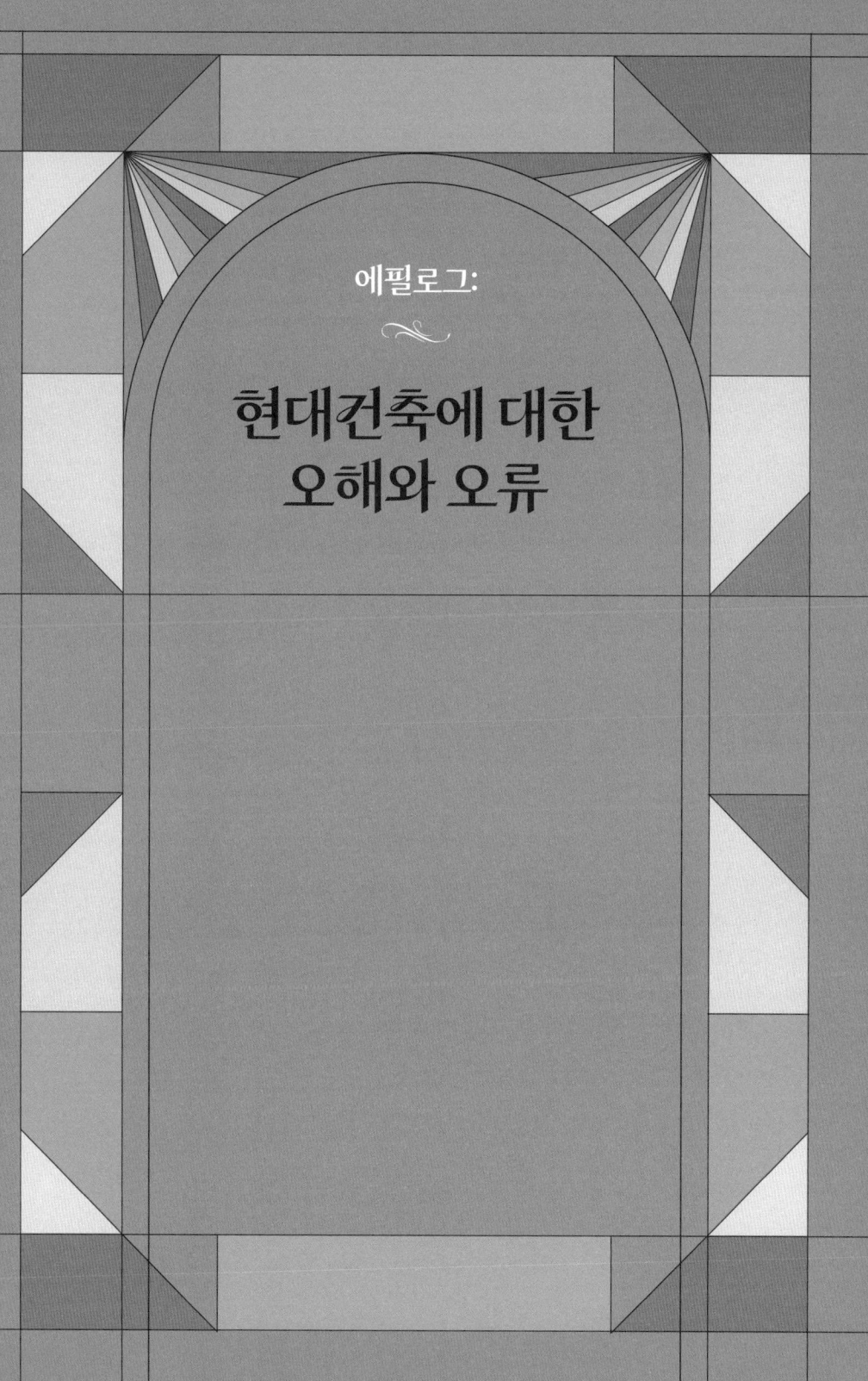

에필로그:

현대건축에 대한
오해와 오류

이 책을 마무리하면서 '현대건축에 대한 오해와 오류'라는 다소 도발적인 제목을 달아 보았다.

과거로부터 현대까지 인류는 끝없이 집과 건물을 지어오면서 역사적인 건축물을 남겼고 거기엔 뛰어난 건축가들이 있었다. 도시를 걷다 보면 우리나라에도 멋진 건물과 정말 훌륭한 건축가가 있구나 하며 감탄할 때가 많다. 저자가 어릴 때만 해도 건물들이 박스 형태를 벗어나지 못하고 디자인도 거기서 거기인 것 같았는데, 요즘의 도시에는 개성이 넘친다. 그런데 무엇이 오해이고 무엇이 오류라는 걸까? '오해'라는 단어에선 건축을 잘 모르는 일반 사람들이 겉모양이 멋지면 좋은 건물이라고 생각하는 경향이 있음을 얘기하고 싶었고, '오류'라는 단어는 그 겉모습에 과도하게 집중하는 일부 설계, 일부 건축가에 대한 비판의 의미로 썼다.

'오해'라는 측면부터 얘기해 보자.

언제부터인가 TV에서 집을 소개하고 구해주는 프로그램을 많이 보게 됐다. 진행자가 집 안 구석구석을 보여주면 패널들이 감탄하고 전문가라는 사람이 등장해 장단점을 분석한다. 그 전문가는 주로 건축가로, 이 공간은 어떻고, 어떤 것까지 섬세하게 신경을 썼다는 등의 칭찬을 늘어놓고는 한다.

일단 건축이 일반 사람들에게 가까이 갈 수 있다는 점에서 높은 점수를 주고 싶다. 또 실제로 좋은 집도 많이 나오고, 특히 자기 손으로 직접 집을 지은 사람들에겐 큰 박수를 쳐 주고 싶다.

그런데 이런 생각을 떨칠 수 없을 때가 있다.

'저렇게 통창을 넓게 설치하면 여름에 덥고 겨울에 추울 텐데 거실 안으로 파고드는 햇빛이나 겨울의 냉기는 어쩌려나'

'거실 천장을 높이면 개방감이 있어 좋긴 하겠지만, 냉난방비는 어쩌나'

'이 공간과 저 공간을 분리하려고 저런 방법을 썼다는데, 살다 보면 정말 그렇게 될까? 동선만 길어지거나 불편해질 텐데...'

'저런 인테리어는 내구성이 떨어져서 며칠 못 갈걸?'


건축을 공부할 때 인상 깊었던 것 중 하나가 '최초의 건축가'라 불리는 고대 로마의 비트루비우스Vitruvius(BC 80-70~25 추정)가 얘기했다는 건축의 3요소다. 그는 모든 건축물이 'firmitas, utilitas, venustas', 즉 '구조', '기능', '미'를 갖춰야 한다고 했다. 건축을 좀 배웠다는 사람에겐 잊히지 않을 명언이다. 거기에 한 가지 더 보태자면, 앞 장에서 얘기한 종합적이고 효율적인 매니지먼트가 더해져야 건축주가 만족할 만한 건축이 된다.

그런데 이런 프로그램에 시공 전문가나 건축환경 전문가, 그 외 건축과 관련된 엔지니어링 전문가가 나와서 건물을 평가하는 것을 본 적이 없다. 건축가가 나왔으면 된 것 아니냐고 묻는다면, 물론 건축가도 평면을 잡고 입면을 그리는 것 외에 어느 정도 시공, 환경, 엔지니어링에 대한 지식을 갖고 있다. 그러나 이제 건축가가 마스터 빌더가 아닌 이상 결코 그들의 지식이 다른 분야 전문가들의 그것을 넘어설 수 없다. 심지어 실무에서 건축가가 구조 엔지니어링 능력이 없어 아예 해당 분야의 전문가에게 책임을 떠넘기는 일도 드물지 않다. "내가 설계한 건물이 서 있을 수 있게만 해달라"라는 것이다. 그래서 사람들이 이런 프로그램을 보고, '보기 좋으면 좋은 집'이라 오해하지 않았으면 좋겠다.

세계적인 건축가라 해도 고개를 갸우뚱하게 만드는 경우가 심심치 않게 있다.

'근대 건축의 4대 거장' 중 큰 형님인 프랭크 로이드 라이트의 작품을 보자. 그는 자연과의 유기적인 조화와 낮고 긴 수평선을 강조하는 건축 스타일로 이름을 떨쳤다. 그런 그의 많은 작품 중에서 대표작을 꼽으라면, 낙수장Fallingwater(1937)이 일등일 것 같다.

이 낙수장은 미국 피츠버그 카우프만즈 백화점의 주인인 릴리안과 에드거 J. 카우프만 부부Liliane and Edgar J. Kaufmann의 휴양용 저택으로, 피츠

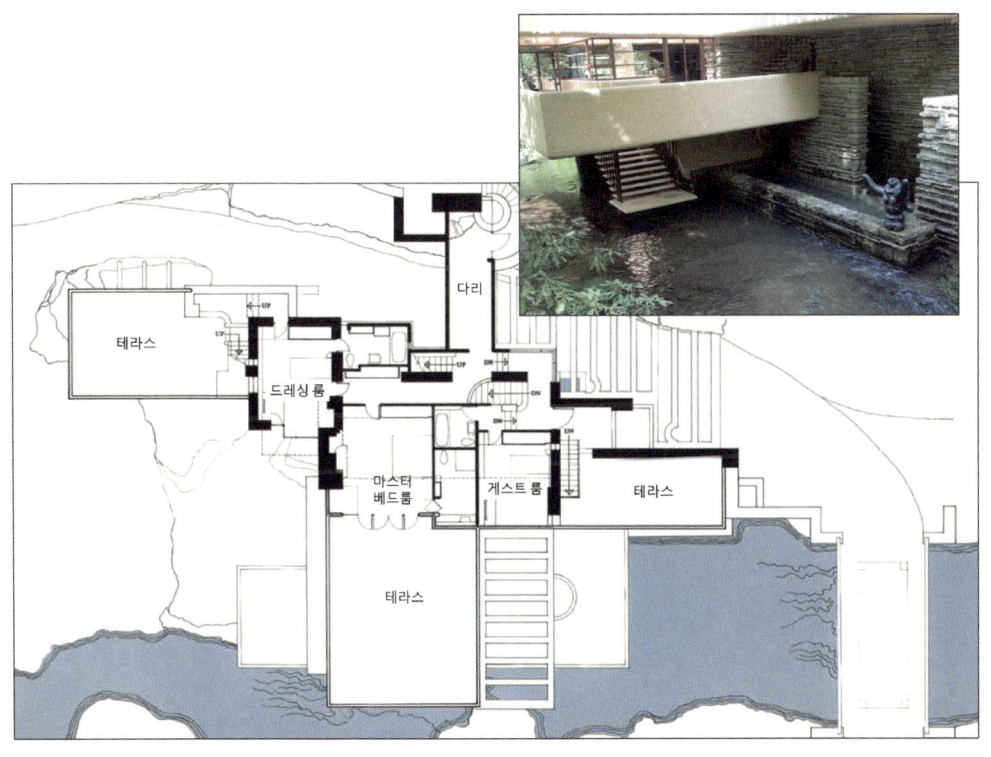

··· 프랭크 로이드 라이트의 낙수장 평면과 실내

버그 근교에 있는 베어런Bear Run 강 폭포 바로 위에 지어졌다. 자연과의 조화, 수평선의 강조 등 그의 설계 원칙이 잘 반영되어 있다. 집 밑으로 폭포가 흐른다니 얼마나 낭만적인가.

그런데 건물이 완공되고 얼마 안 되어서 길게 내민 캔틸레버가 처지더니 금이 가기 시작했고, 계곡 위에 지어진 집은 늘 구조적으로 불안했다. 긴 차양 때문에 햇빛이 잘 안 들어, 집 안에는 습기가 찼고 환기가 어려웠다. 또 수평선을 강조하고 천장이 낮은 라이트 설계 특징 때문에 키 큰 사람들에겐 좁고 불편한 느낌을 줬고, 발코니의 난간도 너무 낮아 아이가 있는 부부에겐 항상 위험 요소였다. 가장 큰 불만은 24시간 쏟아지는 폭포 때문에 조용한 시간을 가질 수 없고 잠조차 제대로 잘 수가 없다는 것이었다.

미스 반 데어 로에는 어땠을까. '레이크 쇼 드라이브Lake Shore Drive 아파트'와 같은 대형 건물도 설계했지만, 교과서에 나오는 그의 유명 작품들은 규모가 작은 것이 더 많다. 그중엔 일리노이공과대학교Illinois Institute of Technology의 S. R. 크라운 홀도 있고, 더 유명한 판스워스 하우스Farnsworth House(1951)도 있다. 그는 이런 소규모 건물에 사방이 휜히 뚫린 대형 통유리를 넣고 평지붕을 올리는 디자인을 선호했다.

판스워스 하우스는 미국 일리노이주 폭스강 근처에 지어진 여의사 에디스 판스워스Edith Brooks Farnsworth(1903~1977)의 주말 휴양 주택으로, 지금은 역사적인 주택 박물관historic house museum으로 보존될 정도로 유명하다. 밖에서 보기엔 늘씬하고 시원한, 현대적인 느낌이 물씬 난다.

그런데 정작 건축주인 판스워스는 이 건물에 불평을 쏟아냈다. 온통 유리로 된 집이라 너무 노출된 느낌이고 프라이버시가 없으며 사방이 열려 있어서 심리적 안정이 어렵다고 털어놓았다. 평면이 개방형이라 개인 공

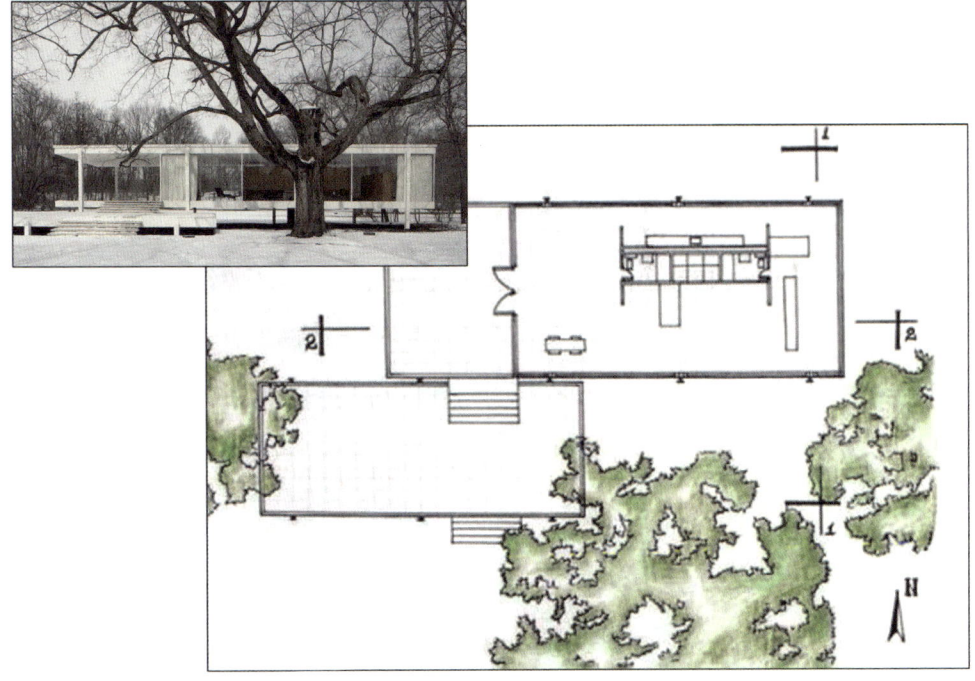

··· 미스 반 데어 로에의 판스워스 하우스 외관과 평면

간이 없고, 외벽에 보온이 안 돼서 춥거나 더웠으며, 강이 바로 옆이라 물이 넘치기가 십상이고 벌레가 많았다. 결정적이게도 공사비가 너무 많이 들어 미스 반 데어 로에와 심각한 법정 다툼이 있었다. 겉모습만 보면 어디에 돈이 많이 들었는지 의아하기도 하다.

4대 거장 중 가장 많이 알려진 르코르뷔지에도 건축주의 불만에서 자유롭지 못했다. 그는 건물설계뿐만 아니라 도시에도 관심이 많았고, 후기에는 롱샹 교회Ronchamp Church(Notre-Dame du Haut, 1955)와 같이 혁신적인 작품을 내놓기도 했다. 반면 초기에는 "집은 살기 위한 기계다A house is *a machine for living in*"라는 말을 할 정도로 기능적이고 심플한 설계를 했고, 필로티, 옥상 정원, 자유로운 파사드, 자유로운 평면, 가로로 긴 창 등 모더니즘 건축의 5대 원칙을 주장하면서 현대건축에 큰 영향을 줬다.

이 5대 원칙이 가장 잘 반영된 건물이 프랑스 파리 북쪽의 도시 푸아시Poissy에 지어진 사보이 가문Savoye family의 저택, 빌라 사보이Villa Savoye (1931)다. 그런데 정작 이 원칙들 때문에 문제가 생기기 시작했다.

집 안은 항상 추웠다. 아마 필로티 구조와 통창 때문인 것 같다. 지면에 붙어있지 않고 떠 있는 바닥판은 열 손실이 크다. 겨울에 일반 도로는 괜찮은데 다리 위에는 얼음이 어는 것과 같은 이치다. 당시엔 유리의 단열 성능이 좋지 않았을 테니, 넓은 창을 통한 열 손실도 컸을 것이다.

옥상 정원이 있는 지붕에선 항상 물이 샜고, 비만 오면 천창skylight을 비롯해 다른 창문에서도 빗물이 흘러들어 실내가 눅눅하고 추웠다. 지붕을 평지붕으로 하면 예나 지금이나 이런 문제가 발생하기 쉽다. 천창을 두들기는 빗소리와 바람 소리는 잠을 잘 수 없을 정도로 컸다. 구조설계의 문제인지 재료의 문제인지, 건물은 시간이 지나면서 벽체에 금이 가 집주인을 불안하게 만들었다.

결국 사보이 가문은 르코르뷔지에에게 이런 불만을 토로했지만 개선되는 것은 없었고, 1940년, 이 집은 완전히 버려지게 됐다. 다행히 철거되지는 않았고 지금은 프랑스 정부가 소유하고 있다.

그들이 설계한 건물이 모두 문제투성이였던 것은 아니겠지만, 거장들의 대표작이라는 건물들이 왜 이 모양일까? 건축재료와 기술이 건축가의 재능을 따라가지 못한 것일까? 아니, 오히려 훌륭한 건축가의 좋은 건축물이라면 무엇보다 건축주를 만족시켜야 하고, 그 시대의 기술이 감당할 수

··· 르코르뷔지에의 빌라 사보이

있는 설계였어야 하는 것 아닐까.

좀 더 시간이 흐른 뒤에는 어떤지 보자. 단, 앞의 사례는 건축주들의 입에서 나온 불평과 불만이 기록으로 전해져 공개된 내용이고, 지금부터는 저자의 개인적, 주관적 의견임을 밝혀 둔다. 그리고 설계 전공자가 아닌, 건설관리 전문가의 시각에서 본 경험적 입장임도 확실히 해 둔다.

저자가 많은 기대를 했다가 큰 실망을 했던 건물이 있다. 호주 시드니의 오페라 하우스Sydney Opera House(1973)다. 시드니의 주요 명소 중의 하나로 손꼽히는 이 공연장은 덴마크 건축가 요른 우츠온Jørn Oberg Utzon (1918~2008)의 작품이다. 사실 현상설계에는 당선됐지만 시공 과정에서 본인이 추구하는 바와 다르다는 이유로 도중에 사퇴했기 때문에, 완전히 그의 작품이라 하기에는 다소 애매한 부분도 있다. 무엇이 마음에 안 들었는지 설명해 주는 자료도 찾기 어려웠다. 어쨌든 이 공연장은 생각보다 공사가 길어져 14년이나 걸렸다. 가장 주요한 이유로는 이 건물의 상징이라 할 수 있는 조개껍질 모양의 지붕이 까다롭고, 제작이 힘든 구조였기 때문이다. 또, 건축 당시 예정 금액이 7백만 달러였는데, 실제론 1억 2백만 달러가 들어 논란이 일기도 했다.

이 건물은 저자의 대학 시절부터 선망의 대상이었다. '어떻게 저런 상상력을 가질 수 있을까'라는 궁금증에 꼭 가보고 싶은 건축물이었다. 그런데 막상 가서 보니 궁금증과는 다른 의아함이 밀려왔다. 공연장 내부로 들어가니 그 멋지던 조개껍질은 하나도 보이지 않고 벽도, 천장도 네모반듯한, 다른 공연장과 다를 바 없는 구조였다. 벽에 붙은 통로는 안쪽으로 굽은 외벽의 곡선 때문에 오히려 좁고 답답한 느낌을 줬다. 결국 그 높고 우아한 조개껍질은 내부 구조를 덮은 포장에 불과했고, 실제 천장과 외부 벽체 사이엔 쓸모없는 공간이 생겨 버렸다. 그때 이런 생각이 들었다.

'이게 맞나? 형태를 위해 저 큰 공간이 아무런 기능이 없이 버려져도 되는 걸까? 형태를 위해 너무 희생이 큰 것 아닌가?'

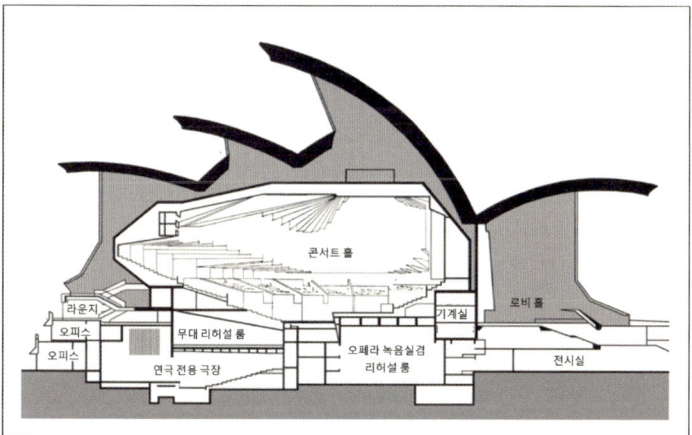

··· 시드니 오페라 하우스의 전경과 단면

형태에 관한 호불호를 떠나서, 시드니 오페라 하우스와 맥을 같이 하는 비정형 설계, 프리폼 설계free form design 건축엔 항상 이런 의문이 따라다닌다.

세계적으로 유명한 프랭크 게리Frank Gehry (1929~)나 우리나라의 동대문 디자인 플라자DDP를 설계한 자하 하디드Zaha Hadid의 건축을 봐도 마찬가지다.

프랭크 게리는 현대적이고 추상적인, 거의 현대조각과 같은 현란한 설계로 유명하다. 초기 작품에는 직선적인 요소가 많았지만 그의 설계는 항상 우그러지고 곡선이 날아다닌다.

그의 대표작인 빌바오 구겐하임 미술관Guggenheim Museum Bilbao(1997)을 보자. 평면을 보면, 외관과는 달리 직선으로 된 공간 구분이 많아 화려한 곡면으로 싸여 있을 것이라 상상하기 어렵다. 이 작품과 같은 느낌을 주는 월트 디즈니 콘서트 홀Walt Disney Concert Hall(2003)의 경우도 평면만 보면 여느 공연장과 크게 달라 보이지 않는다. 그렇다면 그 곡면만큼이나 불필요한 공간이 생겼다는 것이고 이 곡면을 만들어야 하는 시공자들은 무진 애를 먹었을 것이다. 그의 작품에는 어김없이 돈이 많이 들었고, 공사가 지연되기 일쑤였으며, 우그러지고 굴곡진 입면은 항상 누수 문제를 달고 다녔다. 그럼에도 그 문제로 추궁을 당하는 것은 늘 시공자였을 것 같다.

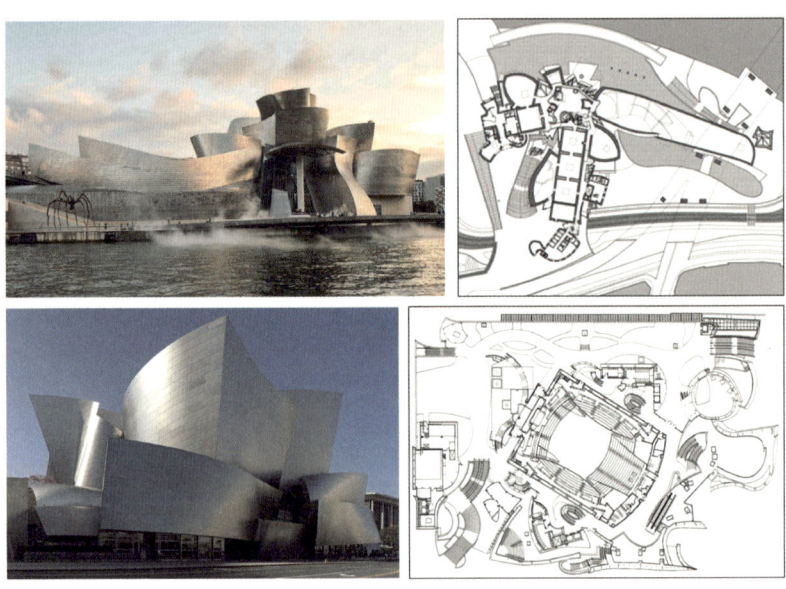

… 프랭크 게리의 빌바오 구겐하임 미술관과 월트 디즈니 콘서트 홀의 외관과 평면

시공자가 고생한 것으로 치면 우리나라의 동대문디자인플라자도 그 못지않다. 이 건물의 디자인에 대해선 호불호가 있지만, 저자가 그것을 평가할 위치에 있지 않으므로, 이 문제는 각자의 시각에 맡기로 한다.

이 건물은 앞에 '트러스'에서 소개됐던 메가 트러스 외에도 여러 면에서 국내 건축사에 길이 남을 건축물이기는 하다. 먼저, 이 국내 최대이자 최고의 비정형 전시관의 외면은 모두 유공 알루미늄 패널로 덮여 있다. 패널의 개수는 4만 5천 장이 넘고, 각각의 곡률과 치수, 뚫린 구멍의 개수와 형태 등이 모두 다르다. 같은 것이 없으니까 하나하나 따로 제작해야 했고,

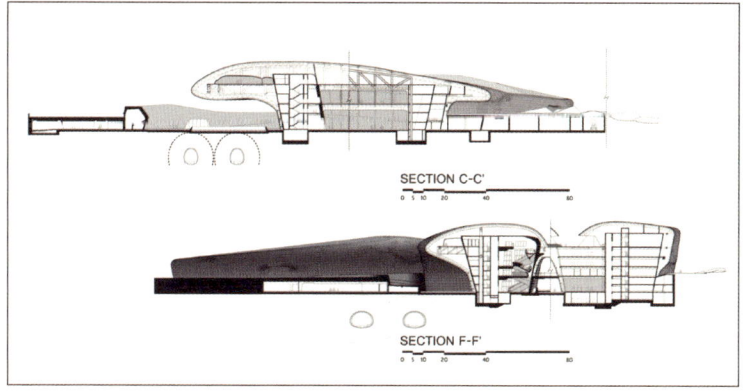

…동대문디자인플라자(DDP)의 외관과 단면

시공자는 이를 위해 특수한 장비까지 개발해야 했다. 둥근 지붕 안의 메가 트러스는 설치하느라 엄청난 고생을 했지만, 밖에선 보이지도 않는다.

전체적인 외관도 그렇지만 건물 내부에도 계단이며, 벽이며 곡선으로 되거나 기울어진 것이 많다. 그런데 이것이 철근콘크리트로 시공해야 하는 부위라서 시공자에겐 끔찍한 작업이 된다. 이러다 보니 최초 2,270억 예산의 공사비가 마지막엔 4,200억으로 뛰었다. 이 공사비는 어느 부자가 "당신 하고 싶은 대로 하시오"라며 선뜻 내어준 것이 아니라, 서울 시민이 낸 세금에서 나온 것이다. 어디서부터, 누가, 무엇을 잘못한 것인가?

곡선과 곡면은 건축에서 죽은 공간을 만들어낼 수밖에 없다. 거기다 그 공간을 만드는 데 드는 돈은 실제 지어보지 않고는 예상할 수가 없다.

마지막으로 하나만 더 예를 들어보자.

서울 시내 한복판에 지어진 A사 사옥 건물이다. 세계적인 영국의 건축가가 설계한 지하 7층, 지상 22층의 이 건물은 영국 건축가협회상AIA UK Award (2019)을 위시해 세계적인 기관들로부터 우수한 설계로 많은 상을 받았다.

이 건물은 앞에서 본 비정형 건물과는 달리 네모반듯하고 현대적이며 대지에 꽉 찬 매스를 가지고 있다. 대신 건물 상하부에 커다란 오픈 공간과 옥상 정원이 있고 건물 내부로 들어가면 중앙에 넓은 아트리움이 나오는데 시원하고 웅장한 느낌을 준다. 여기까지는 좋다.

저자의 눈에 거슬리는 것은 건물의 사면을 둘러싸고 1층부터 꼭대기 층까지 촘촘하게 세워진 루버louver다. 이 루버의 디자인 콘셉트는 다이내믹한 입면 효과를 주고, 실내로 들어오는 햇빛을 막아 에너지 절감도 실현한다고 한다. 그런데 이런 의문이 든다.

··· 서울 A 빌딩의 전경과 루버

   해가 잘 드는 남쪽 면의 루버는 이해하겠지만, 건물의 북쪽이나 중간층 옥상 정원의 안쪽에는 일 년 내내 해가 들지 않음에도 저렇게 온통 루버를 댈 필요가 있었을까. 또 건물에 햇빛이 들어오는 방향과 깊이는 계절마다 다른데, 같은 크기와 깊이의 루버가 의미가 있을까. 에너지 절감은 저 루버 덕분일까, 아니면 좋은 설비 시스템 덕분일까. 무엇보다 거의 기둥 크기와 맞먹는, 그러나 구조적인 역할과는 전혀 상관없는 이 알루미늄 루버에 든 비용은 얼마나 될까. 안 써도 될 비용이 얼마나 더 들어간 것일까.

   또 이 루버 뒤에는 바로 근접해서 보통 건물처럼 커튼월이 처져 있고 루버는 층마다 끊겨 있다. 유리나 돌출된 바닥판을 청소하려면 사람이 직접 루버와 커튼월 사이로 들어가야 하고 수작업이 아니면 불가능하다. 유지 관리의 문제다. 게다가 밖에서 보면 현대적이고 세련된 이미지일진 몰라도, 실내에서 일하는 사람들은 종일 감옥의 창살이나 빗줄기 같은 루버를 봐야 하고, 시야는 항상 막혀 있다. 누구를 위한, 무엇을 위한 루버인가. 이 것이 최선이었을까.

건축가들이 설계만큼은 전문가이니까 저자보다 탁월한 생각과 판단이 있었으리라 믿는다. 그들은 인간과 자연, 도시, 소통, 조화 등의 건축 철학을 얘기한다. 그러나 몇몇 사례를 보면 건축주의 요구가 무시되고, 기술을 포용하기는커녕 기술 위에 있다고 생각하며, 비용이 얼마가 들든 자신의 디자인은 예술이어야 한다고 생각하는 것은 아닌가 의심스러울 때가 있다. 그리고 그들끼리 칭송하고, 상을 주고, 잔치를 벌인다. 이런 것이 오류 아닐까. 이렇기에 건축의 겉만 봐야 하는 보통 사람들이 건축은 예술이라고, 예술이어야 한다고 착각하고 오해하는 것은 아닐까.

이 책이 주고자 하는 메시지는 건축에서 설계와 기술은 함께 가야 하고, 같은 선상에서 이해되어야 한다는 것이다. 사실 이것은 저자의 의도를 겸손하게 표현한 것이고, 과거로부터 기술 없이는 훌륭한 건축물이 탄생하지 못했고, 건축의 역사와 발전은 기술 없이 이루어지지 못했다는 것이 주된 메시지다. 이제는 건축을 바라보는 시각도 바뀌어야 하지 않겠는가. 건축을 바꾼 것은 건축기술이었다고.